Elementare Plasmaphysik

L. A. Arzimowitsch

Elementare Plasmaphysik

In deutscher Sprache herausgegeben
von Dr. Helmut Heß
Berlin

Mit 83 Abbildungen

AKADEMIE-VERLAG · BERLIN
1972

Л. А. АРЦИМОВИЧ

Элементарная физика плазмы

Erschienen im Verlag Atomisdat, Moskau

Übersetzt aus dem Russischen von
Dr. Klaus Günther, Berlin

Erschienen im Akademie-Verlag GmbH, 108 Berlin, Leipziger Straße 3—4

Lizenznummer: 202 · 100/438/72
Einband: Karl Salzbrunn
Gesamtherstellung: VEB Druckhaus „Maxim Gorki", 74 Altenburg
Bestellnummer: 5881 · ES 18 B 7
EDV: 761 495 8
15,—
Printed in the German Democratic Republic

Vorwort

Das Plasma verkörpert einen Zustand der Materie, der im Kosmos weit verbreitet ist und außerordentlich interessante Eigenschaften besitzt, die eine breite Anwendung bei der Lösung von Problemen der modernen Technik finden. Der Laie, der eine allgemeine Vorstellung von den Eigenschaften des Plasmas bekommen möchte, steht vor einer schweren Aufgabe. Die Mehrzahl der Bücher über dieses Gebiet ist derart mathematisiert, daß zum Verständnis ihres Inhaltes eine sorgfältige Einarbeitung in wichtige Teilgebiete der theoretischen Physik erforderlich ist. Für die Erklärung der wesentlichen Erscheinungen, die im Plasma auftreten, ist jedoch die Aufbietung des vollständigen mathematischen Apparates nicht erforderlich. Leider wird die Mathematik in diesem Zusammenhang noch häufig mißbraucht, wodurch sie in eine mehr dekorative Rolle gedrängt wird.

Man kann die grundlegenden Fragen der Plasmaphysik so darstellen, daß sie von einem Leser verstanden werden, der in Mathematik und Physik einen dem Mittelschulniveau entsprechenden Wissensstand besitzt. Eben dieses Ziel verfolgt das vorliegende Buch. Das bedeutet jedoch nicht, daß dem Leser der gesamte Stoff in einer begrenzten, vereinfachten Darstellung geboten wird, die der Aneignung ohne Denkarbeit angepaßt ist. Im Falle der Plasmaphysik ist dies nicht möglich und übrigens auch nicht zweckmäßig.

In dem Buche werden nicht nur fertige Ergebnisse aus der Untersuchung verschiedener Plasmaprozesse vorgelegt, sondern insbesondere auch der Zugang zu diesen Ergebnissen, damit man, nachdem man sich zunächst mit ihnen bekannt gemacht hat, auch den physikalischen Sinn der Erscheinungen verstehen kann. Allen Rechnungen liegt das cgs-System (Zentimeter, Gramm, Sekunde) zugrunde. In einigen Fällen wird auch das praktische Maßsystem der Elektrotechnik (Ampere, Volt, Joule usw.) verwendet.

L. A. Arzimowitsch

Vorwort zur zweiten Auflage

In der zweiten Auflage ist eine Reihe von Fehlern beseitigt worden, denen üblicherweise nachgesagt wird, sie hätten sich „in den Text eingeschlichen“. In Wirklichkeit entstehen sie stets durch Verschulden des Autors und des Redakteurs. Es wurden auch einige kurze Ergänzungen zur Erläuterung des physikalischen Sinnes der beschriebenen Vorgänge eingefügt (insbesondere bei der vergleichenden Beschreibung der dielektrischen Eigenschaften des Plasmas und gewöhnlicher Isolatoren, bei der Erklärung für den Wirkungsmechanismus des Plasmainjektors, des magnetohydrodynamischen Wandlers usw.).

Der Autor erwähnt mit Dankbarkeit die Hilfe, die ihm von E. P. Welichow, W. I. Kogan und E. N. Skubur bei den Korrekturen und Ergänzungen zuteil wurde.

L. A. Arzimowitsch

Inhalt

1. Einführung

1.1. *Die Erzeugung eines Plasmas*

Angenommen, in einem verschlossenen Gefäß aus einem sehr schwer schmelzbaren Material befindet sich eine geringe Menge eines beliebigen Stoffes. Wir beginnen, das Gefäß zu erwärmen, wobei sich seine Temperatur allmählich erhöht. Wenn der Stoff, den das Gefäß enthält, sich zu Beginn im festen Zustand befand, dann wird er bei zunehmender Temperatur in einem gewissen Moment zu schmelzen beginnen, bei einer noch höheren Temperatur verdampfen, und das entstehende Gas erfüllt dann gleichmäßig den gesamten Raum. Erreicht die Temperatur einen genügend hohen Wert, so dissoziieren alle Moleküle des Gases (sofern es sich um ein molekulares Gas handelt, wie zum Beispiel Wasserstoff, Stickstoff oder Sauerstoff), d. h. sie zerfallen in die atomaren Bestandteile. Schließlich wird das Gefäß in seinem Innern ein gasförmiges Gemisch der Elemente enthalten, aus dem der Stoff besteht. Die Atome dieser Elemente werden sich schnell und völlig unregelmäßig bewegen, wobei sie von Zeit zu Zeit zufällig miteinander zusammenstoßen.

Die mittlere Geschwindigkeit der ungeordneten Wärmebewegung wächst proportional zur Quadratwurzel der absoluten Temperatur des Gases. Sie ist um so größer, je leichter das Gas, d. h. je geringer das Atomgewicht des Stoffes ist. Die mittlere Geschwindigkeit v kann man mit Hilfe der folgenden Formel finden:

$$v = 1{,}3 \cdot 10^4 \sqrt{T/A}. \tag{1.1}$$

Hier ist T die absolute Temperatur des Plasmas und A die relative Atommasse des Stoffes. Die Geschwindigkeit ergibt sich in cm/s. Aus Formel (1.1) folgt beispielsweise, daß bei $T = 1000\,°\mathrm{K}$[1]) die mittlere Geschwindigkeit von Wasserstoffatomen ungefähr $4 \cdot 10^5$ cm/s beträgt; die mittlere Geschwindigkeit von Quecksilberatomen ist dagegen nur $3 \cdot 10^4$ cm/s.

Steigert man die Temperatur von den außerordentlich niedrigen Werten, die mit kältetechnischen Methoden erreicht werden können (einige Grad über dem absoluten Nullpunkt), auf einige tausend Grad, können wir den Durchgang praktisch jedes Stoffes durch alle drei Zustände — fest, flüssig und gasförmig — beobachten. Natürlich erhebt sich die folgende Frage: Wie werden

[1]) Temperaturen sind stets in Grad Kelvin angegeben; $0\,°\mathrm{C} \triangleq 273\,°\mathrm{K}$.

sich die Eigenschaften eines Stoffes verändern, wenn die Erwärmung fortgesetzt wird und die Temperatur den Wert einiger tausend Grad übersteigt? Bei sehr hoher Temperatur können wir uns das entworfene Bild von der Erwärmung eines Stoffes in dem schwerschmelzbaren Gefäß schließlich nur noch theoretisch vorstellen, weil die Grenze der thermischen Beständigkeit auch der am schwersten schmelzbaren Materialien vergleichsweise niedrig ist — nicht mehr als 3000° bis 4000 °K. Allerdings erledigt dieser praktische Einwand nicht die Frage, wie sich ein Stoff bei einer ständigen Erhöhung seiner Temperatur verhält. Deshalb werden wir vorläufig nicht von dem angenommenen einfachen Modell Abstand nehmen. Stellen wir uns vor, daß die Wandungen des Gefäßes die ungewöhnliche Fähigkeit besitzen, einer beliebig hohen Temperatur zu widerstehen, ohne zerstört zu werden oder irgendwelche Veränderungen zu erfahren. Die Erwärmung schreitet also voran. Dabei können wir schon bei 3000° bis 5000 °K erste Anzeichen für den Ablauf neuer Vorgänge feststellen, die mit der Veränderung der Eigenschaften der Atome verbunden sind.

Bekanntlich besteht jedes Atom aus einem positiv geladenen Kern, in dem nahezu die gesamte Masse des Atoms konzentriert ist, und Elektronen, die um den Kern kreisen und in ihrer Gesamtheit die sogenannte Elektronenhülle des Atoms bilden. Diese Hülle und insbesondere ihre äußere Schicht, die die vergleichsweise schwach mit dem Kern verbundenen Elektronen enthält, besitzt eine ziemlich empfindliche Struktur. Beim Zusammenstoß des Atoms mit einem sich schnell bewegenden Teilchen kann eines der äußeren Elektronen von dem Atom abgetrennt werden. Das Atom verwandelt sich dabei in ein positiv geladenes Ion. Dieser Prozeß der Ionisation ist charakteristisch für das betrachtete Stadium bei der Aufheizung des Stoffes. Bei genügend hoher Temperatur hört das Gas auf, neutral zu sein; in ihm erscheinen positive Ionen und freie Elektronen, die von den Atomen abgetrennt worden sind.

Bei der Erhöhung der Temperatur T wächst der relative Anteil der Ionen und Elektronen in diesem Gemisch sehr schnell an. Wenn sich das erhitzte Gas bei einer Temperatur von einigen zehntausend Grad Kelvin im Wärmegleichgewicht mit der Umgebung befindet (in unserem Falle mit den Wänden des angenommenen idealen Gefäßes), ist der überwiegende Teil der Atome eines beliebigen Gases ionisiert, und neutrale Atome sind praktisch nicht mehr vorhanden.

Die Kurve in Abb. 1 zeigt, wie der relative Anteil ionisierter Atome bei Wasserstoff mit der Temperatur anwächst. Auf der Abszisse (d. h. der waagerechten Achse) ist die absolute Temperatur aufgetragen, auf der Ordinate (senkrechte Achse) dagegen das Verhältnis aus der Zahl der positiven Ionen zur Zahl der neutralen Atome, die anfangs im Gas enthalten waren. Der Ionisationsgrad hängt nicht nur von der Temperatur ab, sondern auch von der Gasdichte (wenn auch nicht so stark). Der Genauigkeit halber fügen wir daher hinzu, daß Abb. 1 denjenigen Fall beschreibt, wo sich in 1 cm^3 des Gases eine Gesamtzahl von Ionen und neutralen Atomen von $7 \cdot 10^{16}$

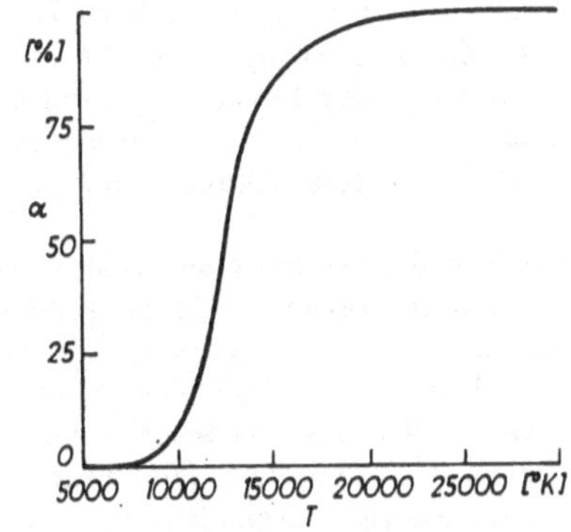

Abb. 1. Der Ionisationsgrad von Wasserstoff als Funktion der Temperatur

befindet. Bei Zimmertemperatur hat ein Gas mit dieser Dichte einen Druck, der etwa 1 Torr entspricht. Aus der Kurve in Abb. 1 geht hervor, daß bei $T = 10\,000\,°K$ die Zahl der ionisierten Atome weniger als 10% der Gesamtzahl der Wasserstoffatome beträgt und daß weiterhin bei $T = 30\,000\,°K$ nur noch ein einziges neutrales Atom auf $2 \cdot 10^4$ positive Ionen (Protonen) entfällt.

Die Elektronenhülle des Wasserstoffatoms enthält nur ein Elektron, daher ist mit der Abtrennung dieses Elektrons die Ionisation beendet. Bei den Atomen anderer Elemente hat die Elektronenhülle eine viel kompliziertere Struktur. Zu ihrem Bestand zählen Elektronen, die einen sehr unterschiedlichen Bindungsgrad zu dem Atom als Ganzem besitzen. Elektronen, die zur äußersten Schicht der Hülle gehören, lassen sich verhältnismäßig leicht abtrennen. Wie schon früher festgestellt wurde, bleiben im Temperaturbereich von 20000 ··· 30000 °K fast keine neutralen Atome übrig. Das bedeutet, daß man von einer vollständigen Ionisation des Gases sprechen kann. Daraus folgt jedoch nicht, daß der Ionisationsprozeß beendet ist, da die positiven Ionen im erwähnten Temperaturbereich einen beträchtlichen Teil ihres „Elektronenvorrats" übrigbehalten. Je größer die Ordnungszahl des Elementes im Periodischen System ist, um so größer ist die Zahl der Elektronen im Atom und um so fester sind die Elektronen der inneren Schalen der Hülle mit dem Atomkern verbunden. Deshalb geht die völlige Ionisation der Atome jener schweren Elemente nur bei außerordentlich hohen Temperaturen vonstatten (Millionen oder sogar mehrere zehn Millionen Grad). Es ist zu beachten, daß in einem schweren Gas bei völliger Ionisation auf jedes positive Ion so viele Elektronen entfallen, wie ursprünglich im gebundenen Zustand im Atom vorhanden waren. Dabei erscheint das Gas im Ganzen neutral, da die Ionisationsprozesse an sich keinen Überschuß an Ladungen des einen oder anderen Vorzeichens erzeugen.

An der Ionisation eines Gases bei hoher Temperatur sind verschiedene Wechselwirkungsprozesse zwischen den einzelnen Atomen einerseits und den

Elektronen, Ionen und der Lichtstrahlung andererseits beteiligt. Die Vielfalt und Kompliziertheit dieser Wechselwirkungen zwingt uns, die Aufklärung ihrer charakteristischen Merkmale auf eines der folgenden Kapitel zu verschieben. Jetzt erscheint es zweckmäßiger, zu dem Verhalten des ionisierten Gases als Ganzes zurückzukehren und eine Untersuchung seiner wichtigsten allgemeinen Eigenschaften anzustellen.

Ein Gas, in dem ein beträchtlicher Teil der Atome oder Moleküle ionisiert ist, nennt man Plasma. Diese Bezeichnung wurde im Jahre 1923 von den amerikanischen Physikern LANGMUIR und TONKS vorgeschlagen. Das Plasma ist die normale Erscheinungsform der Materie bei einer Temperatur im Bereich von 10000 °K und darüber. Damit ist das Plasma der verbreitetste Zustand der Materie unter natürlichen Bedingungen. Die Sonne und die anderen Fixsterne stellen nichts anderes als gigantische Zusammenballungen von Plasmen bei hoher Temperatur dar. Die oberste Schicht der Erdatmosphäre — die sogenannte Ionosphäre — besteht ebenfalls aus einem Plasma.

Um zum Verständnis des Plasmas vorzudringen, bedienten wir uns der außerordentlich einfachen Vorstellung von einem erhitzten Stoff in einem gewissen idealen Gefäß. Allerdings ist dies vom praktischen Standpunkt her nicht die beste und auch nicht die am leichtesten zu verwirklichende Methode für die Erzeugung eines Plasmas. Wie in Laborversuchen betrachtet man auch in der Technik die verschiedenen Arten elektrischer Entladungen in Gasen als die normale Methode zur Erzeugung eines Plasmas. Bei einer elektrischen Entladung fließt durch das Gas ein Strom. Die Träger dieses Stromes sind die Elektronen und Ionen, die infolge der Ionisation des Gases entstehen. Dieser Ionisationsprozeß ist mit dem Stromdurchgang untrennbar verbunden. Nur infolge des Stromflusses im Gas entstehen ständig neue Ionen und Elektronen, wodurch der Ionisationsgrad auf einem bestimmten Niveau gehalten wird. Sei es ein Blitz, ein elektrischer Bogen, eine schön gefärbte Entladung in einer Neon-Reklame oder eine Entladung in einer Leuchtstofflampe — in allen Fällen haben wir es mit Erscheinungen zu tun, die sich in einem ionisierten Gas abspielen. Zwischen einem Plasma, das sich bei der Erwärmung eines Stoffes in einem Gefäß bildet, und dem Plasma einer Gasentladung besteht jedoch ein wesentlicher Unterschied. Das Plasma einer Gasentladung befindet sich in thermischer Hinsicht (das heißt: bezüglich des Wärmehaushalts) nicht im Gleichgewicht. Es erhitzt sich von tiefen Temperaturen ausgehend auf Kosten der Energie, die beim Stromdurchgang frei wird, und kühlt sich an seiner Oberfläche infolge des Kontaktes mit den kalten Wänden des Gasentladungsgefäßes oder auch mit den umgebenden Schichten gewöhnlichen Gases wieder ab. Ein Plasma, das durch eine intensive Gasentladung entsteht, kann eine um viele Male höhere Temperatur besitzen als das Metall, Glas oder neutrale Gas, von dem es umgeben wird. Außerdem befindet sich ein solches Plasma auch noch in anderer Hinsicht nicht in thermischem Gleichgewicht. Es besteht aus einem Gemisch mehrerer Komponenten, die nicht gleichmäßig erwärmt sind. Eine dieser Komponenten stellen die Elektronen dar, eine andere die positiven Ionen und die dritte die neutralen Atome. Sie sind untereinander ebenso gleichmäßig vermischt wie Sauerstoff und Stickstoff in der Atmosphäre.

Im Gegensatz zu gewöhnlichen Gasgemischen, bei denen alle Teilchen unabhängig von ihrer Zugehörigkeit zu dem einen oder anderen Bestandteil eine einheitliche mittlere kinetische Energie der ungeordneten Wärmebewegung besitzen, ist jedoch die mittlere kinetische Energie der Elektronen, Ionen und neutralen Atome des Plasmas einer Gasentladung verschieden. Die Elektronen besitzen in der Regel eine bedeutend höhere Energie als die Ionen, und die kinetische Energie der Ionen kann die Energie der neutralen Atome und Moleküle übersteigen. Man kann daher sagen, daß ein Plasma aus einem Gemisch von Komponenten verschiedener Temperatur besteht. Bekanntlich ist der Mittelwert der kinetischen Energie W_T der ungeordneten Wärmebewegung W eines Teilchens mit der Temperatur T durch die folgende einfache Formel verbunden:

$$W_T = \frac{3}{2} kT. \tag{1.2}$$

Dabei ist k der sogenannte BOLTZMANN-Faktor, der den Wert $1{,}38 \cdot 10^{-16}$ erg/grad hat. Wir erinnern uns, daß k dem Verhältnis aus der universellen Gaskonstante R und der AVOGADROschen Zahl, d. h. der Zahl der Atome im Grammatom, gleich ist.

Infolge des Unterschiedes der mittleren kinetischen Energien der Elektronen, Ionen und Neutralteilchen im Plasma muß man anstelle einer einheitlichen Temperatur drei verschiedene Temperaturen unterscheiden: die Elektronentemperatur T_e, die Ionentemperatur T_i und die Temperatur der Atome T_0. Gewöhnlich gilt $T_e \gg T_i > T_0$ (wir erinnern uns, daß $\gg$ bedeutet: „groß gegen“, d. h. sehr viel größer als ...). Der außerordentlich große Unterschied zwischen T_e und T_i, der für die Mehrzahl der Gasentladungen charakteristisch ist, wird durch den riesigen Unterschied zwischen der Elektronen- und der Ionenmasse bewirkt. Die äußeren Quellen der elektrischen Energie, mit deren Hilfe die Gasentladung entsteht und aufrechterhalten wird, übertragen die Energie unmittelbar auf die Elektronen des Plasmas, weil insbesondere die leichten Elektronen den Strom transportieren. Die Ionen erhalten ihre Energie durch die Stöße mit den schnellen Elektronen. Allerdings gibt das leichte Elektron wegen des großen Massenunterschiedes bei jedem einzelnen Stoß nur einen geringen Teil seiner kinetischen Energie an das Ion ab, wobei es von ihm zurückgestoßen wird wie ein Tischtennisball, der gegen eine massive Stahlkugel prallt. Eine einfache Untersuchung, die vom Energie- und Impulserhaltungssatz ausgeht, führt zu dem Ergebnis, daß der relative Anteil der kinetischen Energie, den das leichte Teilchen mit der Masse m_1 auf das schwere mit der Masse m_2 ($\gg m_1$) beim elastischen Stoß übertragen kann, den Wert $4m_1/m_2$ nicht übersteigt. Das Verhältnis der Elektronenmasse zur Masse des

Ions ist 1:1840 · A, wobei A die relative Atommasse des Stoffes ist, zu dem das Ion gehört. Folglich beträgt der maximale relative Betrag der übertragenen Energie nur ungefähr $2 \cdot 10^{-3} \cdot A^{-1}$. Daher muß ein Elektron sehr viele Stöße mit Ionen tätigen, damit es seinen Energieüberschuß vollständig abgeben kann. Da der Prozeß des Übergangs elektrischer Energie von der elektrischen Stromquelle, die die Entladung speist, auf die Elektronen parallel verläuft zu den Vorgängen, bei denen der Energieaustausch zwischen den Elektronen und Ionen stattfindet, wird im Plasma einer Gasentladung gewöhnlich eine große Temperaturdifferenz zwischen Elektronen und Ionen aufrechterhalten. So liegt bei den früher erwähnten Gasentladungsanlagen (Reklameröhren, Leuchtstofflampen, Quecksilbergleichrichter usw.) die Größe T_e gewöhnlich im Bereich einiger zehntausend Grad Kelvin, wobei gleichzeitig die Werte T_i und T_0 in der Regel ein- bis zweitausend Grad Kelvin nicht übersteigen. Bei der Bogenentladung, die beim elektrischen Schweißen auftritt, liegen Elektronen- und Ionentemperatur deshalb näher beieinander, weil in diesem Fall die Entladung in einem Gas bei hoher Dichte stattfindet und die häufigen Stöße zwischen Elektronen und Ionen den Temperaturunterschied schnell ausgleichen. Jedoch ist auch in der Bogenentladung T_e etwas größer als T_i.

Unter gewissen speziellen Bedingungen im stark ionisierten Plasma kann die Ionentemperatur die Elektronentemperatur erheblich übersteigen. Solche Bedingungen treten zum Beispiel bei kurzzeitigen, äußerst starken elektrischen Entladungen in Versuchsanlagen auf, in denen Methoden zur Erzeugung sogenannter kontrollierter thermonuklearer Reaktionen untersucht werden.

1.2. *Die Quasineutralität des Plasmas*

Wir werden jetzt die allgemeinen Vorstellungen über das Plasma und sein grundlegendes Verhalten etwas präzisieren. Ein Plasma, d. h. ein ionisiertes Gas, kann eine ziemlich komplizierte Zusammensetzung haben. Sogar in dem Fall, wo das Plasma durch Ionisation eines chemisch einfachen Gases, zum Beispiel Stickstoff, Sauerstoff oder Quecksilberdampf, entsteht, wird es Ionen verschiedener Art enthalten: mit einfacher, doppelter, dreifacher oder noch größerer Elementarladung. Außer den atomaren Ionen können auch noch molekulare Ionen auftreten, aber auch neutrale Atome und Moleküle. Jede dieser Komponenten wird durch ihre Konzentration n und ihre Temperatur T beschrieben.

Im einfachsten Fall, wenn alle Ionen einfach geladen sind, die neutrale Komponente vollständig dissoziiert ist und nur aus Atomen besteht, sind im Plasma drei Komponenten enthalten: Elektronen, Ionen und neutrale Atome. Solche Verhältnisse liegen nur bei starken Entladungen in Wasserstoff, Deuterium oder Tritium vor. In dem angenommenen Beispiel ist die Konzentration der Ionen n_i ungefähr der Konzentration der Elektronen n_e gleich. In dem allgemeineren Fall, wo in dem Plasma einfachgeladene Ionen mit der Konzentration n_1, zweifachgeladene mit der Konzentration n_2, dreifachgeladene mit der Konzentration n_3 usw. vorkommen, kann man die folgende Näherung angeben:

$$n_e = n_1 + 2n_2 + 3n_3 + \cdots.$$

Dieser Zusammenhang zwischen den Konzentrationen negativer und positiver Ladungen im Plasma sagt aus, daß das Plasma im ganzen quasineutral ist, d. h., es besteht in ihm kein merklicher Überschuß von Ladungen des einen Vorzeichens gegenüber denen des anderen Vorzeichens.

Bei dieser Eigenschaft des Plasmas muß man etwas ausführlicher verweilen, weil sie eine wesentliche Bedeutung besitzt und letzten Endes die Definition des Begriffes *Plasma* liefert. Es erhebt sich natürlich die Frage: Mit welchem Genauigkeitsgrad muß in einem ionisierten Gas die Bedingung der Quasineutralität eingehalten werden? Wie auch immer die Ionisation entstehen mag, von vornherein ist durchaus nicht offensichtlich, daß positive und negative Ladungen in jeweils gleicher Anzahl vorhanden sein müssen. Wegen des Unterschiedes in den Bewegungsgeschwindigkeiten der Elektronen und Ionen können die ersteren mit großer Leichtigkeit den Bereich verlassen, in dem sie entstanden sind. Ursprünglich entstehen durch die Ionisationsprozesse der Atome gleichgroße Zahlen von Ladungen entgegengesetzten Vorzeichens. Infolge des schnellen Entweichens der Elektronen, die an den Gefäßwänden neutralisiert werden, müßten die Ionen in bedeutend größerer Zahl zurückbleiben, d. h., von einer Neutralität des Plasmas könnte keine Rede mehr sein. Andererseits ist zu berücksichtigen, daß bei einem vorwiegenden Abfließen von Ladungen eines Vorzeichens (Elektronen) in dem ionisierten Gas sofort ein Ladungsüberschuß des anderen Vorzeichens entsteht, der zum Ausgleich der Elektronen- und Ionenströmung beiträgt und der Vergrößerung des Konzentrationsunterschiedes zwischen den Teilchen beider Vorzeichen entgegenwirkt. Die Bedingungen, unter denen dieser Effekt die Quasineutralität bewirkt, kann man durch die folgenden Überlegungen erklären.

Nehmen wir der Einfachheit halber an, daß sich in dem ionisierten Gas außer den Elektronen nur einfachgeladene Ionen befinden. Quasineutralität bedeutet, daß sich n_e nur sehr wenig von n_i unterscheidet. Wie wirkt sich eine merkliche Differenz zwischen n_e und n_i auf das Verhalten der einzelnen Teilchen aus? Es ist offensichtlich, daß dies davon abhängen wird, wie stark sich der Einfluß des elektrischen Feldes, das durch eben diese Differenz entsteht, auf die Bewegung der geladenen Teilchen auswirkt. Hier ergeben sich sofort zwei Grenzfälle. Ist die Zahl der geladenen Teilchen im Volumen nicht groß, dann sind die von ihnen erzeugten elektrischen Felder zu schwach, um auf ihre Bewegung Einfluß nehmen zu können, auch wenn sich alle Felder addieren. In diesem Falle sind die einzelnen Elektronen und Ionen in ihrem Verhalten in keiner Weise aneinander gebunden und jedes der Teilchen bewegt sich so, als würden alle anderen nicht vorhanden sein. Folglich erweist sich die Bedingung der Quasineutralität hier als nicht erfüllbar. Der entgegengesetzte Fall entspricht einem ionisierten Gas mit hoher Konzentration der geladenen Teilchen, das in einem hinreichend großen Volumen enthalten sein soll. In diesem Fall erzeugen die überschüssigen Ladungen, die bei einer starken Störung des Gleichgewichtes zwischen n_e und n_i entstehen, elektrische Felder, die zum Ausgleich der Strömungen und zur Aufrechterhaltung der Quasineutralität ausreichen.

Letzten Endes hängt alles ab von dem Verhältnis der potentiellen Energie des einzelnen Ions oder Elektrons in dem elektrischen Feld, das bei Störung der Quasineutralität entsteht, zur mittleren kinetischen Energie der Teilchen, die von ihrer Wärmebewegung herrührt. Wenn die potentielle Energie W_p, die einer merklichen Abweichung zwischen n_e und n_i entspricht, die Größe $k T_e$ erheblich übersteigt, die ein Maß für die Energie der Wärmebewegung der Elektronen ist, dann wird die Bedingung der Quasineutralität mit genügend großer Genauigkeit eingehalten. Untersucht man das Verhältnis zwischen W_p und $k T_e$ genauer, so findet man ein einfaches qualitatives Kriterium, das die Bedingungen charakterisiert, unter denen die Quasineutralität gewährleistet ist:

$$r \gg 5 \sqrt{\frac{T_e}{n}}. \tag{1.3}$$

In dieser Ungleichung ist n die Konzentration der geladenen Teilchen (Anzahl der Elektronen in der Volumeneinheit) und r das lineare Ausmaß des Bereiches, der von dem ionisierten Gas erfüllt ist; zum Beispiel der Radius eines kugelförmigen Kolbens, in dem sich dieses Gas befindet. Das Auftreten der Größe r in dem vorliegenden Ausdruck ist leicht zu erklären. Bei gegebener Konzentration der geladenen Teilchen wird von ihnen ein Potential erzeugt, das ebenso wie die potentielle Energie des einzelnen Teilchens von den Abmessungen des Bereiches abhängt, in dem sich diese Teilchen befinden. Deshalb muß die Größe, die die gegebenen Abmessungen charakterisiert, explizit in die Formel eingehen, die die Bedingung für die Quasineutralität wiedergibt. Die Größe $5 \sqrt{T_e/n}$ wird nach dem deutschen Physiker Debye Debye-Radius genannt. Er führte sie als erster ein, als er die Erscheinungen der Elektrolyse untersuchte, bei denen man analogen Verhältnissen gegenübersteht, wie sie für ein ionisiertes Gas charakteristisch sind. Im weiteren werden wir diese Größe mit r_D bezeichnen.

Gemäß Gleichung (1.3) ist im Inneren eines Bereiches $n_e \approx n_i$ (das Zeichen $\approx$ bedeutet: ungefähr gleich), wenn die Abmessungen dieses Bereiches, in dem sich das ionisierte Gas befindet, die Größe r_D bedeutend übersteigen. In diesem Fall wird das bei einer starken Abweichung zwischen n_i und n_e entstehende elektrische Feld Teilchen des einen Vorzeichens (die im Überschuß vorhanden sind) aus dem Bereich hinausdrängen und das Abwandern von Teilchen des anderen Vorzeichens behindern. Dieser Mechanismus, der automatisch die Gleichheit von n_e und n_i aufrechterhält, wird in dem Falle unwirksam, wo $r \ll r_D$ wird. In Volumina mit linearen Abmessungen, die bedeutend kleiner als r_D sind, werden die elektrischen Felder, die durch die Ungleichheit von n_e und n_i entstehen, zu schwach, um einen merklichen Einfluß auf die Bewegung der einzelnen Teilchen auszuüben.

Nun kann man bereits einen bestimmteren Sinn in den Begriff *Plasma* legen. Solange wir es mit einer verhältnismäßig kleinen Zahl geladener Teilchen zu tun haben, die nicht zur Erzeugung so starker Felder imstande sind, die ausreichen, um das Verhalten jedes dieser Teilchen wesentlich beeinflussen zu können, hatte es keinen Sinn, von irgendeinem neuen Zustand der Materie zu sprechen. Die neue Erscheinungsform der Materie — das Plasma — entspricht einem Zustand, bei dem die Zahl der Elektronen und Ionen so groß ist, daß sich selbst eine geringe Verschiebung der Elektronenkomponente gegenüber der Ionenkomponente wegen der dadurch entstehenden starken elektrischen Felder als unmöglich erweist. Demnach kann ein ionisiertes Gas nur dann mit Recht als Plasma bezeichnet werden, wenn die Bedingung (1.3) in ausreichendem Maße erfüllt ist.

Man muß betonen, daß die Quasineutralität eines Plasmas nur im Falle genügend großer Volumina erfüllt ist. Betrachten wir im Innern des Plasmas einen Würfel mit der Kantenlänge x, die erheblich kleiner als r_D ist, dann kann sich innerhalb dieses Würfels die Zahl der Ionen wesentlich von der Zahl der Elektronen unterscheiden. Je kleiner das Verhältnis x/r_0 ist, um so mehr kann das Verhältnis n_e/n_i von 1 abweichen.

1.3. Der allgemeine Charakter der Bewegung geladener Teilchen im Plasma

Obwohl wir das Plasma als einen gewissen Sonderfall eines Gasgemisches (im einfachsten Fall als Gemisch zweier Komponenten: eines Elektronen- und eines Ionengases) ansehen können, unterscheidet es sich in einer ganzen Reihe von physikalischen Eigenschaften erheblich von einem gewöhnlichen Gas, das nur neutrale Teilchen enthält. Dieser Unterschied wird vor allem im Verhalten des Plasmas unter der Einwirkung elektrischer und magnetischer Felder offensichtlich. Im Gegensatz zum gewöhnlichen neutralen Gas, auf das elektrische und magnetische Felder keine merklichen Wirkungen ausüben, kann ein Plasma unter Einwirkung solcher Felder seine Eigenschaften sehr stark verändern. Bei Anwesenheit eines elektrischen Feldes (auch eines sehr schwachen Feldes) entsteht im Plasma ein elektrischer Strom. Im magnetischen Feld verhält sich das Plasma wie ein sehr eigenartiger diamagnetischer Stoff. Ein Plasma kann sogar mit elektromagnetischen Wellen außerordentlich stark in Wechselwirkung treten. Dies findet seinen Ausdruck insbesondere darin, daß Radiowellen von einem Plasma wie von einem Spiegel reflektiert werden können.

Das Grundanliegen des vorliegenden Buches besteht in der Beschreibung namentlich jener spezifischen Eigenschaften, die bei verschiedenen Wechselwirkungsprozessen zwischen dem Plasma und elektrischen und magnetischen Feldern zutage treten und die Grundlage für zahlreiche wissenschaftliche und technische Anwendungen des Plasmas abgeben. Um die Natur dieser Prozesse zu verstehen, muß man vor allem klären, wie sich die einzelnen Elektronen und Ionen verhalten. Die Analyse der Teilchenbewegung muß die folgenden Punkte einschließen:

1. die Bewegungsgesetze der Elektronen und Ionen unter Einwirkung elektrischer und magnetischer Felder, die durch äußere Quellen entstehen,

2. die sogenannten Elementarprozesse der Teilchenwechselwirkung bei ihren Stößen. (Im Ergebnis solcher Stöße verändert sich nicht nur die Bewegungsrichtung der Stoßpartner, sondern es können auch neue geladene Teilchen und verschiedene Arten von Strahlung entstehen, die vom Plasma emittiert werden.)

Auf der Grundlage von Angaben über das Verhalten einzelner Teilchen kann man zur Erklärung der Prozesse makroskopischen Charakters übergehen, an denen das Plasma als Ganzes beteiligt ist.

Versuchen wir zuerst ein recht allgemeines Bild von der Bewegung geladener Teilchen im Plasma zu entwerfen. Den Weg jedes Ions oder Elektrons kann man sich zunächst sehr grob aus Abschnitten zusammengesetzt vorstellen, in deren Verlauf das Teilchen sich frei bewegt und keine Wechselwirkung mit seinen Nachbarn erleidet. Diese Abschnitte der freien Bewegung der Teilchen werden durch kurzzeitige Stöße unterbrochen, deren Resultat eine Richtungsänderung der Bewegung ist. In den Zeiträumen zwischen zwei aufeinanderfolgenden Stößen bewegt sich das Teilchen unter dem Einfluß jenes allgemeinen elektrischen oder magnetischen Feldes, das im Plasma durch äußere Energiequellen entsteht. Dies ist ein äußerst vereinfachtes Bild von der Bewegung eines Teilchens — es bedarf noch einschneidender Verbesserungen, um die spezifischen Besonderheiten das Plasmas zu berücksichtigen. Diese Besonderheiten kommen vor allem im Charakter seines eigenen elektrischen Feldes zum Ausdruck, das unabhängig von jeglichen äußeren Energiequellen existiert. Jedes geladene Teilchen baut sich ein elektrisches Feld mit radial von ihm weglaufenden Kraftlinien auf. Die Felder der einzelnen Teilchen mit Ladungen verschiedener Vorzeichen überlagern einander und kompensieren sich im Mittel gegenseitig. Das bedeutet jedoch nicht, daß in jedem gegebenen Moment das elektrische Feld an einem von uns willkürlich herausgegriffenen Punkt genau Null wäre. Das Feld an einem beliebigen Ort des Plasmas verändert in Wirklichkeit sehr schnell sowohl seinen Betrag als auch seine Richtung. Diese ungeordneten Schwankungen ergeben nur dann Null, wenn man über ein hinreichend großes Zeitintervall mittelt.

Die Feldstärke des Eigenfeldes eines Plasmas unterliegt starken zufälligen Schwankungen sowohl in zeitlicher als auch in räumlicher Hinsicht und verändert sich schnell über sehr kleine Entfernungen. Hält man einen gewissen Zeitpunkt fest und mißt in diesem Moment die Feldstärke an verschiedenen Punkten des Plasmas, dann wird das resultierende Bild von den Veränderungen des Feldes von Punkt zu Punkt beispielsweise die in Abb. 2 gezeigte Gestalt

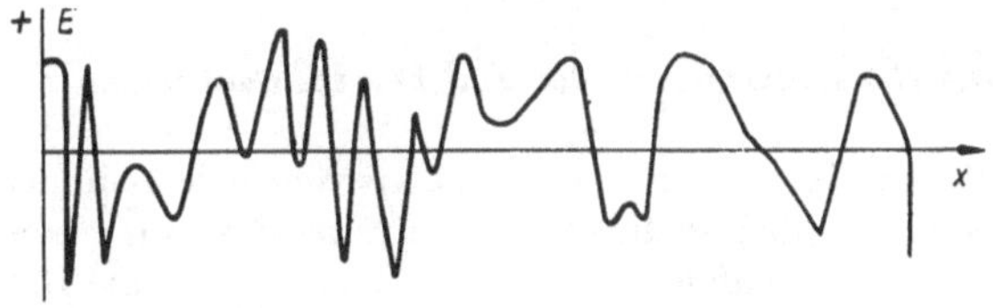

Abb. 2. Die Veränderung der Feldstärke des elektrischen Eigenfeldes im Plasma längs einer willkürlich gewählten Richtung

haben. Dieses in Raum und Zeit schwankende chaotische Mikrofeld des Plasmas überlagert sich den makroskopischen Feldern, die durch äußere Energiequellen in der Umgebung entstanden sein können. Wenn man also sagt, daß der Weg der Elektronen oder Ionen im Plasma so angesehen werden könnte, als bestünde er aus Teilabschnitten freier Bewegung, in deren Verlauf sich das Teilchen nur unter der Einwirkung mittlerer Felder (d. h. äußerer Felder) bewegt, dann bedeutet dies, daß das wahre Bild der Felder in einem gewissen Grade verfälscht wird. In Wirklichkeit darf man jedoch nicht glauben, daß das chaotische Feld des Plasmas dabei vollständig aus der Betrachtung herausfällt; es geht in unser vereinfachtes Modell von der Bewegung der Teilchen in versteckter, maskierter Form ein. Wir sprachen davon, daß der Einfluß anderer geladener Teilchen des Plasmas auf die Bahnkurve des von uns ausgewählten Ions oder Elektrons in der Gestalt einzelner Stöße erscheint. Eben diese Stöße stellen einen Ersatz jenes tatsächlichen Effektes dar, der durch die Wechselwirkung des Teilchens mit dem Mikrofeld des Plasmas hervorgerufen wird.

Nach diesen vorläufigen Bemerkungen können wir unmittelbar zur Untersuchung der freien Bewegung einzelner geladener Teilchen unter dem Einfluß gegebener elektrischer und magnetischer Felder übergehen.

2. Die Bewegung von Teilchen unter dem Einfluß elektrischer und magnetischer Felder

2.1. Allgemeine Bewegungsgesetze der Teilchen im elektrischen Feld

Ein geladenes Teilchen, das sich in einem elektrischen Feld befindet, bewegt sich nach Gesetzen, die an die üblichen Gesetze für die Bewegung von Körpern im Schwerefeld erinnern. Wenden wir uns Abb. 3 zu, auf der die Bahnkurven von geladenen Teilchen in einem elektrischen Feld dargestellt sind, das in Richtung der vertikalen Achse anliegt. Die Pfeile kennzeichnen die Anfangsgeschwindigkeit der Teilchen zu einem gewissen Zeitpunkt.

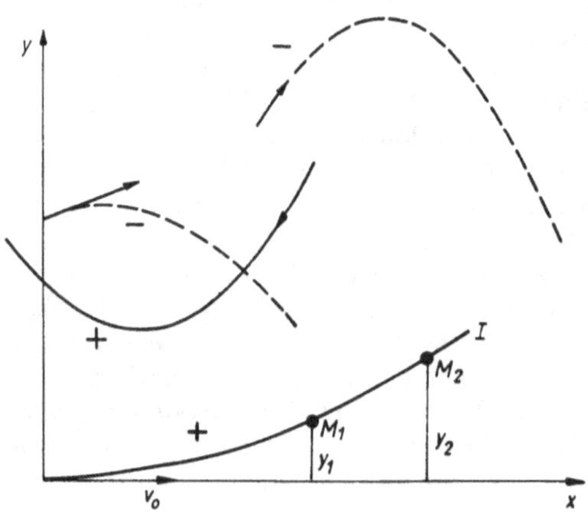

Abb. 3. Bahnkurven geladener Teilchen im homogenen elektrischen Feld

Die Kraft, die auf ein geladenes Teilchen wirkt, ist gleich qE, wobei q die Ladung und E die Feldstärke ist. Für ein einfach geladenes Teilchen ist $q = \pm e$ [1]), wobei e die elektrische Elementarladung ist. Für mehrfach geladene Ionen ist q ein ganzzahliges Vielfaches von e. Unter dem Einfluß dieser Kraft erfährt ein einfach positiv geladenes Ion mit der Masse m_i eine Beschleunigung eE/m_i, die parallel und gleichsinnig zur vertikalen Achse gerichtet ist. Die Beschleunigung eines Elektrons ist nach unten gerichtet und zahlenmäßig gleich eE/m_e, wobei m_e die Masse des Elektrons ist. Ein Elek-

[1]) Der Wert der Elementarladung e ist $4{,}8 \cdot 10^{-10}$ cgs-Einheiten oder $1{,}6 \cdot 10^{-19}$ Coulomb.

tron ist beträchtlich leichter als ein Ion; daher ist die Beschleunigung, die ein Elektron erhält, um ein Vielfaches größer als die Beschleunigung des Ions. Die Bahnkurve eines geladenen Teilchens im homogenen elektrischen Feld (d. h. in einem Feld konstanten Betrages und konstanter Richtung) ist stets eine Parabel. Die Form dieser Parabel hängt von den Eigenschaften des Teilchens, den Anfangsbedingungen der Bewegung und von der Größe der Feldstärke E ab. Nehmen wir beispielsweise an, das elektrische Feld liege in Richtung der y-Achse, und die Anfangsgeschwindigkeit des Teilchens sei v_0 und parallel zur x-Achse gerichtet (Bahnkurve I auf Abb. 3). In diesem Fall wird sich das Teilchen mit gleichförmiger Geschwindigkeit in x-Richtung fortbewegen, in y-Richtung jedoch mit gleichförmiger Beschleunigung. Im Laufe der Zeit werden sich die Koordinaten des Teilchens nach der folgenden Formel verändern, die von der elementaren Mechanik her bekannt ist:

$$x = v_0 t, \quad y = \frac{qE}{2m} t^2. \tag{2.1}$$

Diese Ausdrücke beschreiben einmal eine gleichförmige und zum anderen eine gleichförmig beschleunigte Bewegung. Drückt man t als Funktion von x aus und setzt es in die zweite Gleichung ein, so erhält man einen Zusammenhang zwischen y und x, d. h. die Gleichung der Bahnkurve:

$$y = \frac{qE}{2mv_0^2} x^2. \tag{2.2}$$

Aus der analytischen Geometrie ist bekannt, daß man es bei einem derartigen Zusammenhang zwischen den Koordinaten mit einer Parabel zu tun hat. Die zusätzliche Geschwindigkeit, die das geladene Teilchen während der Zeit t in Richtung der wirkenden Kraft erfährt, ist qEt/m. Die kinetische Energie des geladenen Teilchens ist gleich $mv^2/2$ und erhöht sich während der Bewegung auf Kosten der Arbeit, die dem elektrischen Feld entzogen wird. Diese Arbeit ist gleich dem Produkt aus der Kraft, die auf das Teilchen wirkt, und der Wegstrecke, die das Teilchen in Richtung der wirkenden Kraft zurücklegt, also $W = qE(y_2 - y_1)$ (siehe Abb. 3). Folglich gilt

$$\frac{mv_2^2}{2} - \frac{mv_1^2}{2} = qE(y_2 - y_1). \tag{2.3}$$

Hier sind v_1 und v_2 die entsprechenden Werte für den Geschwindigkeitsbetrag des Teilchens an den Punkten M_1 und M_2, die willkürlich aus der Bahnkiurve herausgegriffen sind. Es soll hervorgehoben werden, daß der Ausdruck $E(y_2 - y_1)$ nichts anderes ist als die Differenz der Potentiale (d. h. die elektrische Spannung) zwischen den Punkten M_1 und M_2. Demnach steht in Formel (2.3) auf der rechten Seite das Produkt aus der Ladung und der Potentialdifferenz, die von den Teilchen durchlaufen wird. Wenn beispielsweise das Teilchen seine Bewegung aus dem Zustand der Ruhe heraus beginnt, wird seine kinetische Energie an jedem beliebigen Punkt der Bahnkurve gleich $q \cdot U$ sein, wobei U die Potentialdifferenz im elektrostatischen Maßsystem ist, die vom Anfang des Weges her durchlaufen wird. Wenn das Potential am Anfangspunkt des Weges als Null vereinbart wird, dann wird U für einen beliebigen anderen Punkt der Bahnkurve gleich dem Wert des Potentials sein, wobei jedoch das Vorzeichen umgekehrt wird.[1]) Drückt man U in praktischen Einheiten aus, d. h. in Volt (V), dann kann man den Zusammenhang zwischen kinetischer Energie und durchlaufener Potentialdifferenz in folgender Weise schreiben:

$$\frac{mv^2}{2} = Ze\frac{U}{300} = ZU \cdot 1{,}6 \cdot 10^{-12}. \tag{2.4}$$

In diesem Ausdruck ist $Z = q/e$ und gibt an, wieviele Elementarladungen in q enthalten sind. Die kinetische Energie des Teilchens, die nach den Gleichungen (2.3) und (2.4) berechnet wird, ergibt sich im üblichen cgs-System, d. h. in erg.

Aus dem Ausdruck (2.4) folgt, daß ein einfach geladenes Teilchen beim Durchlaufen einer Potentialdifferenz von 1 V eine Energie von $1{,}6 \cdot 10^{-12}$ erg aufnimmt. Einfacher läßt sich die Energie solcher Teilchen wie Elektronen und Ionen jedoch unmittelbar durch die von ihnen durchlaufene Potentialdifferenz angeben. In einem solchen System wird als Energieeinheit diejenige Energie dienen, die ein einfach geladenes Teilchen (zum Beispiel ein Elektron) aufnimmt, wenn es eine Potentialdifferenz von einem Volt durchläuft. Diese neue Energieeinheit, die in der Elektronen-, Atom- und Kernphysik und auch in der Plasmaphysik weithin angewendet wird, trägt die Bezeichnung Elektronenvolt (eV). Wie schon früher gesagt, ist 1 eV $= 1{,}6 \cdot 10^{-12}$ erg. Ein Teilchen mit der Ladung $q = Ze$ nimmt unter dem Einfluß einer beschleunigenden Spannung die Energie $q \cdot U$ auf.

Wir halten fest, daß ein Elektron mit einer Energie von 1 eV eine Geschwindigkeit von $6 \cdot 10^7$ cm/s besitzt, ein Ion des atomaren Wasserstoffs (Proton) mit der gleichen Energie bewegt sich mit einer Geschwindigkeit von ungefähr $1{,}4 \cdot 10^6$ cm/s. Diese Geschwindigkeit ist ungefähr siebenmal größer als die Geschwindigkeit gewöhnlicher gasförmiger Wasserstoffmoleküle bei normaler Temperatur. Auch die Energie der Atome und Moleküle eines neutralen Gases kann man in Elektronenvolt ausdrücken. Dazu muß man nur den in erg gegebenen Wert der kinetischen Energie durch $1{,}6 \cdot 10^{-12}$ dividieren. Bei dieser Umrechnung ergibt sich, daß die Moleküle (oder Atome) eines Gases bei nor-

[1]) Ein positiv geladenes Teilchen kann nur in Richtung fallenden Potentials beschleunigt werden. Wenn also das Anfangspotential gleich Null ist, muß es auf einem beliebigen Punkt der Bahnkurve negativ sein.

maler Temperatur eine mittlere kinetische Energie von ungefähr 0,04 eV besitzen. Der Betrag der mittleren kinetischen Energie der Teilchen in einem Gas erreicht 1 eV bei 7600 °K. Im Inneren von Sternen, wo die Temperatur ungefähr 10 Millionen Grad beträgt, ist die Größenordnung der mittleren Energie der Teilchen Tausende Elektronenvolt.

2.2 *Die Bewegung von Teilchen im Feld einer Punktladung*

Wir haben bisher nur den einfachsten Fall für die Bewegung eines geladenen Teilchens betrachtet: die Bewegung im homogenen elektrischen Feld, dessen Richtung überall gleich ist. In einem Feld komplizierterer Art können die Bahnkurven schon nicht mehr als Parabeln dargestellt werden. Ungeachtet dessen stellt die Formel (2.4) eine Verbindung zwischen der Veränderung der kinetischen Energie und der durchlaufenen Potentialdifferenz dar; sie behält ihre Gültigkeit auch im allgemeinen Fall bei. Der Zuwachs (oder Verlust) der kinetischen Energie des Teilchens auf seinem Weg zwischen zwei Punkten des Raumes im elektrostatischen Feld wird immer durch die Potentialdifferenz zwischen diesen beiden Punkten bestimmt und hängt nicht (das ist besonders hervorzuheben) von der Form des Weges ab, den das Teilchen zurückgelegt hat. Von den verschiedenen Sonderfällen für die Bewegung der Elektronen und Ionen im elektrischen Feld verdient der Fall Aufmerksamkeit, in dem das Feld von einem geladenen Punkt erzeugt wird. Die Bewegung eines Teilchens im Felde einer Punktladung entspricht insbesondere der Wechselwirkung zwischen einzelnen Elektronen und Ionen des Plasmas. In Abb. 4

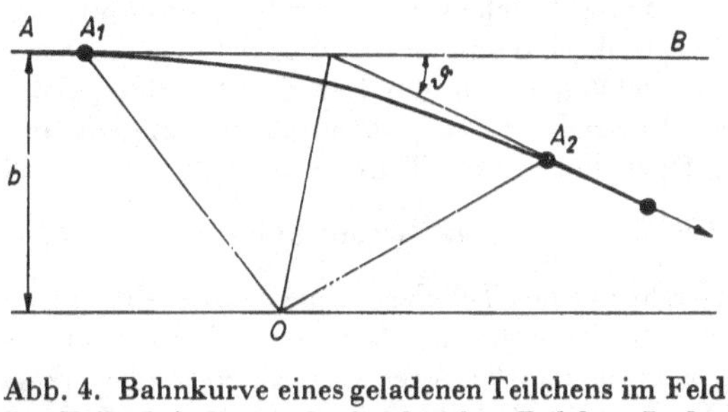

Abb. 4. Bahnkurve eines geladenen Teilchens im Feld einer Punktladung (für den Fall, daß die wechselwirkenden Teilchen Ladungen entgegengesetzten Vorzeichens besitzen)

ist der Elementarprozeß des Stoßes zwischen einem Elektron und einem Ion des Plasmas dargestellt, die durch Vermittlung ihrer elektrischen Felder miteinander wechselwirken. Dieser Elementarprozeß wird gewöhnlich COULOMB-Stoß der Teilchen genannt. Die genaue Form der Bahnkurve eines Teilchens im Felde einer Punktladung kann man nur unter Benutzung von Methoden der mathematischen Analysis bestimmen, deren Gebrauch in diesem Buche nicht zweckmäßig ist. Ein ziemlich wichtiges Charakteristikum der Bahnkurve — der Winkel ϑ, um den das Teilchen im Ergebnis der Wechselwirkung mit dem Kraftzentrum abgelenkt wird — kann mit Hilfe genügend einfacher Überlegungen grob abgeschätzt werden.

Wir wollen annehmen, daß das Teilchen in großer Entfernung am Kraftzentrum vorbeifliegt, das in Abb. 4 im Punkt 0 liegt. Dann wird es nur unbedeutend von der Richtung seiner Anfangsbewegung abgelenkt. Die minimale Entfernung zwischen dem Teilchen und der auf dieses Teilchen wirkenden Ladung, die im Punkt 0 liegt, wird sich in diesem Falle nur wenig von dem „Stoßparameter" b unterscheiden. Der Stoßparameter b ist gleich dem senkrechten Abstand zwischen dem Punkt 0 und der Verlängerung der Linie der Anfangsbewegung des Teilchens (die Gerade AB in Abb. 4). Die auf das Teilchen wirkende Kraft ist umgekehrt proportional zum Quadrat der Entfernung vom Kraftzentrum. Deshalb vollzieht sich praktisch der ganze Wechselwirkungssprozeß des Teilchens mit dem Feld im Bereich eines kleinen Teilabschnitts seiner Bahnkurve zur Zeit seiner größten Annäherung an den Punkt 0. Für eine sehr grobe Abschätzung kann man annehmen, daß dieser Teilabschnitt der Bahnkurve sich zwischen den Punkten A_1 und A_2 erstreckt und doppelt so lang wie der Stoßparameter ist (an den Grenzen dieses Bereiches fällt die auf das Teilchen wirkende Kraft auf die Hälfte verglichen mit ihrem Wert im Punkte maximaler Annäherung). Das Teilchen mit der Geschwindigkeit v legt den Abschnitt A_1A_2 in der Zeit $2\,b/v$ zurück und befindet sich während dieses Zeitintervalls im Prinzip innerhalb des Wechselwirkungsbereiches der Kraft, die ungefähr senkrecht zur Bahnkurve gerichtet ist. Wir können die Kraft, die auf das Teilchen in diesem Wegabschnitt wirkt, durch den Ausdruck q_1q_2/b^2 grob abschätzen, wobei q_1 und q_2 die wechselwirkenden Ladungen sind. In Wirklichkeit ist die mittlere Kraft kleiner, dafür aber die wahre Zeitspanne der Wechselwirkung größer, als wir angenommen haben. Während der Zeit des Durchlaufens der Teilstrecke A_1A_2 verleiht diese Kraft dem Teilchen mit der Masse m eine Geschwindigkeit $\frac{1}{m} \cdot \frac{q_1q_2}{b^2} \cdot \frac{2b}{v}$, die zur anfänglichen Flugrichtung des Teilchens senkrecht steht. Das Verhältnis dieser Geschwindigkeit, die als Folge der Wechselwirkung entsteht, zur Anfangsgeschwindigkeit v muß dem Tangens des Ablenkungswinkels ϑ gleich sein (s. Abb. 4). Im Falle schwacher Ablenkungen ist $\tan\vartheta$ praktisch dem Winkel ϑ (in Radiant) gleich, und wir können deshalb

$$\vartheta \approx \frac{2q_1q_2}{mv^2b} \tag{2.5}$$

schreiben. Das Zeichen $\approx$, das hier an Stelle des Gleichheitszeichens steht, bedeutet, daß dieser Ausdruck nur eine grobe größenordnungsmäßige Abschätzung der Winkelablenkung ϑ liefert (d. h. es ist ein Fehler von mehreren hundert Prozent möglich).

Nebenbei bemerkt haben derartige größenordnungsmäßige Abschätzungen eine sehr weite Verbreitung in der modernen Physik und sind in vielen Fällen nicht weniger nützlich als genaue Formeln. Abschätzungsformeln sind in jenen Fällen erforderlich, bei denen wir es mit der Analyse komplizierter Erscheinungen zu tun haben, an denen viele Faktoren beteiligt sind. Es ist daher vor allem die Aufklärung ihres relativen Einflusses erforderlich. Ein typisches Beispiel ist in diesem Zusammenhang die Formel für den DEBYE-Radius (1.3). Es hat keinen Sinn, über den genauen Wert dieser Größe zu reden, weil der Begriff des DEBYE-Radius eingeführt worden ist, um eine annähernde Abgrenzung zwischen zwei entgegengesetzten Fällen für das Verhalten eines Kollektivs geladener Teilchen zu definieren: 1. die Teilchen sind praktisch unabhängig voneinander, 2. sie bilden ein Plasma.

Solche Abschätzungen stellen auch dann eine leistungsfähige Methode der Analyse dar, wenn man sich über die allgemeinen Wesenszüge irgendeiner Erscheinung informieren und ihren physikalischen Mechanismus untersuchen muß, ohne daß er hinter einem überflüssigen mathematischen Schleier verborgen wird. Formel 2.5 ist gültig (in dem oben erläuterten Sinne) für solche Werte b, denen ein Ablenkungswinkel $\vartheta \ll 1$ entspricht (ϑ in Radiant). Ein exakter Zusammenhang zwischen ϑ und b, der für beliebige Stoßparameter gültig ist, ergibt sich mit Hilfe einer strengen theoretischen Berechnung für die Bewegung eines geladenen Teilchens im elektrischen Feld einer Punktladung.

Diese Rechnung liefert die folgende Formel:

$$\tan\frac{\vartheta}{2} = \frac{q_1 q_2}{m v^2 b}. \tag{2.6}$$

Für große Werte b, d. h. wenn das Teilchen in großen Entfernungen vorbeifliegt, geht diese Formel in den Ausdruck (2.5) über, wodurch die vorher angegebene grobe Abschätzung gerechtfertigt wird. Zur Illustration der hergeleiteten Formeln kann ein konkretes Beispiel dienen. Wenn ein Elektron mit einer Energie von 1 eV mit einem einfach geladenen Ion bei einem Stoßparameter $b = 10^{-6}$ cm zusammenstößt, dann beträgt der Ablenkungswinkel ungefähr 0,14 rad, d. h. etwa 8°. Bei einer Vergrößerung der Energie des Teilchens verringert sich der Ablenkungswinkel.

2.3. *Optisches Analogon zur Bewegung eines Teilchens im elektrischen Feld*

Bezüglich der Zielstellungen der Plasmaphysik laufen die beiden oben beschriebenen Fälle für die Bewegung eines geladenen Teilchens (im homogenen elektrischen Feld und im Feld einer Punktladung) praktisch darauf hinaus, daß man das Verhalten der Teilchen im elektrischen Feld kennen muß. Der

Autor wollte jedoch zugleich noch einen Sonderfall für die Einwirkung eines Feldes auf das geladene Teilchen untersuchen, der in dem Sinne interessant ist, als man an ihm eine wichtige allgemeine Gesetzmäßigkeit demonstrieren kann.

Nehmen wir an, das geladene Teilchen (der Eindeutigkeit halber betrachten wir ein Elektron) durchdringt die Grenze zwischen zwei Gebieten verschiedenen Potentials (Abb. 5). Das bedeutet, daß innerhalb einer gewissen Grenzschicht,

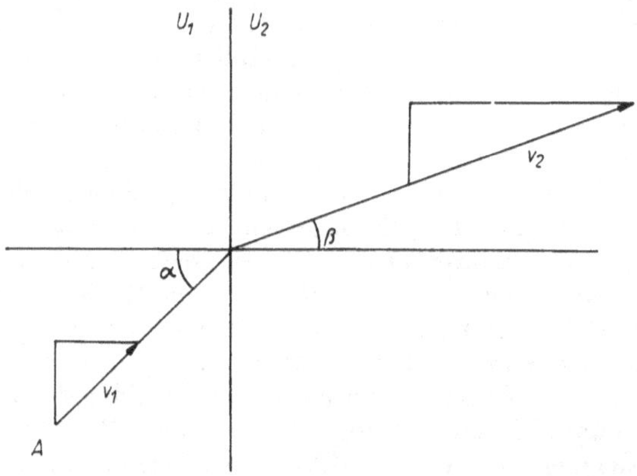

Abb. 5. Bahnkurve eines Teilchens beim Durchlaufen der Grenzfläche zweier Gebiete mit unterschiedlichen Potentialen

die wir der Einfachheit halber als unendlich dünn annehmen wollen, ein sehr starkes elektrisches Feld herrscht. Damit ist ein steiler Potentialsprung verbunden. Praktisch kann man solche Verhältnisse nicht realisieren, aber man kann sich ihnen unter gewissen Bedingungen nähern. Wenn man das Potential von demjenigen Punkt an rechnet, an dem die Geschwindigkeit des Elektrons Null war, muß für alle Bahnkurven des Elektrons die Gleichung (2.4) gültig sein. Wir nehmen an, daß sich an der Grenze der Gebiete die Spannung von U_1 auf U_2 verändert. Rechts und links der Grenze verändert sich U nicht. Folglich wirken auf das Elektron bis zum Augenblick des Durchganges durch die Grenzschicht und nach dem Durchgang keine Kräfte. Es bewegt sich daher sowohl im Gebiet A als auch im Gebiet B auf geraden Bahnen. Nur während des kurzen Zeitabschnittes, in dem sich das Elektron innerhalb der Grenzschicht befindet, wirkt eine sehr starke Kraft auf es ein, die senkrecht zur Oberfläche der Grenzschicht zwischen den Gebieten A und B gerichtet ist. Diese Kraft vergrößert bzw. verkleinert die senkrecht zur Grenzschicht gerichtete Geschwindigkeitskomponente des Elektrons. Die zur Grenzschicht parallele Komponente bleibt ungeändert, und die Bewegungsrichtung verändert sich. Das bedeutet, daß die Bahnkurve einen Knick erhält, wie auf Abb. 5 zu sehen ist (für den Fall, daß das Elektron in der Grenzschicht eine Beschleunigung erfährt). Angenommen, v_1 und v_2 seien die entsprechenden Geschwindigkeiten des Elektrons in den Gebieten A und B und die Größen α und β die Winkel zwischen diesen Geschwindigkeitsrichtungen und der Senkrechten zur Oberfläche der Grenzschicht. Da sich die zur Grenzschicht parallele Komponente der Geschwindigkeit nicht verändert, wird $v_1 \sin\alpha = v_2 \sin\beta$.

Aus Gleichung (2.4) folgt für $Z = 1$

$$\frac{m v_1^2}{2} = e\,U_1; \; \frac{m v_2^2}{2} = e\,U_2.$$

Unter Verwendung dieser Beziehungen erhalten wir

$$\frac{\sin\alpha}{\sin\beta} = \frac{v_2}{v_1} = \sqrt{\frac{U_2}{U_1}}. \tag{2.7}$$

Dieses Resultat hat in seiner mathematischen Formulierung eine auffallende Ähnlichkeit mit einem der Grundgesetze der Optik — dem Brechungsgesetz für Lichtstrahlen. Bekanntlich verändert sich die Richtung eines Lichtstrahles, der aus dem Medium A in das Medium B übertritt, nach der folgenden Gleichung:

$$\frac{\sin\alpha}{\sin\beta} = \frac{n_2}{n_1}. \tag{2.7 a}$$

Hier sind α und β der Einfallswinkel und der Brechungswinkel; n_1 und n_2 stehen für die Brechungsindices in den Medien A und B. Ein Vergleich der Ausdrücke (2.7) und (2.7 a) zeigt, daß sich ein Elektronenstrahl beim Durchgang durch die Grenzfläche zweier Bereiche mit verschiedenen elektrischen Potentialen ebenso verhält wie ein Lichtstrahl, der die Grenzschicht zweier Medien mit unterschiedlichem Brechungsindex durchläuft.

Die Rolle des Brechungsindex spielt in Gleichung (2.7) die Quadratwurzel aus dem Potential $\sqrt{U}$. Das abgeleitete Resultat gestattet eine zwanglose Verallgemeinerung, durch deren Hilfe die Analogie zwischen der Dynamik geladener Teilchen im elektrostatischen Feld und den Gesetzen der Lichtausbreitung eine Bedeutung erlangt, die weit über den Rahmen des betrachteten Spezialfalles hinausführt. Wenn wir die Bewegung eines geladenen Teilchens in einem beliebigen elektrischen Feld untersuchen, können wir nämlich dieses Feld in Gedanken in eine sehr große Anzahl dünner Schichten zerlegen. Im Inneren jeder einzelnen dieser Schichten ist das Potential konstant und ändert sich beim Übergang zur nächsten Schicht sprunghaft um einen sehr kleinen Betrag (Abb. 6). In einem solchen Feld mit stufenförmigem Potentialverlauf setzt sich die Bahnkurve des Teilchens aus einer Vielzahl sehr kurzer geradliniger Teilstücke zusammen und wird an den Orten des Überganges von einer Schicht zur anderen abgelenkt. Dabei wird an den Ablenkungsstellen das

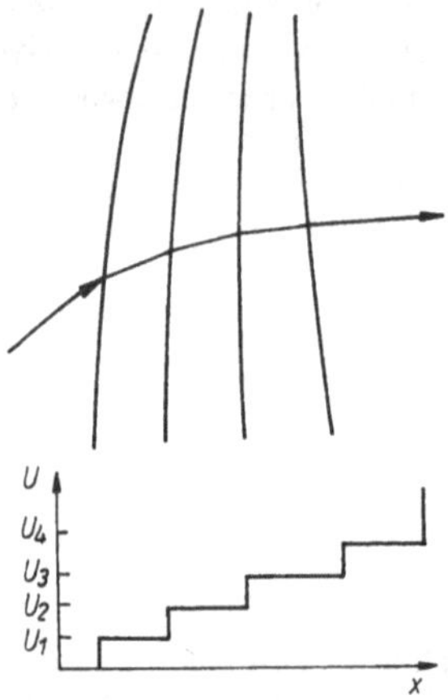

Abb. 6. Bewegung eines Teilchens im elektrischen Feld mit stufenförmig ansteigendem Potential. Die Größen U_1, U_2, U_3, U_4, ... sind die Potentiale der einzelnen Schichten, in die der Raum zerlegt ist

Brechungsgesetz in Gestalt der Gleichung (2.7) wirksam. Als optisches Analogon zu diesem Fall kann der Durchgang eines Lichtstrahls durch einen durchsichtigen Stoff mit einem sich allmählich verändernden Brechungsindex dienen. Auf diese Weise sind die Bahnkurven geladener Teilchen im elektrostatischen Feld im allgemeinen Fall den gleichen Gesetzen unterworfen, die die Ausbreitung von Lichtstrahlen in der Optik charakterisieren. Darauf beruht die Möglichkeit, elektronische Geräte zu konstruieren, die Analogien zu optischen Geräten darstellen (elektro-optischer Wandler, elektrostatisches Elektronenmikroskop usw.).

Eine tiefergehende Untersuchung ergibt, daß hier eine allgemeine Ähnlichkeit zwischen der gewöhnlichen Mechanik und der geometrischen Optik zum Ausdruck kommt. Diese Ähnlichkeit wurde zum Ausgangspunkt für die Entwicklung der modernen Quantenmechanik, die eine zutreffende Vorstellung von der Mechanik der atomaren Prozesse vermittelt. Im Rahmen unseres Buches ist dies jedoch nur eine Abschweifung von den Problemen, die unmittelbar mit der Plasmaphysik in Verbindung stehen.

2.4. *Die Bewegung im elektrischen Wechselfeld*

Alles, was wir bisher über die Bewegung geladener Teilchen im elektrischen Feld gesagt haben, hing von der Bedingung ab, daß dieses Feld als zeitlich konstant betrachtet werden konnte. Für das Verständnis der einzelnen im

Plasma ablaufenden Vorgänge ist es jedoch nützlich, allgemeine Vorstellungen über das Verhalten der Elektronen und Ionen in schnellveränderlichen elektrischen Feldern zu haben. Man kann die grundlegenden Eigenarten, die die Einwirkung veränderlicher Felder auf ein geladenes Teilchen kennzeichnen, durch die Untersuchung eines sehr einfachen Sonderfalles erläutern. Wir setzen voraus, daß sich die elektrische Feldstärke im ganzen Raum periodisch mit der Zeit ändert. Die Abhängigkeit der Größe E von der Zeit ist in Abb. 7a

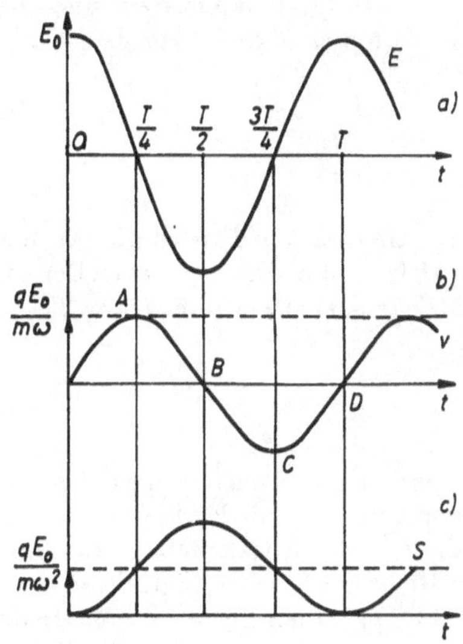

Abb. 7. Bewegung eines Ladungsträgers im elektrischen Wechselfeld
a) Änderung der Feldstärke mit der Zeit
b) Änderung der Geschwindigkeit mit der Zeit
c) Verschiebung des Teilchens in Richtung des Feldes

als Cosinusfunktion dargestellt. Der Abstand zwischen zwei aufeinanderfolgenden Maxima der Kurve auf der Abszissenachse legt die Schwingungsperiode T fest. Die Frequenz ν, d. h. die Anzahl der Schwingungen pro Sekunde, ist mit T offensichtlich durch die Beziehung $\nu = 1/T$ verknüpft.

In der Physik benutzt man auch häufig den Begriff „Kreisfrequenz". Diese Größe, die gewöhnlich mit ω bezeichnet wird, ist gleich $2\pi\nu$. Die Gleichung der Cosinusfunktion, die in Abb. 7 dargestellt ist, kann man in der folgenden Form schreiben:

$$E = E_0 \cos \frac{2\pi t}{T} = E_0 \cos \omega t.$$

Zu den Zeitpunkten $t = 0, T, 2T \ldots$ erreicht die elektrische Feldstärke ihren Maximalwert E_0; zur Zeit $t = T/4, 3T/4, 5T/4 \ldots$ geht die Größe E auf Null zurück. Wir nehmen jetzt an, daß zum Zeitpunkt $t = 0$ ein geladenes Teilchen mit der Anfangsgeschwindigkeit Null in das elektrische Feld gebracht wird. Dieses Teilchen wird sofort in Richtung des Feldes beschleunigt (vorausgesetzt, es ist positiv geladen). Die Geschwindigkeit wird also während des gesamten ersten Viertels der Periodendauer ansteigen; d. h. zu dem Zeitpunkt, zu dem die Feldstärke auf Null zurückgeht, hat das Teilchen eine maximale Geschwindigkeit erreicht (Punkt A in Abb. 7b). Ihr Betrag muß der wirkenden Kraft und dem Zeitabschnitt, in dem die Beschleunigung wirkt, proportional und der Masse des Teilchens umgekehrt proportional sein. Wäre die Feldstärke während der gesamten ersten Viertelperiode konstant und gleich ihrem Maximalwert, so könnte man die Geschwindigkeit des Teilchens zur Zeit $t = T/4$ mit Hilfe des Ausdruckes

$$v = \frac{qE_0}{m} \cdot \frac{T}{4} = \frac{\pi}{2} \cdot \frac{qE_0}{m\omega}$$

berechnen. Wegen des allmählichen Abfalles von E wird die tatsächliche Geschwindigkeit jedoch zahlenmäßig kleiner sein. Einer genauen Berechnung zufolge ist die Geschwindigkeit des Teilchens zum Zeitpunkt $t = T/4$

$$v_{\max} = \frac{qE_0}{m\omega}. \tag{2.8}$$

Im Verlauf der folgenden Viertelperiode wird sich wegen des Vorzeichenwechsels die Geschwindigkeit verringern und am Ende der zweiten Viertelperiode (Punkt B auf der Kurve) auf Null zurückgehen. Daraufhin wird das Teilchen in der entgegengesetzten Richtung beschleunigt. Seine Geschwindigkeit erreicht zum Zeitpunkt $t = 3 \cdot T/4$ einen negativen Maximalwert von $-v_{\max}$ und geht danach wieder zurück auf den Wert Null im Punkt D, d. h. genau nach einer vollen Schwingungsperiode des elektrischen Feldes. Der ganze Zyklus der Geschwindigkeitsänderung wiederholt sich dann periodisch. Der Verlauf der Geschwindigkeit unterscheidet sich von der E-Kurve dadurch, daß er um eine Viertelperiode verschoben ist. Zu den Zeitpunkten, zu denen E seinen Maximalwert erreicht, ist die Geschwindigkeit gleich Null; und an den Nullstellen des Feldes erreicht sie ihre Maximalwerte ($\pm v_{\max}$).

Wir diskutieren jetzt, wie sich die von dem Teilchen zurückgelegte Wegstrecke verändert. Das Teilchen beginnt sich in Feldrichtung zu bewegen, wobei seine Geschwindigkeit im Zeitintervall von 0 bis $T/4$ zunimmt. Solange die Geschwindigkeit einen positiven Wert hat, setzt sich die Verschiebung nach dieser Seite fort. Im Zeitpunkt $t = T/2$ erreicht die Verschiebung ihren positiven Maximalwert. Wir überzeugen uns davon, daß diesem Zeitpunkt ein negativer Maximalwert von E entspricht. Im Verlauf der folgenden Halbperiode bewegt sich das Teilchen nach der anderen Seite und am Ende der Periode ist es an seinen Ausgangspunkt zurückgekehrt. Danach wiederholt sich der gesamte Vorgang. Stellt man den von dem Teilchen zurückgelegten Weg als Funktion der Zeit dar, erhält man die Kurve in Abb. 7c. Die Maximalwerte dieser Kurve fallen auf die Minima von E und die Minimalwerte auf die Maxima von E. In der Sprache der modernen Technik und der Schwingungstheorie kann man sagen, daß die Feldstärke und der durchlaufene Weg in Gegenphase schwingen.

Die Gleichung der Kurve, die den von dem Teilchen zurückgelegten Weg wiedergibt, kann als Funktion der Zeit folgendermaßen geschrieben werden:

$$S = \frac{qE_0}{m\omega^2}(1 - \cos\omega t). \tag{2.9}$$

Wenn wir tiefer in das Problem der Bewegung von Teilchen im Wechselfeld eindringen wollten, müßten wir berücksichtigen, daß unter realen Bedingungen das Feld in der Umgebung des Teilchens sozusagen nicht plötzlich mit voller Stärke vorhanden ist. Es baut sich vielmehr mit allmählich wachsender Amplitude E_0 auf, wobei das Anwachsen von E_0 sich über den Verlauf vieler Perioden erstreckt. Ein solches allmählich anwachsendes Feld ist in Abb. 8

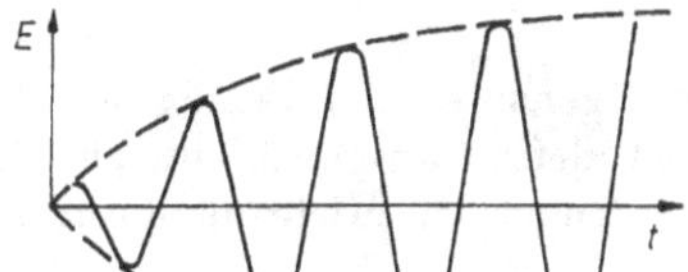

Abb. 8. Elektrisches Wechselfeld mit wachsender Amplitude

dargestellt. Die Rechnung zeigt, daß in diesem außerordentlich wichtigen Fall die Schwingungen des Teilchens im Raum, nachdem die Feldstärke E_0 schon aufgebaut ist, der Gleichung

$$S = -\frac{qE_0}{m\omega^2}\cos\omega t \tag{2.10}$$

entsprechen. Diese Gleichung unterscheidet sich von dem vorangehenden Ausdruck nur durch das Fehlen des ersten Summanden, der von t nicht abhängt. Die Kurve S stellt sich also in diesem Falle als Spiegelbild der Schwingungskurve von E dar.

Damit können wir die kurze Beschreibung der Bewegung geladener Teilchen im elektrischen Wechselfeld beschließen. Die gewonnenen Resultate werden uns bei der Untersuchung der Wechselwirkung eines Plasmas mit elektromagnetischen Wellen zustatten kommen.

2.5. *Die Bewegung geladener Teilchen im homogenen Magnetfeld*

Wir gehen jetzt zur Untersuchung der Bewegung von Elektronen und Ionen im magnetischen Feld über. Auf ein Teilchen mit der Ladung q, das sich mit der Geschwindigkeit v in einem Magnetfeld der Feldstärke H bewegt, wirkt die Kraft $F = \frac{1}{c} \cdot q \cdot v \cdot H \cdot \sin\theta$, wobei θ der Winkel zwischen den Richtungen von v und H ist und c die Lichtgeschwindigkeit ($c = 3 \cdot 10^{10}$ cm/s). Diese Kraft steht senkrecht zu den Richtungen von $\boldsymbol{v}$ und $\boldsymbol{H}$, und bei positivem Vorzeichen der Richtungen bilden $\boldsymbol{v}$, $\boldsymbol{H}$ und $\boldsymbol{F}$ ein rechtsdrehendes System. Das bedeutet: Dreht man den Kopf einer Schraube mit Rechtsgewinde von $\boldsymbol{v}$ in Richtung $\boldsymbol{H}$, dann bewegt sich die Schraube in Richtung $\boldsymbol{F}$ vorwärts. Bei einem negativen q kehrt sich die Richtung der Kraft um. In der lakonischen Sprache der Vektoranalysis wird alles bis jetzt über den Betrag und die Richtung der Kraft F Gesagte in der folgenden einfachen Form niedergeschrieben:

$$\boldsymbol{F} = \frac{q}{c} \boldsymbol{v} \times \boldsymbol{H}. \tag{2.11}$$

Das Symbol $\boldsymbol{v} \times \boldsymbol{H}$ wird Vektorprodukt genannt. Der Betrag des Vektorproduktes zweier Vektoren $\boldsymbol{A}$ und $\boldsymbol{B}$ ist definitionsgemäß gleich $AB \cdot \sin\theta$, wobei θ der Winkel zwischen den Vektoren ist. Die Richtung dieses Produktes

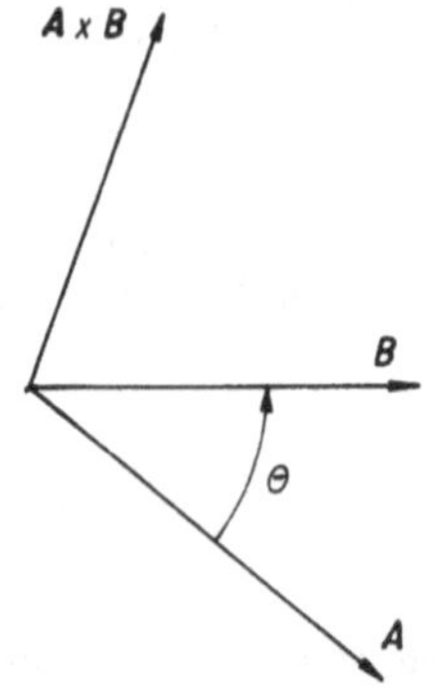

Abb. 9. Vektorprodukt der Vektoren $\boldsymbol{A}$ und $\boldsymbol{B}$

ist derart, daß es mit $\boldsymbol{A}$ und $\boldsymbol{B}$ ein Rechtssystem bildet (s. Abb. 9). Aus dem Gesagten lassen sich zwei Schlüsse ziehen:

1. Wenn ein Teilchen sich in Richtung des Magnetfeldes bewegt, so wird $F = 0$, weil in diesem Falle $\theta = 0$ ist. Bewegt sich das Teilchen dagegen senkrecht zur Feldrichtung, so wird $F = \frac{1}{c} q\, v\, H$.

2. Die Kraft F ist an jedem beliebigen Punkt der Bahnkurve senkrecht zur Geschwindigkeit gerichtet. Sie leistet daher keine Arbeit und kann nur die Richtung der Geschwindigkeit, nicht jedoch ihren Betrag ändern.

Einen außerordentlich einfachen Charakter hat die Bewegung eines Teilchens im homogenen Magnetfeld. Ein homogenes Magnetfeld ist dadurch gekennzeichnet, daß alle Feldlinien parallel verlaufen und der Betrag der Feldstärke H in dem gesamten vom Feld erfüllten Raum gleich ist. (Ein solches Feld erhält man beispielsweise zwischen den ebenen Polschuhen eines großen Elektromagneten oder im Inneren einer langen, gleichmäßig gewickelten Stromspule.) Wir wollen in ein homogenes Magnetfeld ein Teilchen einführen, dessen Anfangsgeschwindigkeit senkrecht zu den Feldlinien (d. h. zu dem Vektor $\boldsymbol{H}$) steht. Die Kraft, die auf das Teilchen wirkt und gleich $\frac{1}{c} qvH$ ist, besitzt in jedem Punkt der Bahnkurve den gleichen Betrag. Weil die Kraft senkrecht zur Geschwindigkeit gerichtet ist, erzeugt sie eine zentripetale Beschleunigung, durch deren Wirkung sich die Richtung der Geschwindigkeit ständig ändert. In dem betrachteten Fall ist der Betrag der Beschleunigung ebenfalls konstant (wegen der Konstanz von v und H). Das Teilchen bewegt sich also in einer Ebene senkrecht zu H längs einer gekrümmten Bahnkurve mit einer dem Betrag nach konstanten Zentripetalbeschleunigung (Abb. 10).

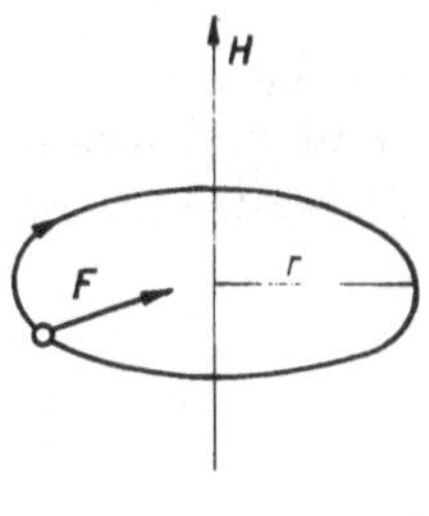

Abb. 10. Bewegung eines Ladungsträgers im magnetischen Querfeld (d. h. für den Fall, daß $\boldsymbol{v} \perp \boldsymbol{H}$)

Von der elementaren Mechanik her ist bekannt, daß in diesem Fall die Bahnkurve einen Kreis darstellt. Die Kraft, die das Teilchen auf der Bahnkurve hält, muß nach dem zweiten NEWTONschen Axiom dem Produkt aus der Masse und einer Zentripetalbeschleunigung gleich sein, deren Betrag bekanntlich v^2/r ist (r — Bahnradius). Wir können folglich schreiben

$$\frac{mv^2}{r} = \frac{1}{c} qvH,$$

woraus sich

$$r = \frac{mvc}{qH} \tag{2.12}$$

ergibt. Die Größe r wird LARMOR-Radius genannt nach dem englischen Physiker LARMOR, der Ende des vergangenen Jahrhunderts die Bewegungsgesetze von Teilchen im Magnetfeld untersucht hat. Eine sehr ähnliche Formel für den LARMOR-Radius, bei der r als Funktion der Energie des Teilchens ausgedrückt wird, ist von praktischem Nutzen. Diese Formel erhält man aus der Gleichung (2.12) durch eine einfache Umformung:

$$r = 1{,}1 \cdot 10^{14} \frac{\sqrt{m W}}{Z H}. \tag{2.13}$$

Hier sind Z die Ladungszahl des Teilchens und W seine Energie in Elektronenvolt. Für ein Elektron ist $m = 9 \cdot 10^{-28}$ g und $Z = 1$. Demnach ist der LARMOR-Radius für ein Elektron

$$r_e = \frac{3{,}4 \sqrt{W}}{H}. \tag{2.14}$$

Der Radius der gekrümmten Bahnkurve eines Protons ist bei den gleichen Werten von H und W um den Faktor 42 größer, d. h.

$$r_p = \frac{143 \sqrt{W}}{H}. \tag{2.15}$$

Um den LARMOR-Radius des Kreises zu finden, der von einem einfach geladenen Ion mit der relativen Atommasse A beschrieben wird, muß man den letzten Ausdruck mit $\sqrt{A}$ multiplizieren. In Abb. 11a und b ist die grafische Dar-

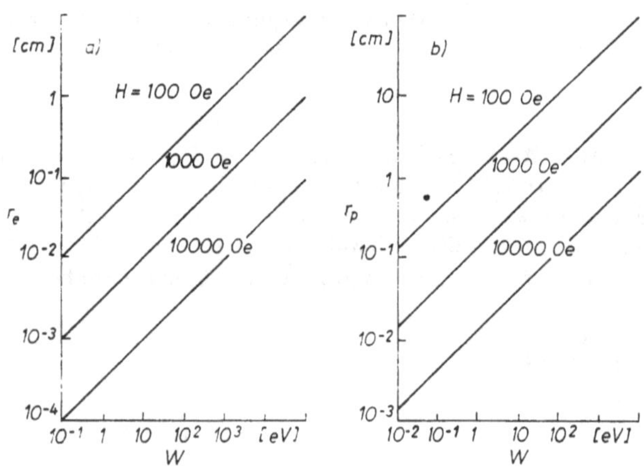

Abb. 11. Abhängigkeit des LARMOR-Radius von der Energie a) für Elektronen, b) für Protonen

stellung der Formeln (2.14) und (2.15) zu sehen. Die verschiedenen Kurven, die in den Abbildungen dargestellt sind, entsprechen den folgenden festgehaltenen Werten für die magnetische Feldstärke: 100, 1000 und 10000 Oe. Um einen möglichst großen Energiebereich darstellen zu können, sind die Größen W und r in logarithmischem Maßstab aufgetragen.

Mit Hilfe der Formel (2.12) kann man auch andere Größen bestimmen, die die Bewegung des Teilchens charakterisieren: die Umlaufperiode T_H der Kreisbahn und die Winkelgeschwindigkeit ω_H der Bewegung. Offensichtlich ist

$$v T_H = 2\pi r. \tag{2.16}$$

Setzt man hierfür die Gleichung (2.12) ein, so erhält man

$$T_H = \frac{2\pi m c}{qH}. \tag{2.17}$$

Die Winkelgeschwindigkeit der Kreisbewegung ist mit T_H durch die Beziehung $\omega_H = 2\pi/T_H$ verbunden. Demnach ist

$$\omega_H = \frac{qH}{mc}. \tag{2.18}$$

Die Größe ω_H bezeichnet man auch als Kreisfrequenz oder LARMOR-Frequenz für das betreffende Teilchen.

Aus den Formeln (2.17) und (2.18) folgt, daß die Umlaufperiode und die LARMOR-Frequenz nicht von der Geschwindigkeit des Teilchens abhängen (weil v in den Ausdrücken für T_H und ω_H nicht vorkommt). Es sei bemerkt, daß die LARMOR-Frequenz für Elektronen auch in einem verhältnismäßig schwachen magnetischen Feld sehr groß ist und die entsprechende Umlaufperiode außerordentlich klein. Bei $H = 1$ Oe ist die LARMOR-Frequenz $1{,}7 \cdot 10^7$ Hz (Hertz), sie liegt also im Radiofrequenzbereich. Die Drehrichtungen von Elektronen und Ionen im magnetischen Feld sind einander entgegengesetzt. Das positive Ion kreist im Uhrzeigersinn, wenn man auf seine Bahnkurve aus der Richtung schaut, nach der der Vektor der magnetischen Feldstärke gerichtet ist. Das Elektron kreist in der entgegengesetzten Richtung, und seine Bahnkurve bildet mit dem Vektor der magnetischen Feldstärke ein rechtsdrehendes System (wenn man eine Schraube in Richtung der Bahnkurve dreht, die die Bewegung des Elektrons beschreibt, so bewegt sie sich in Richtung von H vorwärts).

Das kreisende, geladene Teilchen verursacht einen Kreisstrom. Die Richtung des Stromes, der durch die Rotation der Elektronen und der Ionen in einem gegebenen Magnetfeld entsteht, ist gleich, weil die Teilchen verschiedenen Vorzeichens sich in entgegengesetzten Richtungen bewegen. Jeder Elementar-Stromring, der mit einem kreisenden Teilchen verbunden ist, wird seinerseits zur Quelle eines Magnetfeldes (Abb. 12). Wie man leicht zeigen kann, ist das

Feld der LARMOR-Kreise immer dem äußeren Feld, das die Rotation der Teilchen hervorruft, entgegengerichtet. Das kreisende Teilchen ist bestrebt, das die Rotation verursachende Feld zu schwächen. Die Feldstärke des

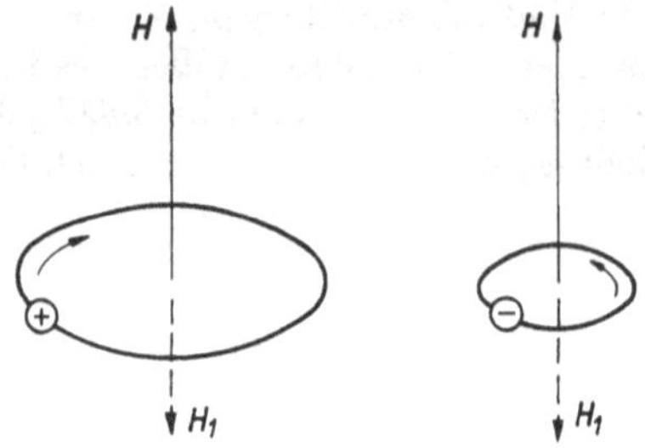

Abb. 12. Magnetisches Eigenfeld $\boldsymbol{H}_1$, das von einem geladenen Teilchen bei seiner Rotation im äußeren Magnetfeld $\boldsymbol{H}$ erzeugt wird

Magnetfeldes, das durch die LARMOR-Rotation eines einzelnen Elektrons oder Ions erzeugt wird, ist sehr gering. Wenn die Konzentration der geladenen Teilchen allerdings genügend groß ist, können ihre Eigenfelder durch Überlagerung die Feldstärke des äußeren Feldes am Ort der Teilchen merklich verringern. Über diesen Effekt werden wir in einem der folgenden Kapitel ausführlicher sprechen.

Wir untersuchen jetzt einen etwas allgemeineren Fall des Verhaltens eines geladenen Teilchens im homogenen Magnetfeld. Angenommen, die Geschwindigkeit des Teilchens bildet mit der Richtung der Kraftlinien den Winkel α, der nicht 90° sein soll. Wir zerlegen diese Geschwindigkeit in zwei Komponenten: parallel und senkrecht zum Magnetfeld. Die erste Komponente ist $v_{\parallel} = v \cos \alpha$. Die Querkomponente ergibt sich zu $v_{\perp} = v \sin \alpha$. Das magnetische Feld hat nur auf die Komponente $v_{\perp}$ einen Einfluß und veranlaßt das Teilchen, mit dieser Geschwindigkeit in einer Kreisbahn umzulaufen, die auf dem Vektor $\boldsymbol{H}$ senkrecht steht. Der Krümmungsradius dieses Kreises kann aus dem Ausdruck

$$r = \frac{m v_{\perp} c}{q H} = \frac{m v c}{q H} \sin \alpha$$

bestimmt werden. Gleichzeitig mit dieser Drehbewegung bewegt sich das Teilchen mit der konstanten Geschwindigkeit $v_{\parallel}$ in Richtung der Feldlinien. Die resultierende Bewegung, die sich aus einer gleichförmigen Drehung und einer gleichförmig fortschreitenden Bewegung zusammensetzt, hat die Gestalt einer schraubenförmigen Bahnkurve (Abb. 13). Die Steigung der Schraubenlinie, d. h. die Entfernung, die das Teilchen in Richtung des Feldes bei einem Umlauf um die Feldlinien zurücklegt, wird nach der Gleichung

$$v_{\parallel} T = \frac{2 \pi m v c}{q H} \cos \alpha \tag{2.19}$$

bestimmt. Bei kleinen Winkeln α ist die Bahnkurve sehr langgezogen. Bei einem Winkel α, der nahe bei 90° liegt, erinnert sie an eine enggewickelte Schraubenfeder.

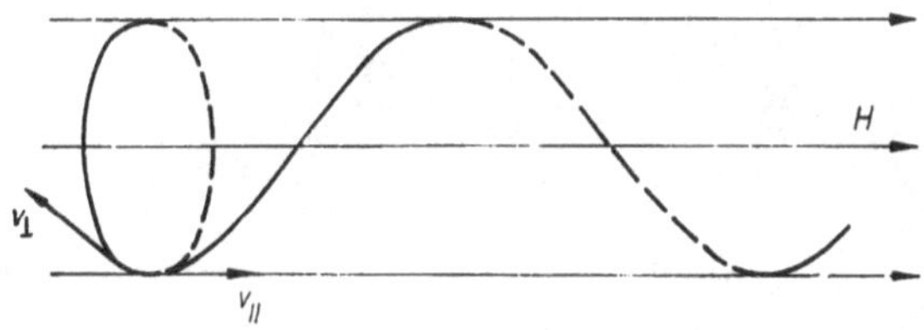

Abb. 13. Bewegung eines Teilchens im homogenen Feld auf einer spiralförmigen Bahnkurve

2.6. *Allgemeiner Charakter der Bewegung von Teilchen im inhomogenen Magnetfeld*

Wie in der Natur verläuft auch bei verschiedenen Versuchsanordnungen und Geräten, die für wissenschaftliche oder technische Zwecke bestimmt sind, die Bewegung geladener Teilchen gewöhnlich in inhomogenen Magnetfeldern. In solchen Feldern verändern sich Betrag und Richtung des Vektors $\boldsymbol{H}$ im Raum von Punkt zu Punkt.

Ein inhomogenes Magnetfeld kann eine außerordentlich komplizierte geometrische Form haben, und die Bahnkurven der geladenen Teilchen können ebenfalls sehr bizarr und verworren aussehen. Es ist nicht anzunehmen, daß sich allgemeine Gesetzmäßigkeiten angeben lassen, die gleichermaßen für beliebige derartige Bahnkurven gültig sind. Die Bewegungskurven vereinfachen sich jedoch wesentlich, wenn man nur diejenigen Teilchen betrachtet, deren LARMOR-Radius eine verhältnismäßig kleine Größe im Vergleich zu der Entfernung darstellt, innerhalb der sich das Feld merklich ändert, oder, wie man sich in der Physik ausdrückt, im Vergleich zur charakteristischen Länge der Feldinhomogenität. Ein Teilchen mit kleinem LARMOR-Radius spürt bei seiner Bewegung nur in geringem Maße die Feldinhomogenität. Es muß viele Umläufe um die Feldlinien ausführen, ehe es in Gebiete gelangt, in denen das Feld merklich anders ist. Der Einfluß der Inhomogenität auf die Bahnkurve eines solchen Teilchens wird nur auf einem genügend langen Abschnitt der Bahnkurve sichtbar.

Um das Wesen dieses Einflusses zu erklären, betrachten wir zuerst den Fall, daß sich die Feldstärke längs der Kraftlinien ändert. Dieser Fall ist in Abb. 14 schematisch dargestellt. Die Feldstärke des Magnetfeldes wächst von links nach rechts, die Kraftlinien bilden daher ein zusammenlaufendes Bündel (je stärker das Feld ist, um so dichter liegen die Kraftlinien beieinander).

Wie wird sich die Bahnkurve des Teilchens ändern, das in dieses Gebiet mit zunehmender Feldstärke hineinfliegt? Auf den ersten Blick scheint es, daß sich bei der Bewegung des Teilchens nach rechts der Krümmungsradius der

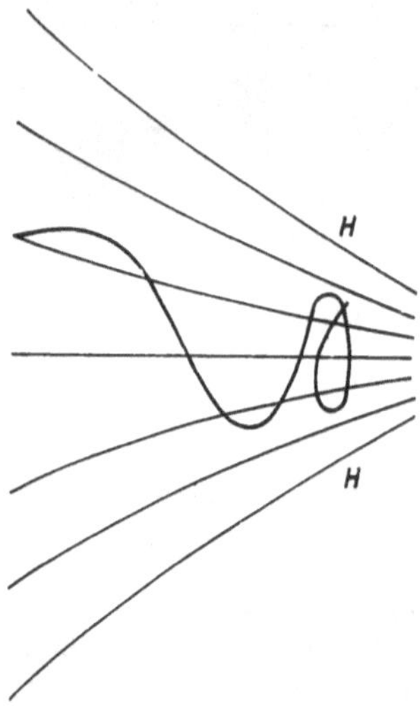

Abb. 14. Bahnkurve eines Ladungsträgers, der sich in Richtung wachsenden Feldes bewegt

Bahnkurve umgekehrt proportional zu H verringert ebenso wie die Steigung der Schraubenlinie, vorausgesetzt, daß r hinreichend klein ist; d. h. alle Längen sollten sich unter Beibehaltung der geometrischen Ähnlichkeit verkleinern. Wenn wir jedoch ein solches Bild entwerfen, gehen wir uneingestandenermaßen von der Vorstellung aus, daß sich der Winkel α zwischen der Richtung der Geschwindigkeit und den Kraftlinien nicht ändert. In Wirklichkeit erweist sich diese Annahme als grober Fehler. Dies hängt damit zusammen, daß auf ein Teilchen im inhomogenen Feld eine Kraft wirkt, die immer in Richtung des schwächer werdenden Feldes weist. Diese Kraft bremst das Teilchen bei seiner Bewegung von links nach rechts und verringert demzufolge die Längskomponente der Geschwindigkeit $v \cos \alpha$. Weil der Gesamtbetrag der Geschwindigkeit im Magnetfeld konstant bleibt, wirkt sich der Verzögerungseffekt auf die Größe des Winkels α aus. Dieser Winkel wächst an, und die Querkomponente der Geschwindigkeit $v \sin \alpha$ wird entsprechend größer. Das Verhältnis der beiden Komponenten der Geschwindigkeit bleibt deshalb nicht konstant. Die Bahnkurve wird wegen der Vergrößerung des Winkels α immer mehr zusammengedrängt, wenn das Teilchen in ein stärker werdendes Feld hineinläuft, wie das in Abb. 14 zu sehen ist.

Um die Entstehung der bremsenden Kraft erklären zu können, wenden wir uns der Abb. 15 zu. Dort ist eine Windung der Bahnkurve in einem anwachsenden Feld dargestellt (der Einfachheit halber wurde angenommen, daß die

Geschwindigkeit in Längsrichtung Null ist). Der Pfeil MA stellt den Feldstärkevektor des magnetischen Feldes in einem gewissen Punkt M auf der Bahnkurve des Teilchens dar. Wir zerlegen diesen Vektor in zwei Kompo-

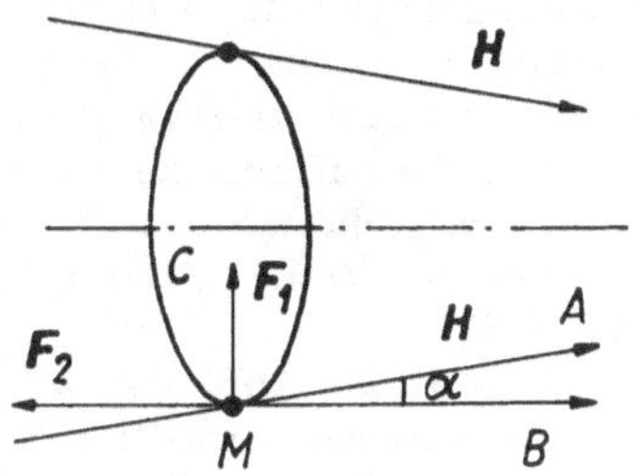

Abb. 15. Auf ein Teilchen wirkende Kräfte in einem Magnetfeld mit zusammenlaufenden Kraftlinien. Die Kraft $\boldsymbol{F}_1$ hält die LARMOR-Bewegung aufrecht, und die Kraft $\boldsymbol{F}_2$ zieht das Teilchen in Richtung des schwächer werdenden Feldes

nenten; die eine steht senkrecht zur Ebene der Windung und die andere liegt in Richtung ihres Radius.

Im homogenen Magnetfeld würden die Kraftlinien parallel verlaufen und der Vektor $\boldsymbol{H}$ nur aus der Komponente MB bestehen. Diese Komponente erzeugt bei Einwirkung auf das Teilchen eine zum Mittelpunkt der Windung gerichtete Kraft $\boldsymbol{F}_1$, die die Rotation hervorruft. Die Komponente MC des Feldvektors wird durch die Konvergenz der Kraftlinien, d. h. die Inhomogenität des Feldes verursacht. Sie erzeugt eine Kraft, deren Richtung leicht gefunden werden kann, indem man die zu Beginn des Abschnittes angegebene Regel anwendet. Diese Kraft muß senkrecht zu MC und zur Richtung der Geschwindigkeit stehen, d. h. senkrecht zur Kurvenkrümmung im Punkt M. Als Ergebnis erhalten wir die Kraft $\boldsymbol{F}_2$, die das Teilchen aus dem Gebiet des starken Feldes in Richtung des schwächer werdenden Feldes abdrängt.

Zu diesem Resultat kann man auch auf Grund von Überlegungen ganz anderer Art gelangen. Früher wurde gezeigt, daß der LARMOR-Kreis, der von den Teilchen im Magnetfeld beschrieben wird, einem Strom entspricht. Dabei erzeugt dieser Strom ein eigenes Magnetfeld, das dem äußeren Feld, in dem sich das Teilchen bewegt, entgegengerichtet ist, das bedeutet, daß der LARMOR-Kreis Eigenschaften besitzt, auf Grund derer man ihn als Analogon für ein kleines Teilchen diamagnetischer Materie ansehen kann. Als diamagnetisch bezeichnet man solche Stoffe, in denen unter Einwirkung eines äußeren Feldes ein zusätzliches Eigenfeld entgegengesetzten Vorzeichens entsteht. Mit dieser Eigenschaft der Diamagnetika ist untrennbar verbunden, daß sie von starken Magnetfeldern abgestoßen werden. Der diamagnetische LARMOR-Kreis, der durch das kreisende geladene Teilchen erzeugt wird, unterliegt nun ebenfalls der Einwirkung dieser Kraft, die ihn in einen Bereich geringerer Feldstärke verdrängt.

Wie schon früher festgestellt wurde, ist die Verzögerung des Teilchens bei der Bewegung in Richtung der Kraftlinien nach der Seite des stärkeren Feldes wegen der Konstanz des Gesamtbetrages der Geschwindigkeit notwendigerweise mit einem Anwachsen der Querkomponente der Geschwindigkeit verbunden. Der Betrag der Feldstärke H und die Geschwindigkeit $v_\perp$ der Rotation in Querrichtung stehen demnach in einem gewissen Zusammenhang zueinander. Eine theoretische Untersuchung zeigt, daß zwischen $v_\perp$ und H ein ganz bestimmter Zusammenhang besteht: Das Quadrat der Größe $v_\perp$ ist mit recht großer Genauigkeit proportional zu H, und folglich bleibt das Verhältnis $v_\perp^2/H$ während der Bewegung des Teilchens nahezu konstant. Weil $v_\perp^2$ der kinetischen Energie der LARMOR-Bewegung, die wir mit $W_\perp$ bezeichnen können, proportional ist, ist die Konstanz des Verhältnisses $v_\perp^2/H$ gleichbedeutend mit der Konstanz der Größe $W_\perp/H$.

Eine wichtige Besonderheit dieser theoretischen Ableitung muß hervorgehoben werden. Es wird nicht behauptet, daß das Verhältnis $v_\perp^2/H$ (oder $W_\perp/H$) mit absoluter Genauigkeit unverändert bleibt, sondern auf den Näherungscharakter dieser Konstanz hingewiesen. Das Wort „Näherung" ist im vorliegenden Fall folgendermaßen aufzufassen: Während der Bewegung des Teilchens kann die Größe $v_\perp^2/H$ auf verschiedenen Punkten seiner Bahnkurve etwas verschiedene Zahlenwerte haben, die um einen Mittelwert schwanken. Die Schwankungen liegen dabei über große Wegstrecken des Teilchens in ziemlich engen Grenzen, innerhalb deren sich $v_\perp$ und H einzeln um große Faktoren verändern können. Je geringer der LARMOR-Radius des Teilchens ist (d. h., je kleiner v oder je größer H ist), mit um so größerer Genauigkeit wird das Verhältnis $v_\perp^2/H$ konstant gehalten. Der Betrag dieses Verhältnisses wird häufig als „adiabatische Invariante" bezeichnet, wobei die Invarianz im Sinne der oben erläuterten „näherungsweisen Konstanz" zu verstehen ist. Infolge der Konstanz des Verhältnisses $v_\perp^2/H$ verändert sich die Umlaufgeschwindigkeit des Teilchens proportional zur Quadratwurzel aus der Feldstärke des Magnetfeldes. Der LARMOR-Radius $r = m v_\perp c/qH$ muß daher bei einer Bewegung des Teilchens in einem Feld mit veränderlicher Feldstärke der Größe $1/\sqrt{H}$ proportional sein.

Weil der Gesamtbetrag der Geschwindigkeit v sich nicht ändert, ist auch die Größe $\sin^2\alpha/H$ eine adiabatische Invariante der Bewegung des betrachteten Teilchens. Wir setzen voraus, daß an einem gewissen Anfangspunkt der Bahnkurve die Feldstärke den Wert H_0 hat, und der Winkel, den die Geschwindigkeit dort mit der Richtung der Kraftlinien bildet, sei α_0. Unter diesen Anfangsbedingungen kann der Winkel an einem beliebigen Punkt der Bahnkurve mit Hilfe der Gleichung $\sin^2\alpha/H = \sin^2\alpha_0/H_0$ gefunden werden. Daraus folgt:

$$\sin\alpha = \sin\alpha_0 \sqrt{\frac{H}{H_0}}. \tag{2.20}$$

Bei der Bewegung des Teilchens in Richtung des stärker werdenden Feldes vergrößert sich der Winkel α, solange er 90° nicht erreicht hat. Dies geschieht an dem Punkt, an dem die rechte Seite der Gleichung (2.20) gleich Eins wird. Den Wert von H in dem betreffenden Punkt findet man aus der Bedingung $1 = \sin \alpha_0 \sqrt{H/H_0}$. Löst man diese Gleichung nach H auf, so erhält man

$$H = \frac{H_0}{\sin^2 \alpha_0}. \tag{2.21}$$

In ein Gebiet mit noch größerer Feldstärke kann das Teilchen mit einem vorgegebenen Wert α_0 nicht vordringen, weil $\sin \alpha$ nicht größer als Eins werden kann. Deshalb kehrt das Teilchen die Richtung seiner Längsbewegung um und beginnt nach der Seite des schwachen Feldes zurückzufliegen, wenn es an einem Punkt mit der durch Gleichung (2.21) festgelegten Feldstärke gelangt ist. Die Gebiete mit großer Feldstärke können demnach unter gewissen Bedingungen in bezug auf ein Teilchen, das sich längs der Kraftlinien bewegt, die Rolle von magnetischen „Spiegeln" spielen.

Nehmen wir insbesondere einmal an, das Feld besitze die in Abb. 16 dargestellte Struktur. In diesem Fall wächst die Größe H nach beiden Seiten von einem mittleren Gebiet des Raumes aus an, und das Kraftlinienbündel

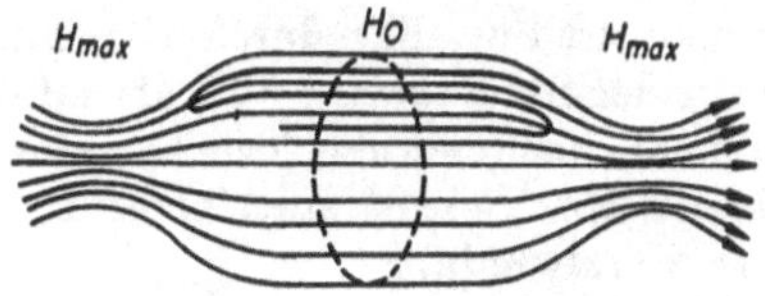

Abb. 16. Feld mit magnetischen Spiegeln

drängt sich nach links und nach rechts zusammen (die maximale Feldstärke soll durch $H_{\max}$ und die minimale durch H_0 bezeichnet werden). Wir betrachten das Verhalten eines Ions oder Elektrons, das sich zu Beginn im mittleren Teil des Feldes befindet. Das weitere Schicksal des Teilchens hängt vom Wert des Winkels α_0 ab. Wenn $\sin \alpha_0 < \sqrt{H_0/H_{\max}}$ gilt, dann muß das Teilchen nicht anhalten und passiert das Gebiet hoher Feldstärke, wenn es auch bei der Annäherung an die Gebiete mit zusammengedrängten Kraftlinien gebremst wird. Wenn jedoch $\sin \alpha_0 > \sqrt{H_0/H_{\max}}$ gilt, wird das Teilchen von dem magnetischen Spiegel reflektiert. In diesem Falle wird das Teilchen also in dem Raum zwischen den magnetischen Spiegeln eingeschlossen. Wir haben es hier mit dem einfachsten Typ einer *magnetischen Falle* zu tun, die die geladenen Teilchen in ihrem Inneren zurückhält. Es soll weiter erwähnt werden, daß eine solche Falle beispielsweise mit Hilfe zweier Spulen aufgebaut werden kann, die auf einer gemeinsamen Achse zueinander parallel angeordnet sind und von Strömen in gleicher Richtung durchflossen werden.

Die Feldstärke kann sich nicht nur längs der Kraftlinien verändern, sondern auch senkrecht zu ihnen. So verringert sich die Feldstärke eines geradlinigen

Stromleiters (Abb. 17) beispielsweise mit der Entfernung von dem Leiter, obwohl benachbarte Kraftlinien überall parallel zueinander verlaufen, da sie konzentrische Kreise bilden. Die Bahnkurve eines geladenen Teilchens in

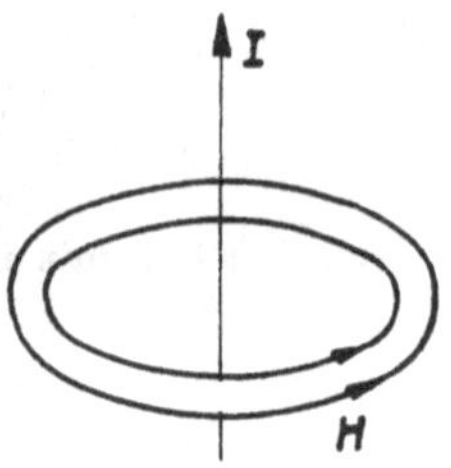

Abb. 17. Magnetfeld eines geraden stromdurchflossenen Leiters

einem inhomogenen Feld dieses Typs hat im allgemeinen eine ziemlich komplizierte Gestalt. Um diese Gestalt zu erklären, muß man zunächst einige Sonderfälle untersuchen. In Abb. 18 ist dargestellt, wie sich ein Teilchen bewegt, dessen Geschwindigkeit senkrecht zu den Feldlinien steht. Man kann sich anschaulich vorstellen, daß die Zeichenebene der Abb. 18 eine Ebene durch die Achse in Abb. 17 ist. Die Feldstärke des Magnetfeldes soll sich von links nach rechts verkleinern. In diesem Falle kann die ebene Bahnkurve kein Kreis sein, denn der Krümmungsradius, der durch Gleichung (2.12) gegeben ist, wird auf der rechten Seite der Bahnkurve größer als auf der linken sein. Die Bahnkurve schließt sich nicht, nachdem das Teilchen einen ganzen Umlauf vollendet hat, und beschreibt eine Spirale statt eines Kreises. Der folgende Umlauf liefert eine weitere Spiralwindung usw.

Nach vielen Umläufen zeichnet sich die Bahnkurve des Teilchens ziemlich deutlich ab. Sie erweist sich als eine verschnörkelte Bahn, auf der sich das Teilchen in einer Richtung parallel zur y-Achse bewegt (in Abb. 17 entspricht dies einer Bewegung parallel zu dem Stromleiter). Die Breite der Bahn hängt von der Geschwindigkeit des Teilchens und der Feldstärke des Magnetfeldes ab. Die Richtung der vertikalen Verschiebung des Teilchens ist von seinem Vorzeichen abhängig. In Abb. 18 bewegt sich ein positives Ion von unten

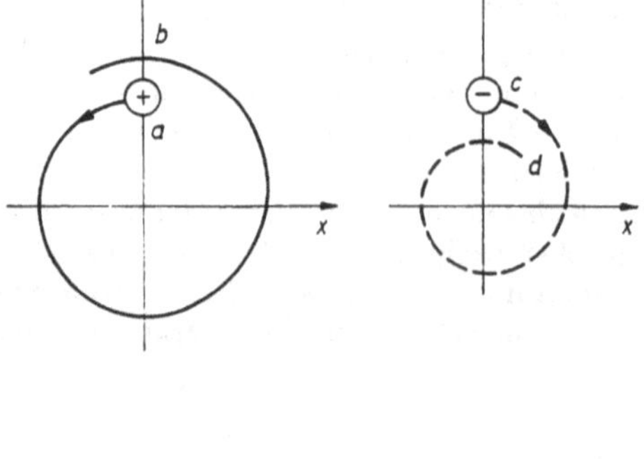

Abb. 18. Drift von Teilchen, die sich im inhomogenen Magnetfeld in einer Ebene senkrecht zum Vektor $\boldsymbol{H}$ bewegen

nach oben, indem es bei einem Umlauf auf der y-Achse um eine Entfernung ab verschoben wird; ein Elektron bewegt sich von oben nach unten mit der entsprechenden Verschiebung um cd.

Diese Bewegung wird *magnetische Drift* oder *Drift im inhomogenen Feld* genannt. Das Wort „Drift", das der Nautik entlehnt ist, soll unterstreichen, daß die Verschiebungsgeschwindigkeit des Teilchens längs dieser aus Spiralwindungen bestehenden Bahn im Vergleich zur Geschwindigkeit seiner LARMOR-Rotation klein ist. Wir heben hervor, daß das Teilchen bei der Driftbewegung nicht in ein Gebiet schwächeren oder stärkeren Feldes abwandert. Es scheint im Gegenteil bei seiner Bewegung auf einer verhältnismäßig schmalen Bahn bestrebt zu sein, innerhalb seiner Bahnkurve bei ein und derselben Feldstärke zu beharren.

Wir sehen jetzt voraus, daß sich das Teilchen in dem gleichen inhomogenen Feld, bei dem sich die Feldstärke senkrecht zur Richtung des Vektors $\boldsymbol{H}$ verändert, längs einer Kraftlinie bewegt. Auf Abb. 19 ist als Beispiel die

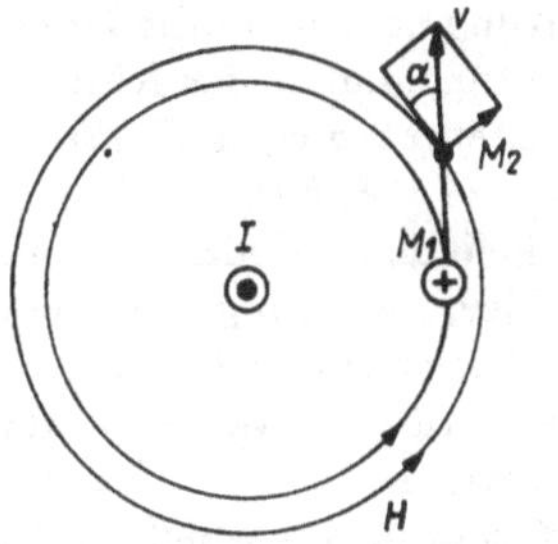

Abb. 19. Bewegung eines positiven Ions in Richtung der magnetischen Feldlinien, die von einem geradlinigen Leiter erzeugt werden

Bewegung eines positiven Ions längs eines Feldes dargestellt, das durch einen geradlinig fließenden Strom erzeugt wird. Offensichtlich kann das Teilchen den Kraftlinien nicht vollständig folgen. Wenn die Geschwindigkeit dem Feld parallel gerichtet ist, wird die Kraft Null, und daher fehlt auch eine Zentripetalbeschleunigung. Infolgedessen gleitet das Ion, dessen Geschwindigkeitsrichtung im Punkt M_1 mit der Richtung des Feldes übereinstimmte, auf Grund seiner Trägheit von der kreisförmigen Kraftlinie ab. Wenn sich das Ion weiter bewegt, wird es die benachbarten Kraftlinien unter kleinen Winkeln schneiden. Im Punkt M_2 wird der Winkel, der von der Geschwindigkeit des Ions und dem Vektor $\boldsymbol{H}$ gebildet wird, schon den kleinen Wert α besitzen. Der Umstand, daß die Geschwindigkeit des von der Kreisbahn abgeglittenen Ions schon nicht mehr genau in Richtung der Kraftlinien liegt, bewirkt eine Kraft $\frac{1}{2}\, qvH \sin\alpha$. Diese Kraft ist in dem betrachteten Beispiel parallel zu dem Stromleiter gerichtet, der das Magnetfeld erzeugt. Unter Einwirkung dieser Kraft erhält das Ion eine Geschwindigkeitskomponente in Richtung der positiven y-Achse (siehe Abb. 18). Diese Komponente ist eben die Driftgeschwindigkeit des Teilchens im inhomogenen Feld. Für ein Elektron ist der allgemeine Bewegungscharakter der gleiche, jedoch mit dem Unterschied, daß die Driftgeschwindigkeit des Elektrons der des Ions entgegengesetzt gerichtet ist. Man kann sich leicht überlegen, daß die infolge einer längsgerichteten Geschwindigkeit auftretende Drift nach der gleichen Seite verläuft wie die Drift eines Teilchens, dessen Geschwindigkeit senkrecht zu $\boldsymbol{H}$ gerichtet ist.

Die Rechnung zeigt, daß sich im allgemeinen Fall, wenn das Teilchen sowohl eine quergerichtete LARMOR-Geschwindigkeit $v_\perp$ als auch eine Längsgeschwindigkeit $v_{\parallel}$ besitzt, die Driftgeschwindigkeit aus der Formel

$$u_d = \frac{1}{\omega_H R}\left(v_{\parallel}^2 + \frac{1}{2} v_\perp^2\right) \tag{2.22}$$

ergibt. Bei diesem Ausdruck bedeutet R den Krümmungsradius der Kraftlinie, die durch den betrachteten Punkt der Bahnkurve läuft, und ω_H die LARMOR-Frequenz, d. h. qH/mc. Ihrer Richtung nach steht die Driftgeschwindigkeit u_d senkrecht zu $\boldsymbol{H}$ und zum Krümmungsradius der Kraftlinie. Übersetzt in die Sprache der Vektoranalysis bedeutet dies, daß für $q > 0$ der Vektor $\boldsymbol{u}_d$ die Richtung des Vektorproduktes $\boldsymbol{H} \times \boldsymbol{R}$ hat.

Aus dem Obengesagten folgt, daß unter beliebigen Bedingungen die Driftgeschwindigkeit so gerichtet ist, daß bei der Bewegung des Teilchens die Feldstärke ein und denselben Wert behält. Gleichung (2.22) bezieht sich wie alles andere, was in diesem Kapitel gesagt wurde, auf den Fall, daß die Inhomogenität des Magnetfeldes verhältnismäßig klein ist, d. h., daß sich im Bereich des LARMOR-Kreises die Größe H nur unwesentlich ändert. Unter dieser Bedingung ist $u_d \ll v$, d. h., die Driftgeschwindigkeit liefert nur einen verhältnismäßig kleinen Beitrag zur Geschwindigkeit des Teilchens.

Es ist eine zusätzliche Bedingung zu erwähnen, die die Anwendbarkeit der Gleichung (2.22) einschränkt. Sie bezieht sich darauf, daß das Teilchen sich in dem Raum zwischen den Leitern bewegen muß, die das magnetische Feld erzeugen, und diese Leiter nicht berührt, d. h., daß seine Bahnkurve niemals ein Gebiet durchläuft, in dem Ströme fließen. Wenn diese Bedingung nicht erfüllt ist, wird die Formel für die Driftgeschwindigkeit ziemlich kompliziert, jedoch behalten alle qualitativen Betrachtungen, die oben angestellt worden sind, ihre Gültigkeit. Bei einer Drift quer zu den Kraftlinien des Feldes bleiben beide Geschwindigkeitskomponenten $v_{\parallel}$ und $v_\perp$ dem Betrag nach unverändert. Nach dem früher Gesagten bleibt die Größe H längs der Driftbahn ebenfalls konstant. Folglich bleibt auch das Verhältnis $v_\perp^2/H$ erhalten. Dies bedeutet, daß die Driftbewegung die adiabatische Invarianz $v_\perp^2/H$ nicht zerstört. Um das allgemeine Bewegungsbild eines Teilchens in einem räumlich schwach veränderlichen Magnetfeld noch klarer darzustellen, sei darauf hingewiesen, daß man diese Bewegung in zwei einfachere zerlegen kann: a) eine LARMOR-Rotation mit der Geschwindigkeit $v_\perp = v \sin \alpha$ und b) eine Mittelpunktsverschiebung des LARMOR-Kreises. Die letztere setzt sich ihrerseits aus der Bewegung längs der Kraftlinien mit der Geschwindigkeit $v_{\parallel} = v \cos \alpha$ und einer langsamen Drift quer zu den Kraftlinien mit der Geschwindigkeit u_d zusammen.

Einige konkrete Beispiele sollen zur Illustration der allgemeinen Gesetzmäßigkeiten dienen. Das erste Beispiel ist der schon mehrfach erwähnte Fall der Bewegung eines Teilchens im Felde eines geradlinigen Stromleiters, das zweite ist die Bewegung eines Teilchens in einer Falle, die aus zwei parallelen Spulen gebildet wird (siehe Abb. 16), und das dritte betrifft das Verhalten geladener Teilchen im Magnetfeld der Erde.

Für eine qualitative Beschreibung der Driftbewegung von Teilchen im Feld eines geradlinigen Stromes bedienen wir uns der Formel (2.22). Wir beschränken uns auf den Fall, daß $\alpha = 90°$ und folglich $v = v_{\perp}$ gilt. Unter dieser Voraussetzung folgt aus den Gleichungen (2.22) und (2.13)

$$u_d = \frac{v}{2} \cdot \frac{r}{R},$$

wobei r der LARMOR-Radius für die Bahnkurve des Teilchens und R der Krümmungsradius der Kraftlinien (im gegebenen Fall ist er gleich ihrer Entfernung vom Leiter) sind. Nehmen wir an, daß die Stromstärke 10^5 A beträgt und daß sich ein Proton mit der Energie 100 eV in einer Entfernung von 10 cm von dem Leiter befindet. In diesem Fall ist $r/R = 7 \cdot 10^{-2}$, und u_d ist folglich klein gegen v. Die Driftgeschwindigkeit beträgt $5 \cdot 10^5$ cm/s. Die Bahnkurve des Teilchens (oder genauer gesagt: die Bahnkurve, die der Mittelpunkt des LARMOR-Kreises beschreibt) für das zweite Beispiel ist in Abb. 16 dargestellt. In diesem Fall begegnen sich zwei Erscheinungen: erstens die Reflexion von den Spiegeln und zweitens die Drift um die Achse des gesamten magnetischen Systems (d. h. um die gemeinsame Achse beider Spulen). Das dritte Beispiel zeigt die gleiche Erscheinung in Form der sogenannten Strahlungsgürtel, die die Erdkugel umgeben. Die Strahlungsgürtel, deren Existenz bei den Flügen der ersten Satelliten und kosmischen Raketen entdeckt wurde, bestehen aus Elektronen und Ionen mit hoher Energie (Elektronen mit einer Energie bis zu einigen Millionen Elektronenvolt, Protonen und Kerne leichter Elemente mit noch um zwei bis drei Größenordnungen höherer Energie). Das sind Teilchen, die im Magnetfeld der Erde eingeschlossen sind.

In Abb. 20 ist schematisch die Anordnung der Strahlungsgürtel im erdnahen Raum dargestellt. Die Gebiete, in denen sich die geladenen Teilchen befinden, wurden in der Abbildung gestrichelt dargestellt. Wir können hier zwei Gürtel unterscheiden, obwohl die Grenze zwischen ihnen nicht sehr scharf ist. Der innere Gürtel ist von der Erde im Mittel einige tausend Kilometer entfernt, und seine untere Grenze nähert sich der Erdoberfläche bis auf eine Entfernung von 500 km. Der äußere Strahlungsgürtel beginnt in einer Entfernung von 10000 ··· 15000 km von der Erde.

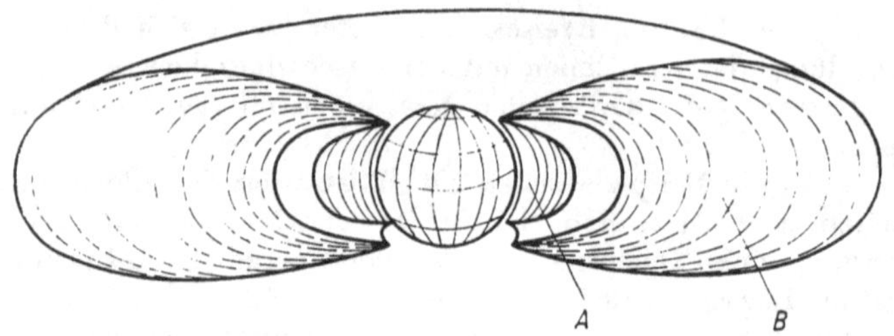

Abb. 20. Schematische Darstellung der Strahlungsgürtel, die die Erde umgeben (A: innerer, B: äußerer Gürtel)

In einer abschließenden Betrachtung soll noch die Herkunft der Teilchen erklärt werden, aus denen sich die Strahlungsgürtel zusammensetzen. Als wahrscheinliche Quellen der Teilchen kommen erstens Prozesse in Frage, die mit der kosmischen Strahlung zusammenhängen, die aus dem Weltraum auf die Erde trifft. Zweitens stammen sie von Plasmaströmungen, die von der Sonne während der Sonneneruptionen ausgestoßen werden. Es ist hinzuzufügen, daß die Verteilung der geladenen Teilchen im äußeren Strahlungsgürtel wegen der ständigen Plasmaströme, die von der Sonne ausgehen (der sogenannte *Sonnenwind*), bezüglich der Achse des Erdmagnetfeldes nicht symmetrisch ist. Auf Abb. 20 ist das nicht berücksichtigt.

Im Magnetfeld der Erde führen die geladenen Teilchen, die dem Strahlengürtel angehören, Bewegungen aus, wie sie schematisch in Abb. 21 gezeigt

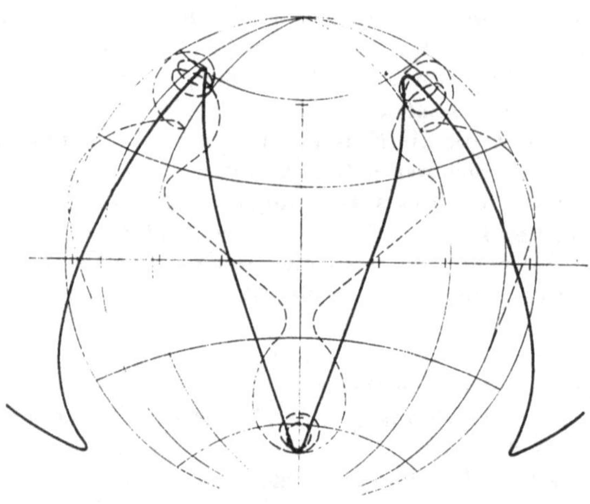

Abb. 21. Schematische Darstellung der Bahnkurve eines Ladungsträgers im Magnetfeld der Erde

sind (die in dieser Abbildung gezeigte Bahnkurve gehört zu einem Ion großer Energie). Um das Bild nicht zu verwirren, ist in dieser Zeichung die LARMOR-Rotation durch eine gestrichelte Linie dargestellt, während die durchgezogene Linie die *Achsenlinie* der Bahnkurve, d. h. die Bewegungskurve für das Zentrum des LARMOR-Kreises, beschreibt. Bei der Annäherung an die magnetischen Pole, in deren Nähe sich die Feldstärke stark erhöht, wird das Elektron oder Ion reflektiert. Es muß daher zwischen den Magnetpolen hin- und herlaufen. Gleichzeitig damit findet die Driftbewegung statt, die von der Inhomogenität des Feldes hervorgerufen wird. Diese Drift muß gemäß dem früher Gesagten zu einer Verschiebung des Teilchens in eine Richtung führen, die zu den magnetischen Meridianen senkrecht steht, d. h. für Elektronen von Osten nach Westen und für Ionen von Westen nach Osten. Jedes Teilchen umläuft die Erdkugel, wobei es um ihre magnetische Achse kreist.

Die Lebensdauer der einzelnen Elektronen oder Protonen in dieser gigantischen Falle ist nicht unendlich. Im inneren Strahlungsgürtel können für den Teilchenverlust die Stöße mit den Atomen in den äußersten Schichten der Erdatmosphäre eine merkliche Rolle spielen. Aus dem äußeren Strahlungsgürtel können die Teilchen infolge von Veränderungen der geometrischen Struktur des magnetischen Erdfeldes (d. h. der Form der magnetischen Kraftlinien des Feldes) entweichen. Solche Veränderungen ereignen sich jedes Mal, wenn eine große Menge ionisierten Gases, die während der kurzzeitigen Eruptionen von der Sonne ausgestoßen wird, auf die Erdsphäre trifft. Über die Strahlungsgürtel kann man unter anderem sagen, daß es sich hier um ein außerordentlich sonderbares Plasma handelt, das sich in einem riesigen Raum befindet. Aus Gleichung (1.3) folgt in der Tat, daß bei linearen Ausmaßen in der Größenordnung 10000 km und bei Teilchenenergie von 10^6 eV das Kollektiv der Elektronen und Ionen schon in Konzentrationen, bei denen sich nur ein schnelles Teilchen in einem Kubikmeter befindet, typische Eigenschaften eines Plasmas aufweist. Die tatsächliche Konzentration schneller Elektronen oder Protonen in den Strahlengürteln ist bis zu einigen Größenordnungen höher; das bedeutet, daß der DEBYE-Radius einige tausend Kilometer nicht zu überschreiten braucht.

2.7. *Die Bewegung von Teilchen in Anwesenheit elektrischer und magnetischer Felder*

Wir betrachten jetzt einige sehr einfache Fälle für die Bewegung geladener Teilchen in Feldern des zusammengesetzten Typs, d. h. bei gleichzeitiger Einwirkung elektrischer und magnetischer Felder. Nehmen wir zu Beginn der Einfachheit halber an, daß sowohl das elektrische als auch das magnetische Feld homogene Felder sind. Wenn das elektrische Feld zu dem magnetischen parallel gerichtet ist, wird es das Teilchen in seiner Richtung beschleunigen oder verzögern, als wäre das magnetische Feld nicht vorhanden. Gleichzeitig wird die Bewegung des Teilchens in der senkrecht zu $\boldsymbol{H}$ liegenden Ebene durch die Einwirkung des elektrischen Feldes in keiner Weise verändert. Die Bahnkurve des Teilchens wird unter solchen Bedingungen eine Schraubenlinie sein, die sich entweder allmählich streckt oder allmählich zusammendrängt (in Abhängigkeit von der Richtung des elektrischen Feldes und dem Anfangswert der Längskomponente der Geschwindigkeit). Das betrachtete Beispiel ist in Abb. 22 dargestellt. Ein völlig anderes Bild ergibt sich, wenn $\boldsymbol{H}$ auf $\boldsymbol{E}$ senkrecht steht.

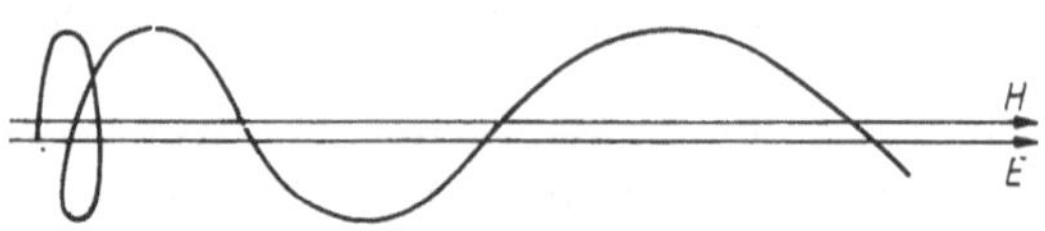

Abb. 22. Bewegung eines Ladungsträgers unter dem Einfluß eines magnetischen und eines elektrischen Feldes, deren Richtungen zusammenfallen

Angenommen, zu einem gewissen Anfangszeitpunkt befinde sich das Teilchen am Ort O (Abb. 23) und habe die Geschwindigkeit Null. Unter dem Einfluß des elektrischen Feldes wird es längs der y-Achse beschleunigt (es soll sich um ein positiv geladenes Teilchen handeln). Je mehr sich die Geschwindigkeit des Teilchens erhöht, um so mehr wächst auch die vom Magnetfeld herrührende Kraft, weil diese der Geschwindigkeit proportional ist. Die Kraft lenkt das Teilchen ab, und sein Weg wendet sich zur Seite der x-Achse. Die allmähliche Neigung der Bahnkurve muß dazu führen, daß das Teilchen zu einem bestimmten Zeitpunkt beginnt, sich in Richtung kleinerer y-Werte zu bewegen. Diesem Zeitpunkt entspricht der Punkt A. Auf dem Abschnitt zwischen A und B der Bahnkurve vermindert sich die Geschwindigkeit des Teilchens wegen der Verzögerung im elektrischen Feld. Sie geht auf Null zurück, wenn das Teilchen zur Abszisse zurückgekehrt ist. Danach beginnt der Beschleunigungsvorgang aufs neue, wird dann durch die Verzögerungsphase abgelöst usw.

Die Bahnkurve des Teilchens besteht daher aus einer periodisch sich wiederholenden Folge von Bögen. Jeder einzelne Bogen stellt geometrisch eine wohlbekannte Kurve dar, die den Namen Zykloide trägt. Rechnungen ergeben, daß die Höhe der Zykloide $h = 2mc^2E/qH^2$ ist, und die Zeit, die das Teilchen zum Durchlaufen einer einzelnen Zykloide benötigt, ist $2\pi mc/qH$, d. h., sie fällt mit der für eine Umlaufperiode im Larmor-Kreis benötigten Zeit zusammen. Ein Teilchen mit negativer Ladung bewegt sich unter dem Einfluß der gleichen Feldkonfiguration auf einem Weg, der ebenfalls aus sich wiederholenden Zykloiden besteht. Diese Bahnkurve ist in Abb. 23 gestrichelt gezeichnet. Wir heben hervor, daß die Verschiebungsrichtung längs der Achse für Teilchen beider Vorzeichen gleich ist. Zykloidenförmige Bahnkurven des beschriebenen Typs sind in der Mechanik schon lange bekannt. Eine solche Kurve beschreibt bei der Bewegung eines Eisenbahnwagens ein beliebiger Punkt auf dem Umfang seines Rades, wenn der Wagen sich auf

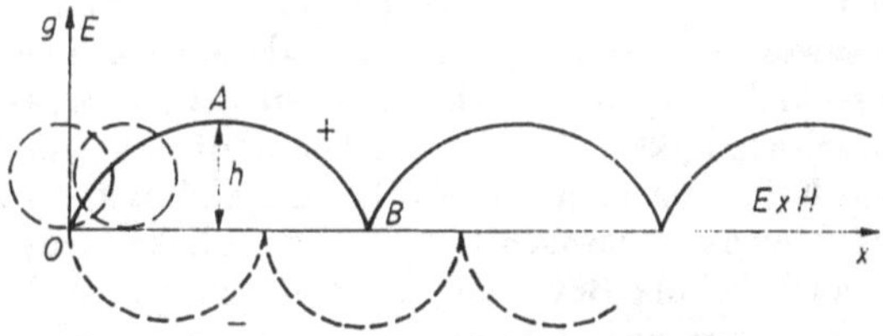

Abb. 23. Bewegung von Ladungsträgern in gekreuzten Feldern auf Zykloidenbahnen. Das Magnetfeld steht senkrecht auf der Zeichenebene. Das elektrische Feld ist von unten nach oben gerichtet.

den Schienen bewegt, ohne zu rutschen. Diese Analogie führt zu dem Gedanken, daß die Bewegung eines geladenen Teilchens unter dem Einfluß eines elektrischen und eines magnetischen Feldes, die senkrecht zueinander gerichtet sind, ebenfalls in eine Rotations- und eine Translationsbewegung zerlegt werden könnte.

Man kann tatsächlich leicht zeigen, daß die Bewegung des Ions oder Elektrons auf einer Zykloide die Überlagerung einer Drehbewegung auf einem Kreis mit dem Radius $^1/_2\, h$ und einer fortschreitenden Bewegung längs der x-Achse mit der Geschwindigkeit cE/H darstellt. Die Geschwindigkeit v dieser fortschreitenden Bewegung ist für alle Teilchen unabhängig von ihrer Masse und Ladung gleich. Sie ist sowohl zu $\boldsymbol{E}$ als auch zu $\boldsymbol{H}$ senkrecht, und ihre Richtung fällt mit $\boldsymbol{E} \times \boldsymbol{H}$ zusammen. Dieses Ergebnis kann man verallgemeinern, indem man die Bewegung eines Teilchens betrachtet, das von Anfang an eine gewisse Geschwindigkeit v_0 besitzt. Die Rechnung zeigt, daß in diesem allgemeineren Fall sich das Teilchen auf einer Bahnkurve bewegt, die zur Gattung der in Abb. 24 gezeigten Kurven gehört. Diese Bahnkurven

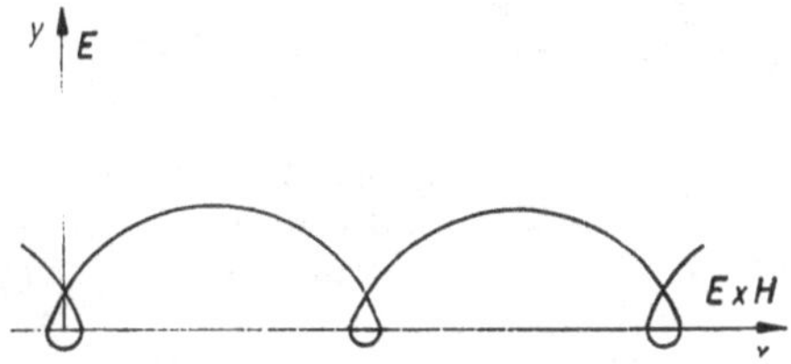

Abb. 24. Trochoidenbewegungen von Teilchen in gekreuzten Feldern

heißen Trochoiden. Die Bewegung auf einer Trochoide kann man ebenfalls in eine Drehbewegung und eine Verschiebung längs der x-Achse zerlegen, wobei sich zeigt, daß die Geschwindigkeit der fortschreitenden Bewegung unter beliebigen Bedingungen cE/H beträgt. Das geladene Teilchen ist also in sich kreuzenden (d. h. senkrecht zueinander stehenden) Feldern $\boldsymbol{E}$ und $\boldsymbol{H}$ außer der Bewegung auf einer Schraubenlinie in der Richtung von $\boldsymbol{H}$ noch einer zusätzlichen elektrischen Driftbewegung unterworfen, die eine Verschiebung quer zu den Kraftlinien des magnetischen Feldes bewirkt.

Gewöhnlich sind sowohl in Laborexperimenten als auch in der Natur die elektrischen Felder so klein, daß die Geschwindigkeit der LARMOR-Bewegung der Teilchen die Geschwindigkeit der elektrischen Drift um ein Vielfaches übersteigt. In diesem Fall kann man den Einfluß des elektrischen Querfeldes auf die Energie des Teilchens vernachlässigen. Die adiabatische Invarianz $v_\perp^2/H$ bleibt folglich auch bei der Bewegung des Teilchens unter gleichzeitiger Einwirkung eines elektrischen und eines magnetischen Feldes erhalten. Wenn das Magnetfeld nicht streng homogen ist, muß man außer der elektrischen Drift auch die Drift berücksichtigen, die durch die Veränderungen von $\boldsymbol{H}$ entsteht. Die resultierende Driftgeschwindigkeit ist offensichtlich die Summe beider Formen der Driftbewegung.

Es soll darauf hingewiesen werden, daß die Drift in gekreuzten Feldern ein Sonderfall einer viel allgemeineren Gesetzmäßigkeit ist: Eine beliebige konstante Kraft, die auf ein geladenes Teilchen senkrecht zu $\boldsymbol{H}$ wirkt, ruft eine Driftbewegung quer zu den Kraftlinien des Magnetfeldes hervor. Die Richtung dieser Bewegung liegt senkrecht zu der einwirkenden Kraft. Der Betrag der Driftgeschwindigkeit ist cF/qH, wobei F die Kraft und q die Ladung des Teilchens bedeuten[1]). Wenn die Kraft für die Elektronen und Ionen die gleiche Richtung besitzt, sind ihre Driftgeschwindigkeiten einander entgegengesetzt gerichtet.

In Abb. 25 ist die Drift der Teilchen unter dem Einfluß der Schwerkraft für den Fall dargestellt, daß das Magnetfeld parallel zur Erdoberfläche gerichtet ist. Die Driftgeschwindigkeit der Ionen ist dabei bedeutend größer als die der Elektronen. Der absolute Wert der Driftgeschwindigkeit ist jedoch sogar für ein schweres Ion außerordentlich klein. In einem Magnetfeld von

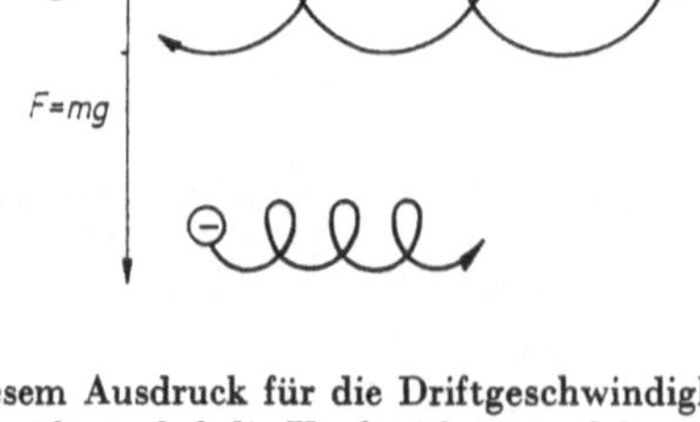

Abb. 25. Drift von Teilchen im Schwerefeld, das senkrecht zu $\boldsymbol{H}$ gerichtet ist

1) Zu diesem Ausdruck für die Driftgeschwindigkeit kann man leicht gelangen, wenn man beachtet, daß die Kraftwirkung auf das gegebene Teilchen mit der Einwirkung eines äquivalenten elektrischen Feldes, für das die Beziehung $F = q \cdot E$ gilt, identisch ist.

1 Oe beträgt diese Geschwindigkeit für ein einfach geladenes Sauerstoffmolekül ungefähr 3 cm/s.

Es kann nun der Fall eintreten, daß das Magnetfeld sich nicht nur im Raum ändert, sondern auch mit der Zeit. Wir wollen hier nur zwei sehr einfache Beispiele für die Bewegung der Ionen und Elektronen im magnetischen Wechselfeld anführen, die hinsichtlich der Beschreibung gewisser allgemeiner Gesetzmäßigkeiten interessant sind.

Erstes Beispiel: Ein Teilchen befindet sich in einem langen zylindrischen Gefäß, um das eine Spule gewickelt ist, die ein homogenes Magnetfeld erzeugt (Abb. 26). Wir wollen voraussetzen, daß dieses Feld im Lauf der Zeit anwächst. Was geschieht mit dem Teilchen?

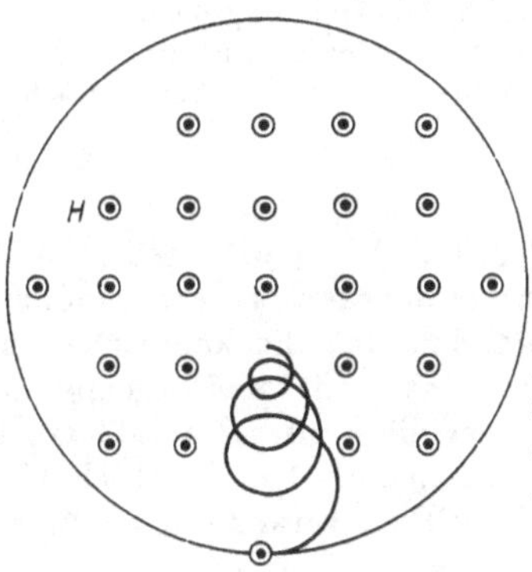

Abb. 26. Bewegung von Teilchen im homogenen Magnetfeld, das mit der Zeit zunimmt. Die Kraftlinien des Feldes stehen senkrecht auf der Zeichenebene

Um diese Frage beantworten zu können, stellen wir zunächst fest, daß nach dem Induktionsgesetz mit einem sich ändernden Magnetfeld untrennbar ein elektrisches Feld verbunden ist. Die Feldlinien dieses induzierten elektrischen Feldes bestehen im vorliegenden Fall aus konzentrischen Kreisen, deren Mittelpunkte in der Achse des Gefäßes liegen. Mit Hilfe des Induktionsgesetzes kann man zeigen, daß die Feldstärke des elektrischen Feldes E innerhalb des Gefäßes dem Abstand zur Achse und der Änderungsgeschwindigkeit der Größe H (d. h. dem Zuwachs von H in der Zeiteinheit) proportional ist. Das elektrische Feld erzeugt eine Driftbewegung. Die Driftgeschwindigkeit ist senkrecht zu $\boldsymbol{E}$ und $\boldsymbol{H}$ gerichtet und zeigt daher in radialer Richtung. Anhand schon bekannter Regeln kann man leicht feststellen, daß bei einer Zunahme von H die Drift in Richtung zur Achse und bei einer Abnahme entgegengesetzt dazu gerichtet ist. Die Rechnung zeigt, daß sich wegen der Driftbewegung der Abstand zwischen dem Teilchen (oder genauer: zwischen dem Zentrum seines LARMOR-Kreises) und der Achse proportional zu $\sqrt{H}$ ändert. Die Einwirkung des induzierten elektrischen Feldes auf das Teilchen wird jedoch dadurch nicht behindert. Gleichzeitig ändert sich auch noch $v_\perp$ und damit die kinetische Energie der LARMOR-Rotation.

Die Ursache des betrachteten Effektes kann leicht aufgedeckt werden, indem man einen Sonderfall untersucht — die Bewegung eines Teilchens, für das der Mittelpunkt des LARMOR-Kreises auf der Achse des Gefäßes liegt (Abb. 27). In diesem Fall hat das elektrische Wirbelfeld überall die gleiche Richtung wie die Umlaufbewegung. Dabei beschleunigt es entweder das Teil-

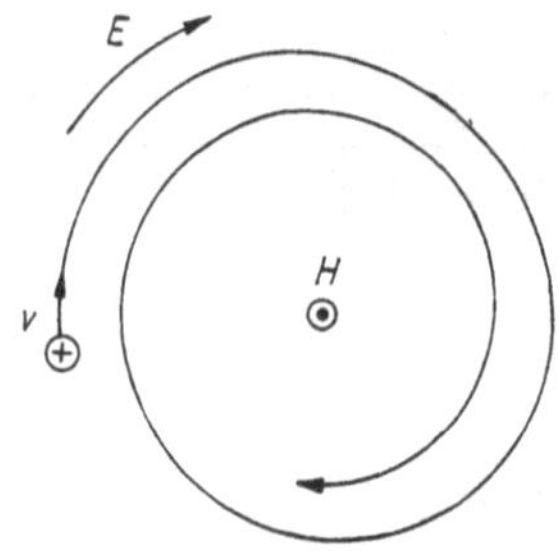

Abb. 27. Änderung der Geschwindigkeit der LARMOR-Rotation unter dem Einfluß eines induzierten elektrischen Wirbelfeldes

chen, wobei sich $v_\perp$ vergrößert, oder das Teilchen wird gebremst. Der erste Fall tritt ein, wenn H wächst, der zweite dagegen bei Verkleinerung von H.

Die qualitative Untersuchung zeigt, daß sich die kinetische Energie der Rotation proportional zu H verändert, das heißt, uns begegnet wieder die Konstanz der Größe $W_\perp/H$. Wir werden dieses Resultat auf ein beliebiges Teilchen anwenden, das sich in einem magnetischen Wechselfeld befindet; seine Gültigkeit erstreckt sich auf alle zeitlich veränderlichen Magnetfelder, die sich hinreichend langsam ändern.

Zweites Beispiel: Ein Teilchen sei mit einem gegebenen Anfangswert $v_\parallel$ zwischen zwei magnetischen Spiegeln eingeschlossen, die mit Hilfe der kurzen Spulen (Abb. 28) erzeugt werden. Man kann annehmen, daß die Spulen nur

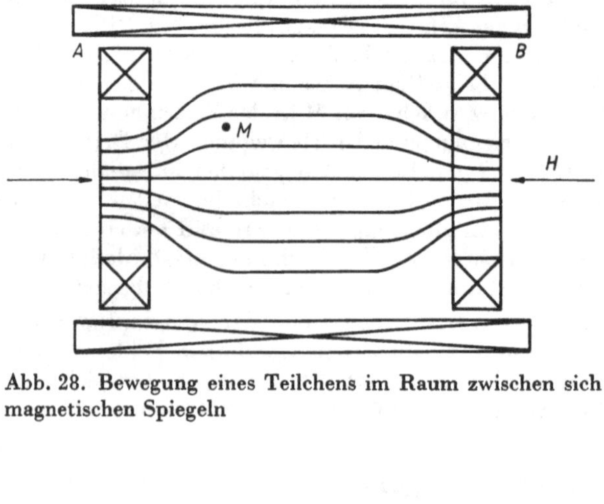

Abb. 28. Bewegung eines Teilchens im Raum zwischen sich nähernden magnetischen Spiegeln

in einem sehr begrenzten Bereich ein starkes Feld erzeugen. Zwischen diesen Spulen bewegt sich das Teilchen in einem vergleichsweise schwachen konstanten Feld, das mit Hilfe einer langgestreckten, von A bis B reichenden Wicklung erzeugt wird. Wir bewegen nun die Spulen gegeneinander. Auf den ersten Blick sollte dies lediglich zu einer Verkürzung jenes Bereiches führen, innerhalb dessen sich die Längsbewegungen des Teilchens abspielen. In Wirklichkeit muß sich jedoch die Geschwindigkeit der Längsbewegung des Teilchens bei der Annäherung der Spulen erhöhen. Dieses Anwachsen von $v_{\parallel}$ kann man von zwei völlig verschiedenen Standpunkten her erklären.

Zunächst halten wir fest, daß die Bewegung der Spulen mit einer zeitlichen Veränderung des Magnetfeldes einhergeht. Wenn zu einem bestimmten Zeitpunkt die Feldstärke am Ort M den Wert H_0 hatte, dann erhöht sich dieser Wert nach der Annäherung der Spulen sehr schnell auf einen erheblich größeren Betrag. Die Vergrößerung von H bewirkt die Entstehung eines elektrischen Wirbelfeldes, das sich auf die Umgebung der bewegten Spulen erstreckt. Wenn sich das Teilchen bei seiner Bewegung längs der x-Achse der Spule nähert und abgebremst wird, so geht seine längsgerichtete Geschwindigkeit in eine quergerichtete über, die unter dem Einfluß des elektrischen Wirbelfeldes zusätzlich vergrößert wird. Dies bedeutet, daß die kinetische Gesamtenergie zunimmt. Nach der Reflexion des Teilchens an dem Spiegel transformiert sich der Zuwachs der kinetischen Energie der Querbewegung in einen Zuwachs der Energie der Längsbewegung. Folglich vergrößert sich $v_{\parallel}$. Zu dem gleichen Resultat gelangen wir, wenn wir uns vergegenwärtigen, daß unser Beispiel der elastischen Reflexion eines Massenpunktes an einer sich bewegenden Wand analog ist.

Die grundlegenden Gesetzmäßigkeiten eines solchen Vorganges werden bei der Betrachtung der Abb. 29 klar. Auf der linken Seite dieser Zeichnung ist der Zusammenstoß des Massenpunktes mit der Wand in dem gewöhnlichen Labor-Koordinatensystem dargestellt und auf der rechten Seite in einem Koordinatensystem, das sich zusammen mit der Wand bewegt. In dem Koordinatensystem, das mit der Wand verbunden ist, läuft alles nach wohlbekannten Regeln ab. Das Teilchen wird reflektiert, wobei es die dem Betrage

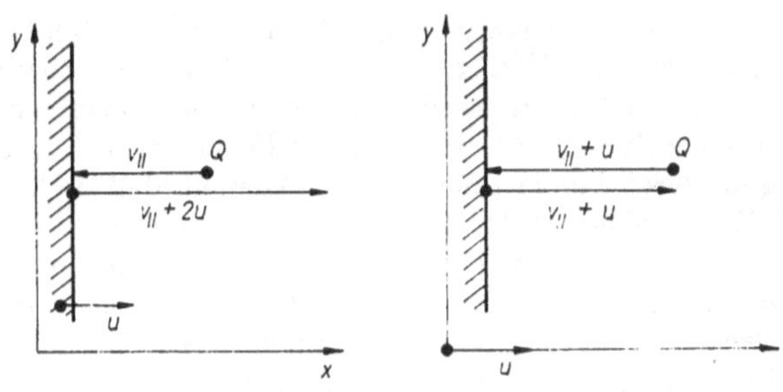

Abb. 29. Reflexion eines Massenpunktes an einer sich bewegenden Wand

nach gleiche Geschwindigkeit wie vor dem Stoß beibehält. Demnach hat das Teilchen in diesem Bezugssystem nach dem Zusammenstoß die Geschwindigkeit $v_{\parallel} + u$, wobei u die Geschwindigkeit der Wand ist. Geht man wieder zum Labor-Koordinatensystem über, so stellt man fest, daß die Geschwindigkeit des nach der Reflexion nach rechts wegfliegenden Teilchens jetzt $v_{\parallel} + 2u$ beträgt, d. h., sie vergrößert sich im Vergleich zu dem Anfangswert um die doppelte Geschwindigkeit der bewegten Wand. Es ist deshalb zu erwarten, daß auch bei der Annäherung der magnetischen Spiegel, die die Rolle der beweglichen Wand spielen, die Geschwindigkeit des Teilchens allmählich anwächst. Man kann zeigen, daß in diesem Fall sich $v_{\parallel}$ bei beliebigen Feldstärken H umgekehrt proportional zur Entfernung zwischen den Spiegeln vergrößert.

Wir sehen, daß sich unter verschiedenen Bedingungen ein veränderliches Magnetfeld sowohl auf die quergerichtete als auch auf die längsgerichtete Geschwindigkeit des Teilchens auswirken kann. Die wahre physikalische Ursache der Geschwindigkeitsveränderung ist immer ein und dieselbe: die Beschleunigung der Teilchen in den induzierten elektrischen Feldern, die durch die Änderung der magnetischen Feldstärke H entstehen.

Die hier beschriebenen Mechanismen für die Beschleunigung von Teilchen finden zur Zeit in verschiedenen experimentellen Anordnungen Verwendung, deren Ziel die Erzeugung von Plasmen hoher Temperatur ist. Bei Versuchen dieser Art, in denen das Plasma durch ein wachsendes Magnetfeld in radialer Richtung verdichtet und mit Hilfe beweglicher magnetischer Spiegel weiter komprimiert wird, ahmen wir Prozesse nach, die sich in grandiosem Maßstab in der Natur vollziehen. Bekanntlich strömen aus dem Kosmos Teilchen sehr hoher Energie auf die Erde, die sogenannten kosmische Strahlung. Die Entstehung dieser Teilchen schien lange Zeit völlig rätselhaft zu sein. Obwohl auch zur Zeit keine unmittelbaren experimentellen Resultate zur Verfügung stehen, auf Grund deren man die Frage nach der Herkunft der kosmischen Strahlung als endgültig gelöst bezeichnen könnte, erscheint wenigstens das Auftreten sehr hoher Energien bei diesen Teilchen nicht mehr unerklärlich. Diese Teilchen können nämlich durch Wechselwirkung mit den Magnetfeldern von Sternen und galaktischen Nebeln während des langen Umherirrens in den Räumen des Kosmos beschleunigt werden. Der bedeutende italienische Physiker Enrico Fermi, dem die moderne Wissenschaft viele hervorragende Errungenschaften verdankt (er erbaute insbesondere den ersten Kernreaktor der Welt), wies im Jahre 1949 darauf hin, daß die kosmischen Teilchen dadurch beschleunigt werden können, daß sie auf bewegte magnetische *Wolken* stoßen (d. h. auf Gebiete des Weltraums, in denen magnetische Felder existieren). Auf Grund astronomischer Kenntnisse kann man sagen, daß diese Wolken mit ihren Magnetfeldern im Bereich der Galaxien umherirren, wobei verworrene Kraftlinienknäuel entstehen. Wenn ein geladenes Teilchen mit solch einer magnetischen Wolke zusammenstößt, die sich ihm entgegenbewegt, vergrößert sich seine Energie. Man kann auch leicht ableiten, daß bei einer gleichgerichteten Bewegung des Teilchens und der Wolke die Reflexion des Teilchens an der Wolke zu einer Verringerung seiner Energie führt.

Es scheint auf den ersten Blick, daß sich im Mittel die Wirkungen der Stöße beider Typen gegenseitig kompensieren. Die von FERMI durchgeführte Untersuchung zeigte jedoch, daß in Wirklichkeit kein vollständiger Ausgleich stattfindet. Die Beschleunigung bei der Reflexion an magnetischen Wolken, die sich auf das Teilchen hinbewegen, überwiegt die Verzögerung bei Reflexionen an in gleicher Richtung fliegenden Wolken. Das geladene Teilchen vergrößert also bei seinem ständigen Umherirren im Kosmos allmählich seine Geschwindigkeit und kann Energien von vielen Milliarden Elektronenvolt erhalten. Dieser von FERMI vorgeschlagene Mechanismus für die Entstehung der kosmischen Strahlen kann durch den Induktionsmechanismus ergänzt werden, der zur Vergrößerung der Endgeschwindigkeit des Teilchens während seines Aufenthalts in längsgerichteten Feldern führt, die mit der Zeit anwachsen.

3. Die Bewegung geladener Teilchen im Plasma

3.1. *Allgemeine Einführung in die kinetische Gastheorie*

In diesem und den folgenden Teilen werden wir uns bemühen, so viel wie möglich die Analogie zwischen einem Plasma und einem gewöhnlichen Gas zu benutzen. Erinnern wir uns also kurz der grundlegenden Eigenschaften von Gasen. Die wichtigsten Eigenschaften, die den physikalischen Zustand eines Gases kennzeichnen, sind die Konzentration n (Anzahl der Moleküle oder Atome in der Volumeneinheit) und die Temperatur T. Die mittlere kinetische Energie der Teilchen hängt nur von der Temperatur ab [siehe Formel (1.2)]. Der Druck des Gases ist der Konzentration und der Temperatur proportional. Darauf bezieht sich auch das grundlegende Gesetz des gasförmigen Zustandes, das die Gesetze von BOYLE-MARIOTTE und von GAY-LUSSAC zusammenfaßt.

Die Formel, die den Druck p mit der Konzentration n und der Temperatur T verbindet, hat die folgende Form:

$$p = nkT. \tag{3.1}$$

Sie ist gültig für beliebige Gase bei genügend hoher Temperatur und nicht zu großer Konzentration. Wenn das Gas aus einem Gemisch mehrerer Komponenten mit den Konzentrationen n_1, n_2 usw. besteht, trägt jede dieser Komponenten entsprechend ihrer Teilchenkonzentration ihren Teil zum Druck p bei. Die Formel (3.1) erhält daher für ein Gasgemisch die Gestalt

$$p = p_1 + p_2 + \cdots = (n_1 + n_2 + \cdots)\, kT. \tag{3.2}$$

Dabei bestimmen sich die Größen $p_1, p_2, \ldots$ nach den Gleichungen

$$p_1 = n_1 kT, \quad p_2 = n_2 kT, \ldots$$

Dabei wird allerdings vorausgesetzt, daß die Temperatur für alle Komponenten dieses Gasgemischs einheitlich ist. Diese Bedingung ist praktisch für neutrale Gase immer erfüllt wegen des außerordentlich intensiven Energieaustauschs zwischen den Molekülen, die zu den verschiedenen Komponenten gehören. Eine der wichtigsten Gesetzmäßigkeiten, die die Eigenschaften eines Gases charakterisieren, bezieht sich auf die Verteilung der Teilchen bezüglich ihrer Geschwindigkeiten und ihrer Energien.

Betrachten wir den sehr einfachen Fall, daß das Gas aus Molekülen ein und derselben Sorte besteht. Wenn die Temperatur des Gases einen gewissen konstanten Wert hat, so bedeutet dies keineswegs, daß alle Moleküle einheitliche Geschwindigkeiten und einheitliche Energien besitzen müssen. Ganz im Gegenteil zeigen sowohl die Theorie als auch direkte Experimente, daß die zu dem Gas gehörenden Moleküle völlig verschiedene Geschwindigkeiten — von Null bis zu beliebig hohen Werten — besitzen. Das Gesetz, dem die Verteilung der Geschwindigkeiten der Gasmoleküle gehorcht, wurde zuerst von MAXWELL in der Mitte des vorigen Jahrhunderts aufgestellt. Nach diesem Gesetz ist die Anzahl der Gasmoleküle mit Geschwindigkeiten, die innerhalb eines genügend schmalen Intervalls zwischen v und $v + \Delta v$ liegen, gegeben durch

$$\Delta N = A v^2 \mathrm{e}^{-\frac{mv^2}{2kT}} \Delta v. \tag{3.3}$$

Hier ist e die Basis der natürlichen Logarithmen (e = 2,718). Der Koeffizient A ergibt sich aus der Bedingung, daß die Gesamtzahl der Moleküle in 1 cm³ der Konzentration n gleich sein muß. Die Größe A ist proportional zu n und hängt von der Masse eines Moleküls m und der Temperatur T ab[1]).

Die Geschwindigkeitsverteilung ist in Abb. 30 grafisch dargestellt. Auf der Abszisse ist die Geschwindigkeit aufgetragen und auf der Ordinate die entsprechende Anzahl der Moleküle, die sich im Einheitsintervall der Geschwin-

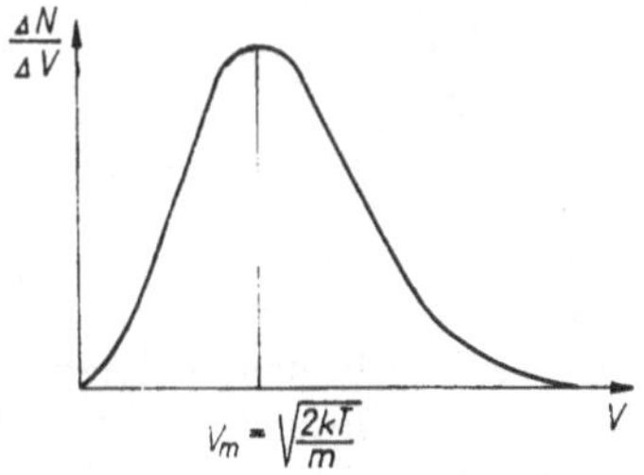

Abb. 30. MAXWELLsche Geschwindigkeitsverteilung der Teilchen

digkeiten befinden, d. h. Ausdruck (3.3) ohne den Faktor Δv. Charakteristisch für diese Verteilung sind das Auftreten eines Maximums bei $v = v_m = \sqrt{2kT/m}$ (die sogenannte wahrscheinlichste Geschwindigkeit) und der sehr starke Rückgang der Anzahl von Molekülen mit hohen Geschwindigkeiten. Die Rechnung zeigt, daß nach dem MAXWELLschen Geschwindigkeitsverteilungsgesetz nur ungefähr $3 \cdot 10^{-11}\%$ der Gesamtzahl der Moleküle Geschwindigkeiten besitzen, die die wahrscheinlichste Geschwindigkeit um mehr als das Fünffache übertreffen.

[1]) Man kann sie nach $A = n \sqrt{\frac{2}{\pi}\left(\frac{m}{kT}\right)^3}$ berechnen.

Von der Geschwindigkeitsverteilung kann man über eine einfache Umrechnung zur Energieverteilung der Moleküle übergehen. Die Zahl von Teilchen mit Energien im Bereich zwischen W und $W + \Delta W$ ist bei hinreichend kleinem Intervall ΔW proportional zu $W e^{-W/kT} \Delta W$. Wir weisen darauf hin, daß auf die Energieverteilung individuelle Eigenschaften der Moleküle keinen Einfluß haben; sie ist daher in einem Gasgemisch für alle Komponenten gleich.

Das Bild der ungeordneten Wärmebewegung der Moleküle in einem gewöhnlichen Gas ist sehr anschaulich. Verfolgt man den Weg eines einzelnen Teilchens, so ergibt sich eine Zickzack-Kurve, die aus geradlinigen Teilabschnitten besteht (Abb. 31). Jeder Knick dieses Weges ist die Folge eines

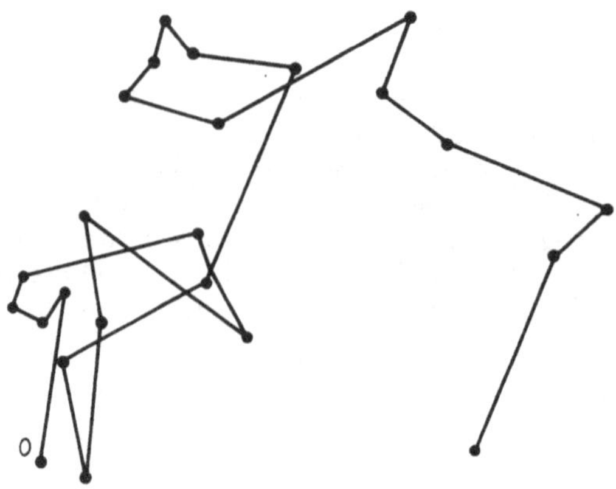

Abb. 31. BROWNsche Teilchenbewegung

elastischen Stoßes des betrachteten Moleküls mit den anderen Molekülen des Gases. Die Zeit, während der sich ein Stoß abspielt, ist sehr klein, verglichen mit der Zeit, die während des Fluges durch die geraden Teilabschnitte des Weges verstreicht. Der Einfachheit halber werden wir annehmen, daß nach einem Stoß das Teilchen mit gleicher Wahrscheinlichkeit nach einer beliebigen Richtung wegfliegen kann, wobei die Anfangsrichtung der Bewegung ohne Einfluß ist. Auf dieser außerordentlich einfachen Vorstellung ist die kinetische Gastheorie aufgebaut, die alle grundlegenden Eigenschaften des gasförmigen Zustandes erklären kann. Wir werden hier die Begriffe einführen, die diese Theorie benutzt und die in einer etwas veränderten Form auch in der Plasmaphysik eine breite Anwendung finden.

Die mittlere Länge der geradlinigen Abschnitte, aus denen sich der zickzackförmige Weg der Moleküle im Gas zusammensetzt, heißt mittlere freie Weglänge der Moleküle und wird gewöhnlich mit λ bezeichnet. Die Zeit, die im Mittel beim Durchlaufen eines solchen Abschnittes verstreicht, ist die mittlere Zeit zwischen zwei Stößen und wird mit τ bezeichnet. Die mittlere Zahl von Stößen, die ein Teilchen je Sekunde erleidet, ist gleich $1/\tau$. Sie wird mit ν bezeichnet. Die Größen λ, τ und ν kann man durch eine Beziehung verbinden, die den Stoßprozeß der Moleküle beschreibt, indem man den Begriff des effektiven Stoßquerschnittes einführt. Diese Größe hat einen einfachen geometrischen Sinn. Danit sich ein Stoß ereignet, müssen die Zentren zweier einander begegnender Moleküle einen gewissen minimalen Abstand zueinander haben.

Verhalten sich beispielsweise die Moleküle bei dem Stoß wie elastische Kügelchen mit dem Radius a, dann ereignet sich ein Stoß nur bei einer Annäherung der Molekülzentren auf weniger als $2a$. Diese Größe heißt *effektiver Stoßradius*, und die Größe $4\pi a^2$ stellt den *effektiven Stoßquerschnitt* dar. Er wird im folgenden mit σ bezeichnet. Der Sinn für die Einführung dieser Größe besteht darin, daß sie dem Stoßprozeß eine anschauliche Interpretation zu geben vermag. Der Stoß kann als das Auftreffen des Moleküls auf eine Zielscheibe mit gewissen Abmessungen betrachtet werden. Je größer die Zielscheibe ist (d. h. je größer der Ausdruck $4\pi a^2$), um so häufiger werden sich unter sonst gleichen Bedingungen Stöße zwischen den Molekülen des Gases ereignen, und um so kürzer wird die mittlere freie Weglänge. Es ist offensichtlich, daß die Größe λ auch von der Konzentration der Moleküle abhängt. Je höher die Konzentration n ist, d. h., je mehr Moleküle in der Volumeneinheit enthalten sind, um so kleiner wird λ.

Um eine algebraische Beziehung zwischen dem effektiven Stoßquerschnitt und der mittleren freien Weglänge zu finden, wenden wir uns der Abb. 32a zu. Auf dieser Zeichnung ist der Durchgang eines Moleküls durch eine sehr

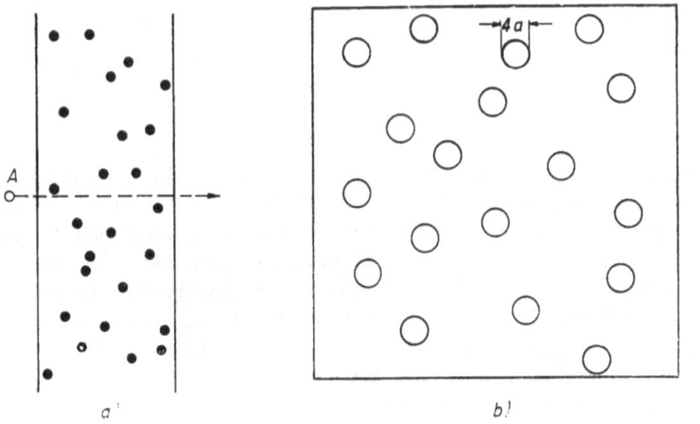

Abb. 32. Durchgang eines Moleküls durch eine dünne Gasschicht
a) von der Seite gesehen, b) die Gasschicht liegt in der Zeichenebene und das Molekül bewegt sich senkrecht dazu

dünne Gasschicht dargestellt. Der Weg des Moleküls A ist gestrichelt dargestellt. Er verläuft senkrecht zur Grenze der Schicht.

Wir wollen die Wahrscheinlichkeit dafür bestimmen, daß das Molekül A auf seinem Weg durch die Schicht mit einem beliebigen, in der ausgewählten Schicht enthaltenen Molekül zusammenstößt. Der Einfachheit halber wollen wir voraussetzen, daß sich alle Moleküle in der Schicht außer dem Molekül A, dessen Schicksal wir verfolgen, in Ruhe befinden. Wenn die Dicke der Schicht d genügend klein ist (wir können sie ja willkürlich auswählen), ist die Stoßwahrscheinlichkeit dem Verhältnis d/λ gleich. So erfährt zum Beispiel bei $d/\lambda = 0{,}01$ von 100 Molekülen, die durch die Schicht hindurchfliegen, im Mittel nur ein einziges einen Stoß in ihrem Innern. Andererseits hängt die Wahrscheinlichkeit des Zusammenstoßes von der Anzahl der Moleküle in der Schicht und von dem effektiven Querschnitt σ ab. Auf Abb. 32b ist die Gasschicht, die von dem Molekül A durchdrungen wird, von vorn zu sehen. Um jedes der in der Schicht vorhandenen Moleküle ist ein Kreis mit dem Radius $2a$ konstruiert worden. Das Auftreten innerhalb eines beliebigen dieses Kreise, die die Rolle der Zielscheiben für das Teilchen spielen, bedeutet einen Stoß.

Um die Wahrscheinlichkeit eines solchen Auftreffens zu bestimmen, muß man den relativen Flächenanteil finden, der von den Zielscheiben eingenommen wird. Nehmen wir an, die Fläche der Schicht auf Abb. 32b sei S. Das von ihr eingenommene Volumen ist dann Sd. Innerhalb dieses Volumens befinden sich nSd Moleküle. Die gesamte Fläche, die von den kreisförmigen Zielscheiben innerhalb der Schicht eingenommen wird, beträgt $nSd \cdot \sigma$. Das Verhältnis dieser Fläche zur Fläche der Schicht S liefert die gesuchte Stoßwahrscheinlichkeit. Für diese Stoßwahrscheinlichkeit ergibt sich folglich $nd\sigma$. Außerdem ist sie nach dem oben Gesagten gleich der Größe d/λ. Es gilt also $d/\lambda = nd\sigma$, woraus folgt:

$$\lambda = \frac{1}{n\sigma}. \tag{3.4}$$

Diese Formel wurde unter der Voraussetzung abgeleitet, daß sich alle Moleküle außer einem in Ruhe befinden. In Wirklichkeit ist die gemachte Vereinfachung bei der Untersuchung der Stöße zwischen den Molekülen eines Gases nicht zulässig. In Gleichung (3.4) muß infolgedessen eine Korrektur eingeführt werden, die die Veränderung der Stoßwahrscheinlichkeit durch die Bewegung der Zielscheiben berücksichtigt. Wenn man dieses sehr einfache Modell, bei dem jedes Molekül als starres elastisches Kügelchen behandelt wird, verbessern will, muß man der Formel, die λ, n und σ miteinander verbindet, die folgende Gestalt geben:

$$\lambda = \frac{1}{\sqrt{2}} \cdot \frac{1}{n\sigma}. \tag{3.5}$$

Hierbei ist berücksichtigt, daß sich bei den Stoßprozessen beide Partner bewegen. Die mittlere freie Weglänge verkürzt sich infolge der Bewegung aller Moleküle demnach ungefähr um den Faktor 1,4. Die mittlere Zeit zwischen zwei Stößen kann man mit Hilfe der Beziehung

$$\tau = \frac{\lambda}{\bar{v}} \tag{3.6}$$

finden, wobei $\bar{v}$ die mittlere Geschwindigkeit der Moleküle ist, die sich von der wahrscheinlichsten Geschwindigkeit nur wenig unterscheidet.[1])

Die mittlere Anzahl von Stößen, die ein Molekül je Sekunde erfährt, ist $\bar{v}/\lambda$. Setzt man in Rechnung, daß die übrigen Moleküle die Rolle unbewegter Zielscheiben spielen, erhält man für ν den folgenden Ausdruck:

$$\nu = n\bar{v}\sigma. \tag{3.7}$$

Die Berücksichtigung der Bewegung der Zielscheiben bringt einen Zusatzfaktor $\sqrt{2}$ in diese Formel.

In einem Gas, das aus neutralen Atomen oder Molekülen besteht, kann man die Größe σ in einer ersten groben Näherung als konstant betrachten, d. h., sie hängt nicht von der Geschwindigkeit ab. Deshalb erweist sich auch λ als unabhängig von der Geschwindigkeit und folglich auch von der Temperatur; λ verändert sich nur bei Änderungen der Konzentration. Eine Vorstellung über die Größen σ und λ für verschiedene Gase gibt Tabelle 1. Die aufgeführten

Tabelle 1

Gas	$\sigma\,[\mathrm{cm}^2]$	$\lambda\,[10^{-3}\,\mathrm{cm}]$	Gas	$\sigma\,[\mathrm{cm}^2]$	$\lambda\,[10^{-2}\,\mathrm{cm}]$
Wasserstoff	$2{,}4 \cdot 10^{-15}$	8,4	Stickstoff	$4{,}4 \cdot 10^{-16}$	4,6
Helium	$1{,}5 \cdot 10^{-15}$	13,5	Argon	$4{,}2 \cdot 10^{-16}$	4,8
Sauerstoff	$4{,}1 \cdot 10^{-15}$	5,0			

Daten charakterisieren für einatomige Gase (Helium, Argon) die Stöße zwischen den Atomen und für molekulare Gase (Wasserstoff, Stickstoff, Sauerstoff) die Stöße zwischen den Molekülen. Die mittleren freien Weglängen sind für $n = 3{,}5 \cdot 10^{16}$ Teilchen/cm^3 angegeben, das entspricht einem Druck von 1 Torr bei Normaltemperatur ($T = 300\,°\mathrm{K}$).

[1]) Dies ist keine völlig korrekte Ableitung, weil der Mittelwert für das Verhältnis zweier Größen bekanntlich nicht mit dem Verhältnis ihrer Mittelwerte übereinstimmt — wir streben hier jedoch keine unnötige mathematische Strenge an.

3.2. *Stöße geladener Teilchen im Plasma*

Nach der kurzen Charakteristik des Verhaltens von Atomen und Molekülen im neutralen Gas gehen wir zur Erläuterung der Bewegungsgesetze von Ionen und Elektronen im Plasma über, das definitionsgemäß ein Gas darstellt, das (wenn auch möglicherweise nur zum Teil) aus geladenen Teilchen besteht.

Es scheint sehr naheliegend, den Einfluß der Wechselwirkung zwischen den Elektronen und den Ionen auf den allgemeinen Charakter ihrer Bewegung auf Grund ähnlicher Vorstellungen zu untersuchen, wie sie mit Erfolg in der gewöhnlichen kinetischen Gastheorie angewendet werden. Insbesondere bedeutet dies die Benutzung von Begriffen wie effektiver Stoßquerschnitt, mittlere freie Weglänge usw. Bei der Verwirklichung dieses Weges zur Klärung der im Plasma ablaufenden Prozesse begegnen wir Schwierigkeiten, die unmittelbar mit dem grundlegenden Charakter der Wechselwirkung von Teilchen im Plasma verbunden sind.

Im Gegensatz zu den Kräften, die zwischen neutralen Molekülen auftreten und nur bei einer Annäherung der Teilchen auf Entfernungen von etwa $10^{-8} \dots 10^{-7}$ cm wirksam werden, gehören die Kräfte der COULOMBschen Anziehung oder Abstoßung zwischen den Ionen und Elektronen zum Typ der Fernwirkungskräfte und haben auch bei großer Entfernung der geladenen Teilchen voneinander noch eine beachtliche Größe (sie verringern sich umgekehrt proportional zum Quadrat der Entfernung). Der Weg eines Ions oder Elektrons im Plasma wird daher der in Abb. 31 dargestellten Zickzacklinie kaum ähneln.

Die Bahnkurve eines geladenen Teilchens in einem Plasma bei hohem Ionisationsgrad, in dem die elektrostatische Wechselwirkung der Teilchen die wichtigste Rolle spielt, kann man nicht in geradlinige Teilstücke zerlegen, die mit je einem Stoß beginnen und enden. Im Plasma befindet sich jedes einzelne Teilchen jederzeit in einem Feld, das von den übrigen Elektronen und Ionen erzeugt wird. Dieses Feld verändert sich ununterbrochen oder fluktuiert, wie man häufig sagt, bezüglich seiner Größe und Richtung (es sei an Abb. 2 erinnert). Die Wirkung dieses Mikrofeldes im Plasma auf das Teilchen besteht in einer ständigen Änderung der Größe und Richtung seiner Geschwindigkeit, wobei die Veränderung fließend erfolgt, weil die Feldstärke des Mikrofeldes im Mittel nicht sehr groß ist.

Die Größenordnung der Feldstärke E kann man mit Hilfe einfacher Überlegungen abschätzen. Bei einer Elektronenkonzentration n_e befinden sich in einem Kubikzentimeter $2n_e$ geladene Teilchen beider Vorzeichen (wobei angenommen ist, daß die Ionen einfach geladen sind). In diesem Fall wird der mittlere Abstand zwischen benachbarten Teilchen $1/\sqrt[3]{2n_e}$ betragen. In qualitativer Weise kann man als mittlere Feldstärke des Mikrofeldes die Größe von E im halben mittleren Abstand zwischen den Teilchen annehmen,

d. h. im Abstand $l = 1/2\sqrt[3]{2n_e}$ von einem der Elektronen oder Ionen des Plasmas. Bei einer derartigen groben Abschätzung muß die Größe E von der Größenordnung $e/l^2 \approx e\,n_e^{2/3}$ sein, wobei dieser Wert etwas zu klein ist, wie man leicht nachweisen kann. Eine genauere Rechnung liefert den Wert $15\,e n_e^{2/3}$.

Weil die Veränderungen der Geschwindigkeitsrichtung statistischen Charakter tragen, sind die Bahnkurven eines Teilchens der Spur eines Menschen ähnlich, der sich nachts in der Steppe verirrt hat. Eine solche Bahnkurve ist in Abb. 33 dargestellt.

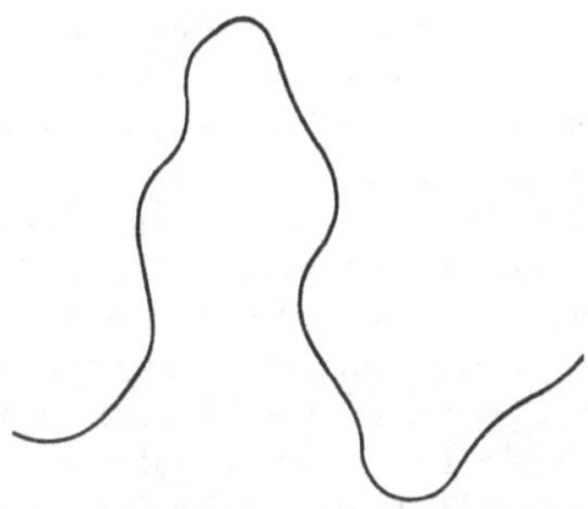

Abb. 33. Bahnkurve eines geladenen Teilchens im Plasma

Wir werden nun versuchen, zur Analyse der Teilchenbewegung im Plasma auf Grund der Vorstellung einer paarweisen Wechselwirkung zwischen den Teilchen vorzudringen. Dies bedeutet, daß wir eine allmähliche Veränderung der Geschwindigkeitsrichtung als Resultat einer Überlagerung einer sehr großen Zahl sehr schwacher Stöße nachweisen wollen. Jeder dieser Stöße wird durch die Einwirkung des elektrischen Feldes eines anderen Teilchens erzeugt, in dessen Nähe das untersuchte Teilchen vorbeifliegt. Die Winkelablenkung ϑ, die ein Elektron oder Ion während des elementaren Stoßprozesses erfährt, ergibt sich für kleine ϑ aus Formel (2.5). Aus ihr folgt, daß der Ablenkungswinkel dem entsprechenden Stoßparameter b proportional ist. Um das Teilchen um einen größeren Winkel als ϑ abzulenken, muß es innerhalb eines Kreises mit dem Radius b um das streuende Zentrum vorbeifliegen. Die Fläche dieses Kreises πb^2 ist umgekehrt proportional zu ϑ^2. Daraus folgt, daß Ablenkungen um große Winkel sehr unwahrscheinlich sind, kleine Ablenkungen ereignen sich dagegen sehr häufig. Wie eine detaillierte theoretische Untersuchung zeigt, gehorchen diese zahlreichen schwachen Ablenkungen statistischen Gesetzen und rufen jene allmählichen Richtungsänderungen des bewegten Teilchens hervor, die in Abb. 33 gezeigt sind.

Bevor wir über die grundlegenden Resultate sprechen, zu denen die Theorie der Stöße von geladenen Teilchen führt, werden wir unsere Aufmerksamkeit einem wesentlichen Umstand zuwenden. Im Plasma gibt es geladene Teilchen zweier Sorten, Elektronen und Ionen; man muß deshalb über drei verschiedene Arten der elektrostatischen Wechselwirkung sprechen: die der Elektronen mit den Ionen, der Elektronen mit den Elektronen und der Ionen mit den Ionen. Im Rahmen dieses Abschnitts wird uns vor allem das Verhalten der Elektronen im Plasma interessieren. Bei seiner Bewegung erfährt jedes Elektron sowohl den Einfluß der COULOMB-Felder der Ionen als auch der Felder, die von den anderen Elektronen hervorgerufen werden. Diese beiden Arten der Wechselwirkung sind annähernd im gleichen Maße für die allmähliche Richtungsveränderung der Geschwindigkeit des Elektrons bei seiner Bewegung verantwortlich. Betrachtet man die Bahnkurve eines Elektrons, so kann man nicht unterscheiden, welche der fast unmerklichen Ablenkungen, die seine Richtung verändern, zu Stößen der einen oder der anderen erwähnten Art gehören. Wir wir jedoch später sehen werden, spielen bei den vielen im Plasma ablaufenden Prozessen die Elektron–Elektron-Wechselwirkung und die Elektron–Ion-Wechselwirkung eine sehr unterschiedliche Rolle. Man muß deshalb Größen in die Untersuchung einführen, die die beiden Arten der Wechselwirkung im einzelnen charakterisieren.

Zu Beginn führen wir zur Charakterisierung der Wechselwirkung der Elektronen mit den Ionen die Größe τ_{ei} ein, die formal die folgende Bedeutung hat: τ_{ei} ist die mittlere Zeit zwischen zwei aufeinanderfolgenden Stößen eines Elektrons mit den Ionen. Diese formale Definition ist folgendermaßen zu verstehen: Vergessen wir für einen Augenblick, daß außer dem betrachteten „Test"-Elektron, das in dem von positiven Ionen bevölkerten Raum umherirrt, auch noch andere Elektronen existieren. Dieses Testelektron beginnt seine Bewegung mit einer bestimmten Geschwindigkeitsrichtung. Schließlich kommt das Testelektron von seinem Weg ab und „vergißt" die Anfangsrichtung seiner Bewegung, nachdem es eine Vielzahl sehr kleiner aufeinanderfolgender Ablenkungen durch die elektrischen Felder der Ionen erfahren hat. Grob gesagt bedeutet dies, daß seine Geschwindigkeit die Richtung um ungefähr 90° geändert hat. Die Zeit, die im Mittel dafür erforderlich ist, entspricht der Größe τ_{ei}. Völlig analog kann man den Begriff der mittleren Zeitspanne zwischen zwei Elektron–Elektron-Stößen einführen, wobei man in Gedanken die Stöße mit den Ionen ausschließt. Diese Größe wird mit τ_{ee} bezeichnet. Es muß auch berücksichtigt werden, daß die Elektronen in einem nicht vollständig ionisierten Plasma Stöße mit den neutralen Atomen erfahren. Zur Charakterisierung dieser Prozesse kann man die Größe τ_{e0} einführen, die eine zu τ_{ei} analoge Bedeutung hat. Die Größe τ_e, die alle Arten der Wechselwirkung berücksichtigt, d. h. die wahre mittlere Zeitspanne, die erforderlich ist, damit ein sich im Plasma bewegendes Elektron die Anfangsorientierung seiner Geschwindigkeit verliert, kann durch τ_{ei}, τ_{ee} und τ_{e0} mit Hilfe der Formel

$$\frac{1}{\tau_e} = \frac{1}{\tau_{ci}} + \frac{1}{\tau_{ee}} + \frac{1}{\tau_{e0}} \tag{3.8}$$

ausgedrückt werden. Die Größe $1/\tau_e = \nu_e$ bezeichnet dann die Gesamtzahl der Stöße, die ein Elektron in einer Sekunde erfährt. Sie muß offensichtlich gleich der Summe aus der Zahl der Stöße mit den Ionen ($\nu_{ei} = 1/\tau_{ei}$), mit den Elektronen ($\nu_{ee} = 1/\tau_{ee}$) und mit den Atomen ($\nu_{e0} = 1/\tau_{e0}$) sein.

Für die Beschreibung der Elektronenbewegung im Plasma ist es zweckmäßig, auch den Begriff der mittleren freien Weglänge zu benutzen. Wir werden diejenige Länge als mittlere freie Weglänge λ_e bezeichnen, auf der die Anfangsrichtung der Geschwindigkeit des Elektrons verlorengeht. Die Größen λ_e und τ_e sind durch die Beziehung $\lambda_e = \bar{v}_e \cdot \tau_e$ miteinander verbunden, wobei $\bar{v}_e$ die mittlere Geschwindigkeit der thermischen Bewegung der Elektronen bedeutet. Man kann noch zusätzlich die Größen λ_{ei}, λ_{ee} und λ_{e0} einführen, die die freien Weglängen der Elektronen bezüglich der einzelnen Stoßtypen charakterisieren.

Der folgende Schritt bei unserem Versuch, eine Analyse der Vorgänge im Plasma in Analogie zur kinetischen Gastheorie durchzuführen, muß darin bestehen, einen effektiven Querschnitt der COULOMB-Stöße zu definieren. Es sind die Größen σ_{ei}, σ_{ee} und σ_{ii} zu unterscheiden, die die effektiven Querschnitte bezüglich der drei folgenden Stoßarten kennzeichnen: a) Stöße der Elektronen mit den Ionen, b) der Elektronen mit den Elektronen und c) der Ionen mit den Ionen. Wenn man diese Größen einführt, ist daran zu erinnern, daß jede von ihnen dazu dient, den summarischen Effekt einer Vielzahl kleiner Ablenkungen durch einen Stoß zu ersetzen, den wir uns als Analogon zu einem Aufeinandertreffen zweier Kugeln vorstellen. Die Ableitung der Ausdrücke für die effektiven Querschnitte führt über den Rahmen dieses Buches hinaus; trotzdem sind einige grobe Abschätzungen nicht überflüssig, die das Verständnis der genauen Ausdrücke erleichtern können.

Wir schätzen mit Hilfe der Gleichung (2.8) denjenigen Stoßparameter ab, der einem Stoß zwischen zwei geladenen Teilchen entspricht, bei dem der Geschwindigkeitsvektor des einen von ihnen seine Richtung um 90° ändert. Dieser Stoßparameter wird durch den folgenden Ausdruck bestimmt:

$$b_0 = \frac{q_1 q_2}{m_1 v_1^2}. \tag{3.9}$$

Die Größen mit dem Index 1 gehören zu dem Teilchen, das die Ablenkung um den rechten Winkel erfährt. Der Einfachheit halber soll angenommen werden, daß das andere geladene Teilchen (mit der Ladung q_2) eine bedeutend größere Masse besitzt und bei dem Stoß die Rolle des elektrostatischen Kraftzentrums spielt. Wir konstruieren um dieses Zentrum einen Kreis mit dem Radius b_0. Seine Fläche ist $S = \pi\ (q_1 q_2/m_1 v_1^2)^2$. Wir setzen $q_1 = e$ und $q_2 = Ze$. In diesem Fall wird

$$S = \pi \frac{Z^2 e^4}{m_1^2 v_1^4}. \tag{3.10}$$

Wenn m_1 und v_1 die Masse und Geschwindigkeit des Elektrons im Plasma und Z die Ladungszahl des Ions bedeuten, erhält die Größe S, die durch die letzte Formel festgelegt ist, den Sinn eines effektiven Querschnitts für die Wechselwirkung der Elektronen mit den Ionen. Sie ergibt sich unter der Voraussetzung, daß man „ferne" Stöße mit großen Stoßparametern, bei denen das Elektron nur eine schwache Winkelablenkung erleidet, nicht in Rechnung stellen kann. Eine sorgfältige Analyse zeigt jedoch, daß in Wirklichkeit die resultierende Wirkung der schwachen Stöße wegen ihrer großen Zahl bedeutend größer als der Effekt ist, der von den seltenen „starken" Stößen hervorgerufen wird, bei denen sich die Flugrichtung des Elektrons abrupt ändert. Der Ausdruck (3.10) muß demnach offensichtlich einen um einen großen Faktor zu kleinen effektiven Querschnitt für die Wechselwirkung liefern. Eine genaue Berechnung ergibt, daß der wahre Wert des effektiven Querschnittes um eine Größenordnung größer ist, als aus der Formel (3.10) folgt[1]). Für eine ungefähre Abschätzung der Größe σ_{ei}, die für die Elektronen im Plasma brauchbar ist, kann man den Ausdruck

$$\sigma_{ei} \approx \frac{4 \cdot 10^{-5} Z_i^2}{T_e^2} \tag{3.11}$$

benutzen. Diese Formel gibt einen Mittelwert σ_{ei} unter Berücksichtigung der Tatsache wieder, daß die Geschwindigkeiten der Elektronen nicht gleich sind, sondern eine MAXWELL-Verteilung besitzen. Deshalb taucht im Nenner der rechten Seite der Gleichung das Quadrat der Elektronentemperatur auf. Der Ausdruck für σ_{ee} hat eine analoge Form:

$$\sigma_{ee} \approx 6 \cdot 10^{-5} \cdot \frac{1}{T_e^2}. \tag{3.12}$$

Die freie Weglänge für Elektron–Ion-Stöße muß mit σ_{ei} durch eine Beziehung verbunden sein, die der Gleichung (3.4) analog ist. Man kann daher

$$\lambda_{ei} \approx \frac{2{,}5 \cdot 10^4 T_e^2}{Z^2 n_i}. \tag{3.13}$$

schreiben. Weiter erhalten wir

$$\tau_{ei} \approx \frac{4 \cdot 10^{-2} T_e^{3/2}}{Z_i^2 n_i}, \quad \nu_{ei} \approx 25 \frac{n_i Z_i^2}{T_e^{3/2}}. \tag{3.14}$$

In all diesen Gleichungen zeigt das Zeichen $\approx$ den Näherungscharakter dieser Ausdrücke an.

[1]) Der Charakter der Abhängigkeit des effektiven Querschnittes von der Energie des Elektrons wird von Gleichung (3.10) richtig wiedergegeben.

Wir wollen jetzt eine gewisse Bilanz ziehen. Es gelingt, die Wechselwirkung geladener Teilchen im Plasma in den Rahmen der gewöhnlichen kinetischen Gastheorie einzufügen, indem die schwach gekrümmten Bahnkurven der Elektronen durch gedachte geknickte Geraden und der statistische Effekt vieler schwacher Stöße durch einen starken Stoß ersetzt werden. Der Vorteil dieser logisch nicht ganz exakten Überlegung besteht darin, daß man es bei der Verwendung der Formeln (3.11) bis (3.14) mit anschaulichen Modellvorstellungen zu tun hat, bei denen die Elektronen und Ionen Eigenschaften besitzen, die denen von Billardkugeln analog sind.

In den oben abgeleiteten Formeln bleiben dabei die wichtigsten Eigenschaften erhalten, die das Verhalten der Teilchen im Plasma kennzeichnen. Insbesondere folgt aus diesen Formeln, daß bei einer Erhöhung der Elektronentemperatur die effektiven Stoßquerschnitte σ_{ei} und σ_{ee} schnell kleiner werden, wobei λ_e und τ_e zunehmen. Einige konkrete Beispiele werden eine deutliche Vorstellung von der Rolle vermitteln, die die COULOMB-Wechselwirkung der Teilchen in einem kalten und einem heißen Plasma spielen kann.

Wir nehmen an, es sei $n_i = 10^{14}$ Teilchen/cm^3 und $Z = 1$. Diese Zahlen entsprechen einem Wasserstoffplasma sehr hoher Konzentration. Bei $T_e = 10^4\,{}^\circ$K, was einer mittleren Energie der Elektronen von ungefähr 1,5 eV entspricht, erhalten wir aus den Gleichungen (3.11), (3.13) und (3.14)

$$\sigma_{ei} \approx 4 \cdot 10^{-13}\ \mathrm{cm}^2;$$

$$\lambda_{ei} \approx 0{,}03\ \mathrm{cm};$$

$$\tau_{ci} \approx 4 \cdot 10^{-10}\ \mathrm{s};$$

$$\nu_{ei} \approx 2{,}5 \cdot 10^9\ \mathrm{s}^{-1}.$$

Bei $T_e = 10^8\,{}^\circ$K (ein Ziel der Physiker, die sich mit Kernfusion beschäftigen) bekommen die Größen σ_{ei}, λ_{ei}, τ_{ei} und ν_{ei} die folgenden Zahlenwerte:

$$\sigma_{ei} \approx 4 \cdot 10^{-21}\ \mathrm{cm}^2;$$

$$\lambda_{ei} \approx 3 \cdot 10^6\ \mathrm{cm};$$

$$\tau_{ei} \approx 4 \cdot 10^{-4}\ \mathrm{s}$$

$$\nu_{ei} \approx 2{,}5 \cdot 10^3\ \mathrm{s}^{-1}.$$

Der Vergleich dieser beiden Fälle zeigt, wie stark sich die Rolle verändern kann, die die Stöße geladener Teilchen im Plasma bei verschiedenen Temperaturen spielen. Wenn ein Elektron in einem Plasma niedriger Temperatur (wir scheuen uns, einen Stoff mit einer Temperatur von $10^4\,{}^\circ$K als kaltes Plasma zu bezeichnen) auf jedem Zentimeter seines Weges etwa hundert Stöße erleidet, so wird es in einem Plasma der gleichen Konzentration, aber bei Temperaturen um $10^8\,{}^\circ$K bis zu hundert Kilometer zurücklegen, ohne einem merklichen Einfluß von seiten seiner zahlreichen Nachbarn zu unterliegen. Dies bedeutet, daß man bei der Untersuchung der im Hochtemperaturplasma ablaufenden Prozesse die COULOMBschen Stöße praktisch vernachlässigen kann.

Hier muß betont werden, daß die Wechselwirkung der Teilchen nicht nur eine Veränderung der Geschwindigkeitsrichtung nach sich zieht, sondern auch einen Energieaustausch zwischen den Teilchen bedingt. Wir stellen uns beispielsweise vor, ein schnelles Teilchen mit großer kinetischer Energie fliege an einem anderen Teilchen vorüber, das als Kraftzentrum betrachtet wird (Abb. 34). Infolge des Stoßes erleidet das Teilchen eine kleine Winkelablenkung. Das bedeutet, daß sich der Impuls des Teilchens geändert hat.

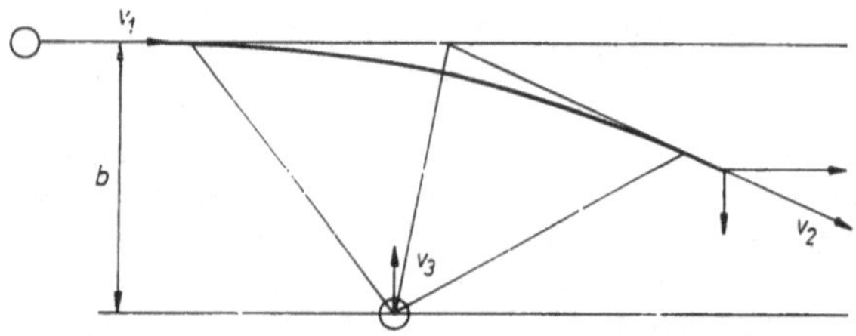

Abb. 34. Zusammenstoß eines schnellen Teilchens mit einem ruhenden: $\mathfrak{v}_1$ und $\mathfrak{v}_2$: Geschwindigkeiten des schnellen Teilchens vor und nach dem Stoß; $\mathfrak{v}_3$: auf das Streuzentrum beim Stoß übertragene Geschwindigkeit.

Nach einem Grundgesetz der Mechanik kann sich der Gesamtimpuls des Systems der zwei in Wechselwirkung stehenden Ladungen nach dem Stoß nicht ändern. Das zweite Teilchen (das Kraftzentrum) erhält einen Stoß in der Richtung, die auf der Abbildung durch einen Pfeil angegeben ist, und erlangt dadurch eine gewisse Geschwindigkeit v_3. Bei dem Stoßvorgang wird folglich ein bestimmter Anteil der kinetischen Energie des schnellen Teilchens auf seinen Partner übertragen.

Dieser Anteil ist um so größer, je mehr sich die Teilchen während des Stoßes einander annähern und je kleiner die Masse desjenigen Teilchens ist, das die Energie aufnimmt, weil bei einem gegebenen Impuls die übertragene Energie der Masse dieses Teilchens umgekehrt proportional ist[1]). Deshalb wird bei der gleichen Anfangsenergie ein schnelles Ion auf die ruhenden Elektronen eine wesentlich größere Energie übertragen als ein schnelles Elektron auf die ruhenden Ionen. Ein Elektron mit einer kinetischen Energie, die wesentlich größer ist als die kinetische Energie der umliegenden Ionen, fliegt zwischen ihnen eine lange Strecke und ändert viele Male die Richtung seiner Geschwindigkeit, bevor es seine überschüssige Energie an die Ionen abgegeben hat.

Die in der Zeiteinheit von dem schnellen Elektron auf die Ionen übertragene Energie ist um so kleiner, je größer die Geschwindigkeit des Elektrons ist. Dies erklärt sich damit, daß gemäß Gleichung (2.5) bei einer Erhöhung der

[1]) Setzt man in die kinetische Energie $W = mv^2/2$ den Impuls $p = m \cdot v$ ein, so ergibt sich $W = p^2/2m$.

Teilchengeschwindigkeit der Winkel, um den ein Teilchen bei dem Stoß abgelenkt wird, schnell kleiner wird. Der übertragene Impuls nimmt demzufolge ebenfalls ab. Die Rechnung zeigt, daß ein schnelles Elektron mit der Energie W, das sich in einem Plasma mit der Ionenkonzentration n_i bewegt, in der Zeiteinheit auf die Ionen die folgende Energiemenge überträgt:

$$Q \approx 1{,}3 \cdot 10^{-25} \frac{n_i Z^2}{A \sqrt{W}}. \tag{3.15}$$

Dabei ist Z die Ladungszahl der Ionen und A ihre relative Atommasse. Ferner wurde vorausgesetzt, daß man die Ionen als unbeweglich betrachten kann, d. h. die thermische Energie der Ionen ist sehr klein im Vergleich zur Energie der Elektronen.

In einem Plasma verlaufen die physikalischen Prozesse gewöhnlich in der Weise, daß die von den äußeren Energiequellen stammende Energie auf die Elektronen übertragen und von ihnen teilweise an die Ionen weitergegeben wird. Die Größe T_e muß daher größer sein als T_i. Um den Übergang der thermischen Energie von den Elektronen auf die Ionen abzuschätzen, kann man sich der Formel (3.15) bedienen, indem man die Größe W durch die mittlere thermische Energie der Elektronen ersetzt. Der Betrag $Q \cdot n_e$ ist unter diesen Bedingungen gleich der Energiemenge, die in einem Kubikzentimeter des Plasmas je Sekunde von den Elektronen auf die Ionen übertragen wird. Wenn sich T_e und T_i einander annähern, wird die übertragene Energie im Verhältnis $(T_e - T_i)/T_e$ kleiner.

Wir wollen konkrete Beispiele untersuchen, die für den Austausch der thermischen Energie zwischen den Elektronen und den Ionen in einem Wasserstoffplasma typisch sind. Sei $n = 10^{13}$ Teilchen/cm^3, $T_e = 10^5\,°$K und $T_i = 0$. Die Energiemenge, die die Elektronen des Plasmas je Sekunde in einem Kubikzentimeter auf die Ionen übertragen, ist in diesem Fall gleich $4 \cdot 10^6$ erg, was einer Wärmeaustauschrate von 0,4 kW/l entspricht. Wir nehmen an, die äußere Energiequelle, die das Plasma versorgt, werde abgeschaltet. In diesem Fall wird sich innerhalb einer außerordentlich kurzen Zeit ein nahezu vollständiges thermisches Gleichgewicht zwischen den Elektronen und den Ionen einstellen, und T_i wird sich von T_e nicht mehr unterscheiden. Bei der oben angegebenen Intensität des Wärmeaustauschs wird tatsächlich jedes Elektron im Mittel in 10 Mikrosekunden $4 \cdot 10^{12}$ erg verlieren; dies entspricht einer Verringerung seiner Temperatur um $3 \cdot 10^4\,°$K und einer gleichen Erhöhung der Ionentemperatur. Demnach ist für den Ausgleich von T_e und T_i nur ungefähr eine Zeit von 20 μs nach Abschalten der äußeren Energiequelle erforderlich. Setzen wir jedoch die Elektronentemperatur auf $10^8\,°$K fest, ohne die Konzentration zu ändern, wird der Wärmeaustausch um den Faktor 30 schwächer; und die Einstellzeit für das thermische Gleichgewicht zwischen den Elektronen und Ionen wächst um den Faktor $3 \cdot 10^4$ und erreicht die Größenordnung von Sekunden.

Die angeführten Beispiele haben eine rein illustrative Bedeutung. Das Verhältnis zwischen T_e und T_i kann sich im allgemeinen in sehr weiten Grenzen ändern in Abhängigkeit von den speziellen Bedingungen, unter denen das künstlich erzeugte oder in der Natur vorkommende Plasma existiert. In einem Plasma mit niedriger Ladungsträgerkonzentration wird auch bei vergleichsweise niedriger Elektronentemperatur der Wärmeaustausch zwischen den Elektronen und Ionen sehr schwach sein; es kann durchaus ein heißes Elektronengas mit einer kalten Ionenkomponente vermischt sein. Im Gegensatz dazu sind jedoch auch Verhältnisse möglich, unter denen T_e und T_i sehr dicht beieinander liegen. So ergeben die Untersuchungen der Strahlung, die von dem in der äußeren Sonnenhülle erzeugten Plasma emittiert wird, daß in dieser Hülle die Elektronen- und Ionentemperaturen nahe beieinander liegen.

3.3. *Wechselwirkung der Elektronen und Ionen mit neutralen Teilchen*

Wenn bei der Wechselwirkung zweier Teilchen die Summe ihrer kinetischen Energien erhalten bleibt und lediglich eine Übertragung dieser Energien zwischen den beiden Partnern stattfindet, spricht man von einem elastischen Stoß. Zu dieser Kategorie gehören insbesondere die Stöße geladener Teilchen im Plasma, die wir bis jetzt betrachtet haben. Neben den elastischen Stößen sind auch unelastische Stöße möglich, bei denen ein Teil der kinetischen Energie in andere Energieformen umgewandelt wird, zum Beispiel in Strahlung oder in innere Energie eines der wechselwirkenden Teilchen.

Von denjenigen unelastischen Stößen, bei denen Strahlung frei wird, wird im Abschnitt 4 (Strahlung des Plasmas) die Rede sein. Hier wollen wir nur bemerken, daß es zwei Grundtypen derartiger Prozesse gibt: die Bremsung von Elektronen im elektrischen Feld der Ionen unter Abgabe von Licht oder Röntgenstrahlung — und der Einfang von Elektronen durch die Ionen unter Freisetzung von Energie in Form von Lichtstrahlung. Unelastische Stöße anderer Art, bei denen die verlorene kinetische Energie in Gestalt von innerer Energie bei einem der Teilchen erscheint, sind entsprechenden Prozessen analog, die unter Beteiligung neutraler Atome ablaufen; sie sollen daher zusammen mit diesen Prozessen untersucht werden.

Ein vollständig ionisiertes Plasma, das nur noch aus den Atomkernen und freien Elektronen besteht, ist vom Standpunkt des Experimentalphysikers eine theoretische Abstraktion, weil man es in einem realen Experiment immer mit einem Plasma zu tun hat, in dem außer den positiven Ionen auch in gewissem Maße neutrale Atome und Moleküle vorkommen. In Plasmen, die in technischen Gasentladungsanlagen erzeugt werden, kommen ebenso wie in der Ionosphäre der Erde geladene Teilchen in verschwindend geringer Zahl vor, verglichen mit der Zahl der Neutralatome; und auch in Anlagen, die zur Erzeugung von Hochtemperaturplasmen bestimmt sind, lernten die Physiker erst in den letzten Jahren, nahezu vollständig ionisierte Plasmen zu erzeugen.

In dem Mechanismus vieler physikalischer Erscheinungen, denen wir im Plasma begegnen, können deshalb die Wechselwirkungen geladener Teilchen mit den neutralen eine wichtige Rolle spielen. Insbesondere können bei einer entsprechend geringen Konzentration der geladenen Teilchen die Stöße mit den neutralen Atomen und Molekülen die Bewegung jedes Ladungsträgers in größerem Maße beeinflussen als die Stöße mit anderen Ladungsträgern.

Unter den verschiedenen Arten der Wechselwirkung zwischen den neutralen Teilchen einerseits und Ionen andererseits haben für die Plasmaphysik diejenigen eine außerordentliche Bedeutung, an denen Elektronen beteiligt sind. Ein Elektron, das mit einem Neutralteilchen zusammenstößt, kann eine elastische Streuung unter Veränderung seiner Geschwindigkeitsrichtung und Übertragung eines sehr geringen Energiebetrages erfahren. Außerdem sind auch solche Stöße möglich, in deren Folge das Atom angeregt oder ionisiert wird, d. h. in einen höheren Energiezustand übergeht. Die für jeden der aufgezählten Prozesse wichtigste Kenngröße ist der entsprechende Querschnitt. Wir verstehen hier wie auch schon früher unter dem effektiven Querschnitt eine Größe, die ein Maß für die Intensität der Wechselwirkung darstellt und die es gestattet, das komplizierte Bild der wahren Stoßprozesse in eine einfache Modellvorstellung zu übertragen. Dieses Modell entspricht dem Schießen mit Teilchen auf kreisförmige Zielscheiben, die regellos im Raum verteilt sind.

Der effektive Stoßquerschnitt des Elektrons mit einem Atom für elastische Streuung, Ionisation oder Anregung hängt sehr stark von der Energie des Elektrons und außerdem von den chemischen Besonderheiten des Atoms ab.

Auf Abb. 35 ist die Abhängigkeit des effektiven Querschnittes für elastische Streuung der Elektronen σ_s in Wasserstoff, Helium, Argon und Krypton als

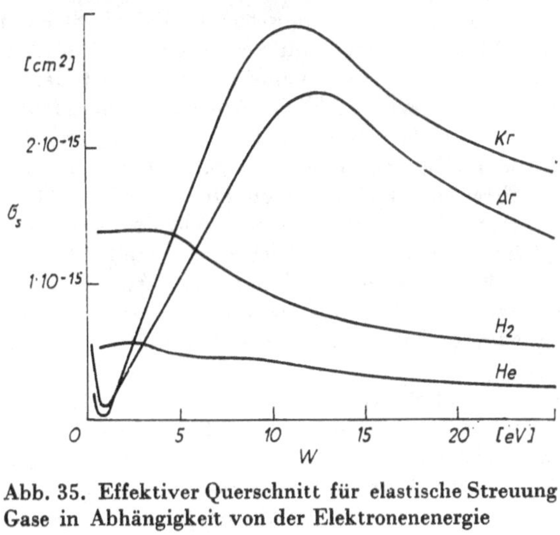

Abb. 35. Effektiver Querschnitt für elastische Streuung σ_s für verschiedene Gase in Abhängigkeit von der Elektronenenergie

Funktion der Elektronenenergie dargestellt. Bei allen angegebenen Kurven fällt σ_s mit zunehmender Elektronenenergie W bei hinreichend großem W. Bei Elektronenenergien unter 10 eV kann die Abhängigkeit des Querschnittes σ von W einen ziemlich komplizierten Charakter haben. Insbesondere ist für Streuprozesse der Elektronen an Atomen schwerer Edelgase charakteristisch, daß die Kurven, die die Abhängigkeit σ_s von W darstellen, in einem Gebiet kleiner Energien W ein scharf ausgeprägtes Minimum durchlaufen. Diese Minima von σ_s kennzeichnen eine erhebliche Verringerung der Wechselwirkung der Elektronen mit den Atomen in einem gewissen schmalen Energiebereich.

Diese Erscheinung trägt in der Physik die Bezeichnung RAMSAUER-Effekt. Er ist die Ursache dafür, daß sich die Elektronen bei elastischen Stoßprozessen wie Wellen verhalten. Bei einem bestimmten Verhältnis zwischen der Wellenlänge, die dem sich bewegenden Elektron entspricht, und den Abmessungen des Atoms herrschen besonders günstige Bedingungen für einen ungehinderten Durchgang der Wellen durch das Atom (infolge von Erscheinungen, die den Interferenzeffekten analog sind, die man beim Durchgang von Lichtstrahlen durch dünne Schichten eines Stoffes beobachtet).

Wir werden hier nicht versuchen, diesen Welleneffekten eine anschauliche Deutung zu geben und nehmen sie einfach als Erfahrungstatsache hin. Die Ursache für die Verkleinerung des Querschnittes σ_s beim Übergang zu hohen Energien kann dagegen leicht erklärt werden. Hier offenbart sich jene allgemeine Eigenschaft aller Arten von elastischen Stößen zwischen den Teilchen, die darin besteht, daß die Vergrößerung der Geschwindigkeit eine Verringerung der Wechselwirkungszeit nach sich zieht. Dadurch wird die von dem Stoß hervorgerufene Wirkung verringert.

Bei sehr großen Elektronenenergien unterscheidet sich die Streuung an neutralen Atomen ihrem Charakter nach nur wenig von den Stößen mit den Ionen, weil das Elektron tief in das Atom eindringen und sich dem Atomkern hinreichend nähern muß, um eine merkliche Ablenkung zu erfahren. In der Nähe des Kerns wirkt praktisch nur sein elektrisches Feld, und den Einfluß des Feldes der Elektronenhülle kann man vernachlässigen. Ein sehr schnelles Elektron, das bei der Streuung an einem Atom eine merkliche Ablenkung erfährt, tritt praktisch nur mit dem elektrischen Feld des Kerns in Wechselwirkung. Für vergleichweise langsame Elektronen stellt das Atom eine Zielscheibe eines anderen Wechselwirkungstyps dar. Außerhalb der Elektronenhülle des Atoms sind die Kräfte verschwindend gering, weil das elektrische Feld der Elektronenhülle das Feld des positiv geladenen Kerns kompensiert.

Der Maximalwert des effektiven Streuquerschnitts relativ langsamer Elektronen liegt für die in Abb. 35 dargestellten Fälle zwischen $0{,}5 \cdot 10^{-15}$ und $2{,}5 \cdot 10^{-15}$ cm^2. In der Größenordnung entspricht dies, grob gesagt, den Abmessungen dieser Atome. Die Atome gewisser chemischer Elemente besitzen wegen der großen Ausdehnung ihrer Elektronenhülle viel größere Querschnitte σ_s als die Atome der Edelgase. Dies gilt insbesondere für die Atome der Alkalimetalle. So wird zum Beispiel σ_s für Cäsium maximal $5 \cdot 10^{-14}$ cm^2.

Die Streuung eines Elektrons durch ein Atom ist ebenso mit der Übertragung einer sehr kleinen Energie verbunden wie bei der COULOMBschen (d. h. elektrostatischen) Wechselwirkung des Elektrons mit einem Ion. Die mittlere Energieabgabe ist größenordnungsmäßig $2(m_e/m_a)W$, wobei m_a die Masse des Atoms ist. Wenn zum Beispiel ein Elektron mit einer Energie von 1 eV mit einem Sauerstoffatom zusammenstößt, dessen Masse ungefähr 30000mal größer ist als m_e, wird dem Atom eine Energie von weniger als 10^{-4} eV übertragen. Das ist ungefähr 300mal weniger als die thermische Energie eines Sauerstoffatoms bei Zimmertemperatur.

Unter den verschiedenen Arten unelastischer Stöße der Elektronen mit den Atomen spielen diejenigen Stöße die wichtigste Rolle, die zur Ionisation der Atome führen. Als Folge jedes elementaren Ionisationsvorganges an einem Atom entsteht in dem Stoff ein neues Paar geladener Teilchen (Abb. 36).

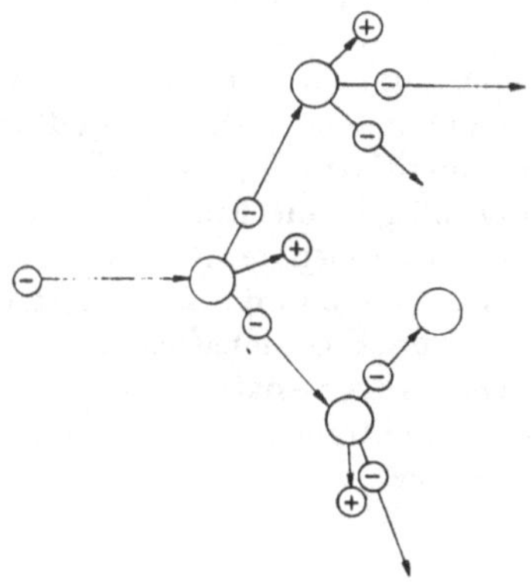

Abb. 36. Lawinenbildung beim Ionisationsvorgang in einem Gas

Namentlich durch diese Prozesse, die während der Gasentladung lawinenartig ablaufen, wird das Plasma erzeugt. Für die Ionisation eines Atoms muß eine bestimmte Energiemenge W_i aufgewendet werden, die zur Abtrennung des Elektrons führt. Diese Energiemenge wird als Ionisationsenergie bezeichnet und wird üblicherweise in Elektronenvolt angegeben. Häufig wird auch der Begriff *Ionisationspotential* verwendet. Diese Größe, die zahlenmäßig der Ionisationsenergie W_i gleich ist, wird der Kürze wegen einfach in Volt angegeben. So ist beispielsweise die Ionisationsenergie des Wasserstoffs gleich 13,6 eV; man sagt daher, der Wasserstoff besitze ein Ionisationspotential von 13,6 V. Diese Begriffsbildung ist deshalb so praktisch, weil sie den Wert der minimalen Spannung angibt, mit der ein Elektron beschleunigt werden muß, damit es das betrachtete Atom ionisieren kann. Ein Elektron, das von einer geringeren Spannung als 13,6 V beschleunigt worden ist, kann ein Wasserstoffatom nicht ionisieren. Wenn die Energie des auf das Atom treffenden Elektrons die Ionisationsenergie übersteigt, verteilt sich der Energieüberschuß $W-W_i$ auf beide Elektronen — auf das ursprüngliche und auf das von dem Atom abgetrennte.

Wenn W die Ionisationsenergie W_i um ein Vielfaches übersteigt, laufen insbesondere solche Prozesse mit großer Wahrscheinlichkeit ab, bei denen das sekundäre Elektron nur eine kleine Energie (größenordnungsmäßig W_i) erhält. Dies ist leicht zu erklären. Wenn das schnelle Elektron während einer sehr kurzen Zeitspanne an einem der Elektronen des Atoms vorüberfliegt, erteilt es ihm einen kleinen Impuls und überträgt einen entsprechenden Anteil seiner Energie, „ohne zu ahnen", daß das Elektron mit dem übrigen Teil des Atoms verbunden ist. Wenn sich dabei die übertragene Energie bei diesem „fast elastischen" Stoß größer als W_i erweist, vollzieht sich der Ionisationsprozeß, und es entsteht ein freies Elektron mit vergleichsweise geringer Energie.

Wenn jedoch W nur unwesentlich größer als W_i ist, dann ist keines der beiden Elektronen, die vom Ort des Stoßes wegfliegen, gegenüber dem anderen bevorzugt und ihre Energien sind größenordnungsmäßig gleich.

Weil in einem beliebigen Atom außer in den Atomen des gewöhnlichen Wasserstoffs und seiner Isotope — Deuterium und Tritium — nicht nur ein Elektron, sondern mehrere verschieden gebundene enthalten sind, kann man dem Atom eine Reihe von Ionisationspotentialen W_1, W_2, W_3 ... usw. zuschreiben. Das kleinste Ionisationspotential gibt die Energie an, die zur Ablösung der am schwächsten gebundenen Elektronen des Atoms, die sich in der äußersten Hülle befinden, erforderlich ist. Das sind die sogenannten Valenzelektronen, deren Verhalten die chemischen Eigenschaften des Atoms und eine Reihe der wichtigsten physikalischen Eigenschaften (geometrische Abmessungen, magnetische Eigenschaften, spektrale Zusammensetzung seiner Lichtemission, die bei Anregung ausgesendet wird, usw.) bestimmt.

Tabelle 2

Element	W_i [eV]	Element	W_i [eV]
Wasserstoff	13,59	Argon	15,76
Helium	24,56	Eisen	7,83
Stickstoff	14,55	Cäsium	3,89
Sauerstoff	13,62		

In Tabelle 2 sind die Zahlenwerte für die niedrigsten Ionisationspotentiale angegeben, die der Ablösung der am schwächsten gebundenen Elektronen aus den Atomen verschiedener Elemente entsprechen. Wir sehen, daß der kleinste Wert für W_i zu dem Alkalimetall Cäsium gehört und die größten Werte zu den Edelgasen, deren Valenzelektronen abgeschlossene Hüllen bilden und sich durch eine sehr feste Bindung an die Atome auszeichnen.

Die Ionisationspotentiale für die Ablösung von Elektronen aus den inneren Hüllen der Atome übersteigen die in Tabelle 2 angegebenen Minimalwerte um ein Vielfaches. Bei den Atomen der schweren Elemente können sie einige zehntausend Volt (für die Abtrennung der Elektronen, die dem Atomkern am nächsten gelegen und deshalb am stärksten an ihn gebunden sind) erreichen.

In Abb. 37 ist ein typischer Verlauf des effektiven Ionisationsquerschnittes des Atoms in Abhängigkeit von der Energie der ionisierenden Elektronen

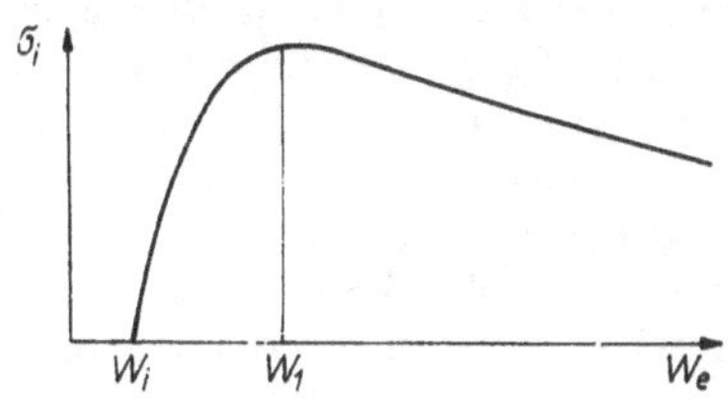

Abb. 37. Charakteristische Abhängigkeit des Ionisationsquerschnittes von der Elektronenenergie

dargestellt. Die Größe σ_i ist bei $W = W_i$ gleich Null, wobei W_i das Ionisationspotential für das am schwächsten gebundene Valenzelektron ist. Danach wächst σ_i schnell an und erreicht bei W_1 ein Maximum, das für verschiedene Elemente im Bereich zwischen 40 und 80 eV liegt. Bei einer weiteren Vergrößerung der Energie beginnt σ_i sich zunächst langsam, später schneller zu verringern. In allgemeinen Zügen kann der Charakter dieser Abhängigkeit der Größe σ_i von W auf der Grundlage von Vorstellungen erklärt werden, deren wir uns früher schon mehrfach bedient haben. Solange die Energie des heranfliegenden Elektrons nicht groß ist, muß es sehr nahe an das gebundene Elektron herankommen, um durch elektrische Wechselwirkung eine Energie zu übertragen, die zu seiner Ablösung ausreicht. Bei Vergrößerung von W wächst daher der Bereich für den Stoßparameter b, innerhalb dessen eine Ionisation möglich ist.

Für sehr schnelle Elektronen kommt ein anderer wichtiger Faktor ins Spiel — die Abschwächung der Wechselwirkung infolge ihrer kurzen Zeitdauer. Dies ist der gleiche Faktor, der sich bei der Abschwächung des Temperaturaustauschs zwischen den Teilchen auswirkt (s. Abschnitt 3.2). Es ist daher völlig klar, daß sehr schnelle Elektronen nur schwach ionisieren. Der Maximalwert für σ_i ist für die verschiedenen Elemente unterschiedlich; er verändert sich von $0{,}7 \cdot 10^{-16}$ cm^2 für Wasserstoffatome bis zu $6 \cdot 10^{-16}$ cm^2 für schwere Elemente wie Quecksilber. Wir heben hervor, daß die Kurve in Abb. 37 alle Arten von Ionisationsprozessen summiert, d. h. sie schließt sowohl die Abtrennung der Valenzelektronen in der äußersten Schicht des Atoms als auch die Freisetzung von Elektronen ein, die zu den innersten Schichten der Atomhülle gehören. Der relative Anteil, der zu dem Gesamtwert des effektiven Querschnittes durch die inneren Elektronen beigetragen wird, ist jedoch bei nicht sehr großen Energien unerheblich.

Die Wahrscheinlichkeit dafür, daß bei einem Elektronenstoß eines der inneren Elektronen aus dem Atom herausgeschlagen wird, ist klein im Vergleich zu der Wahrscheinlichkeit für die Abtrennung eines Valenzelektrons. Es ist daher schwierig, aus der Kurve für den summarischen effektiven Querschnitt diejenigen Anteile zu bestimmen, die auf den Einfluß starker Stöße zurückzuführen sind, bei denen Elektronen tief aus dem Innnern der Atomhülle abgetrennt werden. Beim Ionisationsprozeß verliert das Elektron, das auf das Atom trifft, nicht nur Energie, sondern es erfährt auch eine um so stärkere Änderung seiner Richtung, je mehr Energie es abgibt. In diesem Zusammenhang haben die Ionisationsprozesse eine Funktion, die der Rolle der Streuprozesse von Elektronen an neutralen Atomen analog ist. Die Bedeutung der ionisierenden Stöße für das Energiegleichgewicht der schnellen Elektronen, die sich im Plasma bewegen, ist unvergleichlich höher als die Rolle der elastischen Streuung an neutralen Atomen, weil das Elektron bei der Ionisation augenblicklich einen großen Energiebetrag verliert. Bei einem elastischen Stoß ist der Energieverlust dagegen recht unwesentlich.

Bis jetzt war lediglich die Rede von dem individuellen Vorgang der Ionisation eines Atoms durch ein Elektron mit gegebener Anfangsenergie. Bei der Berechnung der Häufigkeit von Ionisationsprozessen im Plasma muß berücksichtigt werden, daß die Elektronen im Plasma verschiedene Energien besitzen. Ein einzelnes Elektron erzeugt auf einem Zentimeter seines Weges $n_0\sigma_i$ Ionen, wobei n_0 die Konzentration der neutralen Atome ist. In einer Sekunde legt das Elektron einen Weg zuück, der seiner Geschwindigkeit v_e zahlenmäßig gleich ist. Die von ihm in der Zeiteinheit ausgelöste Anzahl von Ionisationsakten ist daher $n_0 v_e \sigma_i$. Diese Größe hängt von der Energie W des Elektrons ab, weil beide Faktoren σ_i und v_e Funktionen von W sind.

Um zu der spezifischen Ionisationsrate, d. h. zur Anzahl der Ionisationsakte je Sekunde und Kubikzentimeter des Plasmas zu gelangen, muß man alle Ionisationseffekte aufsummieren, die von den Elektronen in den verschiedenen Bereichen der Energieverteilungsfunktion (oder, wie man auch sagt, des Energiespektrums) ausgelöst werden. Natürlich wird das Ergebnis dieser Summation bei einer gegebenen Konzentration der Elektronen und neutralen Atome im Plasma von der Elektronentemperatur T_e abhängen. Solange die Elektronentemperatur nicht zu groß und die Größe kT_e sehr klein im Vergleich zur Ionisationsenergie ist, wird auch die Gesamtzahl der Ionisationsakte nicht groß sein, weil sie nur von den schnellsten Elektronen ausgelöst werden können, die zum „Schwanz“ der Energieverteilung gehören, d. h. zu jenem Teil der in Abb. 30 dargestellten Kurve, der weit vom Maximum entfernt ist. Die Zahl dieser Elektronen ist sehr gering, demzufolge wird auch der gesamte Ionisationsgrad im Plasma nicht groß sein. In diesem Temperaturbereich wächst bei einer Erhöhung der Temperatur die Ionisationsrate sehr schnell an. Im Bereich hoher Temperaturen dagegen, wo kT_e die Ionisationsenergie der Atome um ein Vielfaches überschreitet, ist die Abhängigkeit der

Anzahl der je Sekunde im Plasma entstehenden Ionen von T_e relativ gering; und bei sehr hohen Werten für T_e nimmt die Ionisationsrate wieder ab.

Die Zusammenstöße der Elektronen mit den Atomen führen nicht nur zu Ionisationsprozessen. Auch die Anregung eines Atoms durch Elektronenstoß ist möglich. In diesem Fall überträgt das Elektron auf das Atom eine bestimmte Energiemenge, mit deren Hilfe das Atom aus dem Grundzustand in einen der möglichen Zustände mit höherer Energie übergeht.

Bekanntlich kann sich der Energiegehalt eines Atoms nicht kontinuierlich ändern. Jedes Atom besitzt einen bestimmten Satz möglicher Energiewerte: W_I, W_{II}, W_{III} ..., die ein stufenförmiges System diskreter Energieniveaus für das Atom bilden. Diese Niveau-Leiter ist in Abb. 38 schematisch dargestellt.

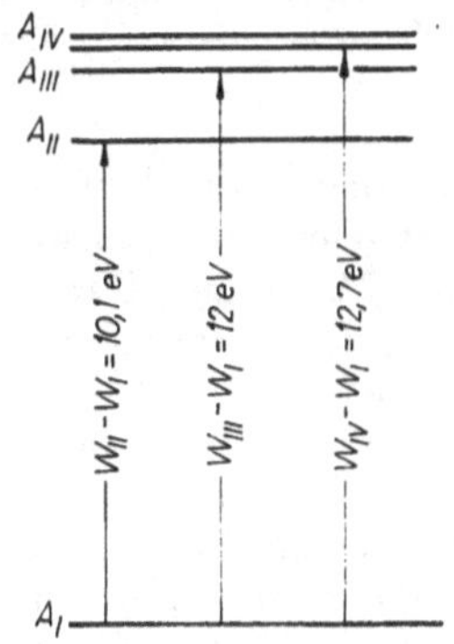

Abb. 38. Energieniveauschema des Wasserstoffatoms

Dem Grundzustand des Atoms entspricht das unterste Niveau A_I. Ein Elektronenstoß kann den Übergang von diesem Niveau auf eines der höheren Niveaus A_{II}, A_{III}... bewirken. Diese Übergänge sind auf der Abbildung durch Pfeile dargestellt. Die Energie, die das Elektron beim Stoß verliert und die vom Atom beim Übergang in den angeregten Zustand aufgenommen wird, ist gleich der Differenz der Energie des angeregten und des Grundzustandes. Beim Wasserstoffatom beträgt der für einen Übergang in das erste angeregte Atom erforderliche minimale Energiebetrag 10,15 eV, für ein Heliumatom 19,77 eV und für ein Quecksilberatom 4,66 eV. Der Minimalwert für die Anregungsenergie liegt für andere Atome im Bereich zwischen einigen Elektronenvolt und 15 ··· 20 eV. Anregungsprozesse können auch bei Stößen zwischen Elektronen und Ionen stattfinden, wenn die Ionen noch einen Teil ihrer anfänglichen Elektronenhülle zurückbehalten haben. So kann beispielsweise ein einfach geladenes Heliumion, das noch ein Elektron enthält, beim Zusammenstoß mit einigen genügend schnellen Elektronen aus dem Grundzustand in den ersten angeregten Zustand übergehen, wozu eine Energie von 40,81 eV benötigt wird.

Der effektive Anregungsquerschnitt des Atoms σ_a ist eine Funktion der Energie des auftreffenden Elektrons. Auf Abb. 39 ist die typische Form für die Abhängigkeit des effektiven Querschnittes von der Energie des Elektrons

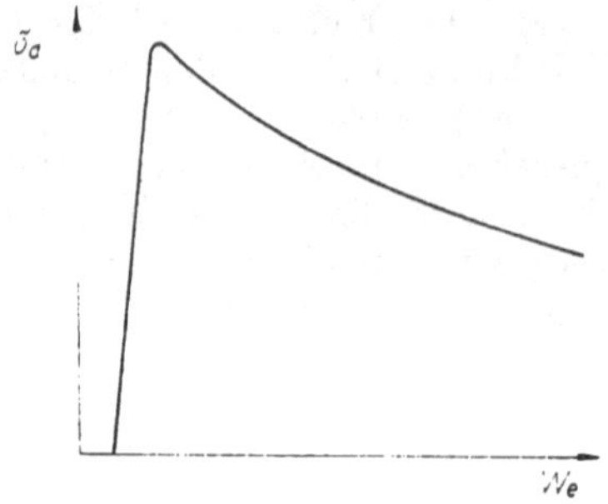

Abb. 39. Charakteristische Form des effektiven Anregungsquerschnittes als Funktion der Energie des stoßenden Elektrons

dargestellt. Wenn die Energie des Elektrons den Schwellenwert W_{II}-W_I überschreitet, beginnt der effektive Querschnitt sehr schnell zu wachsen und erreicht in der Nähe des Wertes W_{II}-W_I ein Maximum. Danach fällt σ_a wieder ab, wobei die Kurve in diesem Bereich eine ähnliche Form annimmt wie die Kurve für den effektiven Ionisationsquerschnitt. Der Maximalwert für σ_a hat für die Mehrzahl der neutralen Atome die Größenordnung 10^{-17} bis 10^{-16} cm^2. Ein angeregtes Atom behält die zusätzliche Energie gewöhnlich nur während einer sehr kurzen Zeitdauer von weniger als 10^{-8} s. Dann gibt es seinen Energieüberschuß in Form von Lichtstrahlung ab, indem es ein Lichtquant — ein Photon — aussendet und dabei in den Grundzustand übergeht.

Ein Photon ist bekanntlich eine diskrete Menge von Lichtenergie. Die Energie des Photons beträgt $h\nu$, wobei h eine universelle Konstante — genannt PLANCKsches Wirkungsquantum — und ν die Frequenz der Lichtschwingungen ist. Die Größe h hat den Wert $6{,}6 \cdot 10^{-27}$ erg s.

Die Frequenz des Lichtes, das von einem angeregten Atom beim Übergang aus einem Zustand mit der Energie W_B in den Zustand mit der Energie W_A ausgesandt wird, ergibt sich aus der Bedingung

$$h\nu = W_B - W_A. \tag{3.16}$$

Die Wellenlänge des ausgestrahlten Lichtes findet man aus der Beziehung

$$\lambda = \frac{c}{\nu}. \tag{3.17}$$

Aus den Formeln (3.16) und (3.17) entwickeln wir

$$\lambda = \frac{hc}{W_B - W_A}. \tag{3.18}$$

In der so erhaltenen Beziehung wird die Energiedifferenz $W_B - W_A$, die in Strahlung überführt wird, in erg ausgedrückt. Rechnet man diese Größe in Elektronenvolt um, so ergibt sich die folgende Gleichung:

$$\lambda = 1{,}23 \cdot 10^{-4} \cdot \frac{1}{W_B - W_A}. \tag{3.19}$$

Hierbei ist λ in Zentimetern ausgedrückt. Aus dieser Formel folgt, daß Licht mit einer Wellenlänge von 1,23 μm emittiert wird, wenn bei einem Abstrahlungsprozeß eine Energie von 1 eV frei wird. Diese Wellenlänge liegt im infraroten Spektralgebiet nahe dem Sichtbaren. Beim Wasserstoffatom liegt das erste angeregte Niveau um 10,15 eV über dem Grundzustand, beim Übergang von diesem Niveau zum Grundzustand wird eine Lichtstrahlung mit der Wellenlänge 0,12 μm emittiert, die zum fernen ultravioletten Spektralgebiet gehört. Unter Bedingungen, wie sie gewöhnlich bei physikalischen Experimenten (und in technischen Apparaturen) vorliegen, beträgt die Energie des größten Teils der von den angeregten Atomen emittierten Photonen nicht weniger als 4 ··· 5 eV; das abgestrahlte Licht gehört im wesentlichen zum ultravioletten Spektralbereich. Dabei kann jedoch ein merklicher Anteil der Strahlung auf Photonen geringerer Energie entfallen. Dies hängt damit zusammen, daß ein Atom in einem hohen angeregten Zustand möglicherweise nicht in einem einzigen Sprung in den Ausgangszustand zurückkehrt, sondern auf dem Wege einer Reihe aufeinanderfolgender Übergänge (Abb. 40). Das Licht, das von den angeregten Atomen oder Ionen emittiert wird, spielt eine wichtige Rolle in der Energiebilanz der Plasmastrahlung.

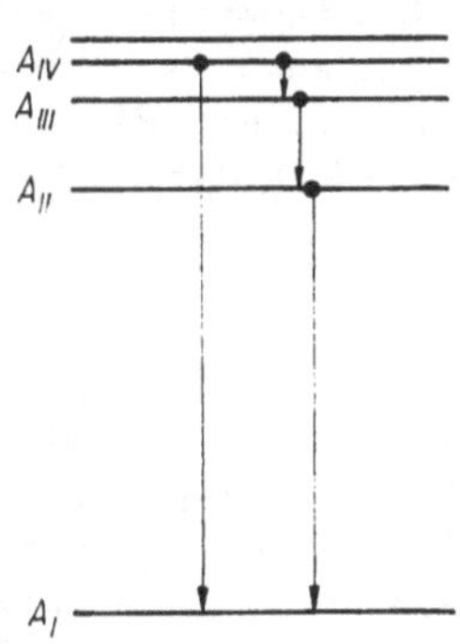

Abb. 40. Beispiel eines Kaskadenüberganges für ein angeregtes Atom im Zustand A_{IV}

Angeregte Atome, die sich im Plasma befinden, können ihren Energieüberschuß auch durch die sogenannten Stöße zweiter Art verlieren. Das angeregte Atom überträgt zum Beispiel seine überschüssige Energie auf eines der Elektronen im Plasma (das zufällig einem Stoß ausgesetzt ist). Wir haben es hier mit einer Erscheinung zu tun, die genau den umgekehrten Prozeß zur Anregung eines Atoms durch Elektronenstoß darstellt. Stöße zweiter Art spielen in Plasmen niedriger Ladungsträgerkonzentration gewöhnlich keine große Rolle, weil hier ein angeregtes Atom seine Energie viel eher *abstrahlen* kann (d. h. es verläßt seinen angeregten Zustand durch Emission eines Photons). In bestimmten Fällen kann jedoch die Lebensdauer eines angeregten Atoms sehr groß werden (im Zeitmaß atomarer Prozesse). In einem solchen Fall steigt die Wahrscheinlichkeit für das Atom, einen Stoß zweiter Art zu erleiden, stark an. Dies geschieht dann, wenn sich das angeregte Atom in einem sogenannten metastabilen Zustand befindet. Wenn zum Beispiel ein Heliumatom in das Niveau befördert wird, das um 19,77 eV über dem Grundzustand liegt, kann es in diesem Niveau für eine Zeitdauer der Größenordnung 10^{-4} s festgehalten werden, weil auf Grund atomphysikalischer Gesetze der Übergang in das unterste Niveau unter Emission eines Photons für diesen Zustand sehr unwahrscheinlich ist (Übergänge dieses Typs heißen verbotene Übergänge). Das Heliumatom hat also während der Zeitdauer seines Aufenthaltes in dem metastabilen Zustand reelle Chancen, sich seiner überschüssigen Energie entweder durch Abgabe an eines der freien Elektronen im Plasma oder durch Stoß an die feste Wand des Gefäßes, in dessen Innern sich das Plasma befindet, zu entledigen. Die Atome der übrigen Edelgase und vieler anderer Elemente besitzen in gewissen Anregungszuständen analoge Eigenschaften.

Bis jetzt ist über jene Arten von Stößen gesprochen worden, bei denen einer der Partner in Gestalt freier Elektronen auftritt. Unter bestimmten Bedingungen kann auch eine besondere Art von Stößen zwischen Ionen und neutralen Atomen, die die Bezeichnung Ladungsaustausch trägt, eine wesentliche Rolle für das Verhalten des Plasmas in seiner Gesamtheit spielen. Beim Prozeß des Ladungsaustauschs trennt das mit einem Atom zusammenstoßende Ion ein Elektron des Atoms ab und neutralisiert sich, wobei es das Atom im ionisierten Zustand zurückläßt. Diesen Elementarprozeß kann man durch die folgende Gleichung beschreiben:

$$A^+ + B \rightarrow A + B^+.$$

Prozesse unter Mitwirkung von Ladungsaustausch haben dann eine besonders große Wahrscheinlichkeit, wenn das Ion A^+ und das Atom B zu ein und demselben Element gehören, zum Beispiel bei Stößen zwischen Protonen und Wasserstoffatomen oder zwischen Heliumionen und Heliumatomen. Bei diesen Vorgängen, die den Namen Resonanzaustausch tragen, kann der effektive Querschnitt einen recht großen Wert annehmen, insbesondere bei kleinen Energien der stoßenden Teilchen, bei denen sie langsam aneinander vorbeifliegen. So erreicht zum Beispiel der effektive Querschnitt für den Ladungsaustausch zwischen Protonen und Wasserstoffatomen Werte von ungefähr $0,5 \cdot 10^{-14}\,\mathrm{cm}^2$ bei Protonenenergien von einigen Elektronenvolt.

Es ist unter anderem hervorzuheben, daß dieser Wert die geometrische Fläche des Atomquerschnittes von Wasserstoff um das Hundertfache übersteigt. Ein nichtresonanter Ladungsaustausch ist durch einen kleineren effektiven Querschnitt gekennzeichnet; er ist maximal von der Größenordnung 10^{-16} cm^2.

Die Bedeutung der Ladungsaustauschvorgänge für die im Plasma auftretenden Erscheinungen besteht darin, daß sie unter bestimmten Bedingungen einen wirkungsvollen Mechanismus zur Abkühlung der Ionen im Plasma darstellen können.

4. Die Strahlung des Plasmas

4.1. *Die Bremsstrahlung des Plasmas*

Ein freies Elektron, das durch das elektrische Feld eines Ions oder Atoms hindurchfliegt, verändert während der Wechselwirkung mit dem Feld die Richtung und den Betrag seiner Geschwindigkeit. Eine plötzliche starke Geschwindigkeitsveränderung des geladenen Teilchens hat die Entstehung einer elektromagnetischen Strahlung zur Folge, deren Energie der kinetischen Energie des Teilchens entnommen wird. Dies bedeutet, daß das Elektron beim Stoß mit einem Atom einen Teil seiner Energie verlieren kann, der in Form eines Photons ausgestrahlt wird. Die Energie des Photons $h\nu$ kann einen beliebigen Teil der anfänglichen kinetischen Energie W_e des Elektrons ausmachen, wobei W_e eine obere Grenze für $h\nu$ darstellt. Das Auftreten eines solchen Photons bedeutet, daß die gesamte kinetische Energie des Elektrons in elektromagnetische Strahlung umgewandelt worden ist. Weil $h\nu$ auch beliebig andere Werte (von 0 bis W_e) annehmen kann, enthält diese Strahlung, die infolge dieser *Strahlungsbremsung* des Elektrons entsteht, eine ununterbrochene Folge von Frequenzen von Null bis W_e/h und stellt demzufolge ein kontinuierliches Spektrum dar (im Gegensatz zur Strahlung angeregter Atome, die aus einzelnen Spektrallinien mit bestimmten Wellenlängen besteht).

Bremsstrahlung tritt nicht nur im Plasma auf. Als ein bekannteres Beispiel für diese Erscheinung sollen die Vorgänge in einer gewöhnlichen Röntgenröhre angeführt werden, die zur Durchleuchtung oder für therapeutische Zwecke in der Medizin verwendet wird. In einer solchen Röhre wird der Strom der schnellen Elektronen, die von einem glühenden Wolframdraht (Katode) emittiert werden, durch eine Spannung von einigen zehntausend Volt beschleunigt und bombardiert die gegenüberliegende Elektrode, die Antikatode. Beim Eindringen in die Antikatode erzeugen die schnellen Elektronen bei der Wechselwirkung mit dem elektrischen Feld der Atome Quanten elektromagnetischer Strahlung. Infolge des großen Wertes W_e sind die Frequenzen der elektromagnetischen Schwingungen in diesem Falle sehr hoch und demzufolge die Wellenlängen sehr klein (von der Größenordnung $10^{-9} \dots 10^{-8}$ cm), wie es für Röntgenstrahlen charakteristisch ist.

In einem Plasma mit der Elektronentemperatur T_e können die Frequenzen der elektromagnetischen Wellen, die der Bremsstrahlung zugeordnet sind, in sehr weiten Grenzen liegen; im Mittel wird aber der größte Teil der ausgestrahlten Energie auf Photonen mit Frequenzen von etwa kT_e/h und mit Wellenlängen von etwa ch/kT_e entfallen. Die Bremsstrahlung eines Plasmas mit $T_e = 10^4$ °K wird im wesentlichen im infraroten und sichtbaren Teil des Spektrums liegen, bei $T_e = 10^8$ °K (das Hochtemperaturplasma zukünftiger thermonuklearer Reaktoren) wird der Hauptteil der Strahlung des Plasmas aus Röntgenstrahlen bestehen. Die Gesamtintensität der Bremsstrahlung des Plasmas in der Volumeneinheit muß der Anzahl der Zusammenstöße zwischen den Elektronen und Ionen proportional sein, die sich je Sekunde ereignen; diese Größe ihrerseits ist proportional zu $n_e \cdot n_i$. Außerdem muß die Strahlungsintensität in starkem Maße von der Ladung des Ions abhängen, weil die Wahrscheinlichkeit für die Entstehung eines Photons während des Stoßes um so größer sein muß, je stärker das elektrische Feld ist, das auf das Elektron einwirkt und die Veränderung seiner Geschwindigkeit hervorruft.

Rechnungen ergeben, daß die Energie, die je Sekunde in Form von Bremsstrahlung aus einem Kubikzentimeter eines vollständig ionisierten Plasmas mit der Elektronentemperatur T_e emittiert wird, durch den Ausdruck

$$Q = 1{,}5 \cdot 10^{-27}\, n_e n_i Z^2 \sqrt{T_e}\, \frac{\text{erg}}{\text{cm}^3\ \text{s}} \tag{4.1}$$

gegeben ist (n_e, n_i in cm^{-3}; T_e in °K). Z ist die Ladungszahl der im Plasma enthaltenen Ionen. Wir wollen beispielsweise annehmen, daß es uns gelungen sei, ein Wasserstoffplasma mit einer Elektronentemperatur von 10^8 °K und einer Elektronenkonzentration von 10^{16} cm^{-3} zu erzeugen. Nach Gleichung (4.1) wird jeder Liter dieses Plasmas eine Röntgenstrahlung mit einer Strahlungsleistung von etwa 150 kW erzeugen, was der Leistung einiger tausend gewöhnlicher Röntgenröhren äquivalent wäre. Eine noch bedeutend größere Leistung bei der gleichen Elektronentemperatur und Konzentration würde ein Plasma abstrahlen, das Ionen schwerer Elemente enthält.

4.2. *Die Rekombinationsstrahlung*

Der Vorgang der Rekombination eines Elektrons mit einem Ion besteht darin, daß das Elektron in das Feld des Ions hineinfliegt, von diesem eingefangen wird und in einen gebundenen Zustand übergeht. Bei diesem Prozeß wird eine Energie frei, die der Summe aus der kinetischen Energie des freien Elektrons und seiner Bindungsenergie gleich ist. Wenn zum Beispiel ein Elektron mit der Energie W_e von einem Proton eingefangen wird und sich daraus ein Wasserstoffatom im Grundzustand bildet, beträgt die gewonnene Energie $W_e + 13{,}6$ eV (Abb. 41). Das in dem Energiediagramm schraffiert dargestellte Gebiet entspricht den freien Elektronen. Die kinetische Energie dieser Elektronen wird von der Nullinie an vertikal nach oben gezählt. Der

Grundzustand des Elektrons, das im Wasserstoffatom gebunden ist, entspricht einer negativen Energie mit dem Betrag 13,6 eV[1]). Die freigewordene Energie kann in Form eines Photons mit der Energie $W_e + 13{,}6\,\text{eV}$ ab-

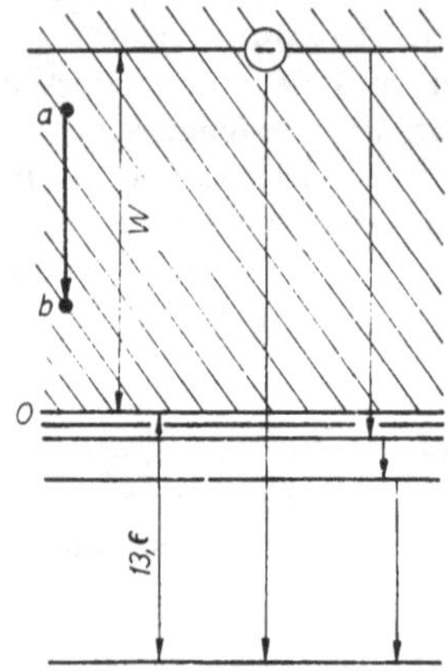

Abb. 41. Schematische Darstellung der möglichen energetischen Übergänge bei der Rekombination eines Elektrons mit einem Proton

gestrahlt werden. Es ist auch ein stufenförmiger Übergang möglich, bei dem sich das Atom zu Beginn in einem der erlaubten angeregten Zustände befindet und anschließend in den Grundzustand übergeht. In diesem Falle werden zwei oder eine größere Anzahl Photonen ausgestrahlt, wie dies auf der rechten Seite des Energieniveauschemas für das Atom dargestellt ist. Unter anderem ist aus diesem Diagramm auch der Entstehungsprozeß für die Bremsstrahlung ersichtlich. Ihm entspricht die Veränderung des Energiezustandes für das Elektron in dem schraffierten Gebiet (Übergang zwischen den Punkten a und b).

Weil die freien Elektronen eine ununterbrochene Reihe von Energiewerten besitzen, erzeugen die Photonen, die bei dem Rekombinationsprozeß ausgestrahlt werden, ein kontinuierliches Spektrum. Diesem Kontinuum ist das Linienspektrum der angeregten Atome überlagert, die bei den Stufenübergängen entstehen. Die Gesamtintensität der Rekombinationsstrahlung muß offensichtlich ebenfalls dem Produkt $n_e n_i$ porportional sein. Im Gegensatz zur Bremsstrahlung ist die Rekombinationsstrahlung um so intensiver, je geringer die Energie der Elektronen ist, sie verstärkt sich also bei einer Verkleinerung der Elektronentemperatur T_e. Für ein Wasserstoffplasma kann

[1]) Zu dem Energieniveau Null gehört definitionsgemäß ein Zustand, bei dem die Bindung zwischen dem Proton und dem Elektron gelöst ist und die beiden Teilchen mit der kinetischen Energie Null sich in einer sehr großen Entfernung voneinander befinden.

die Intensität der Rekombinationsstrahlung in der Volumeneinheit (1 cm³) mit Hilfe der Gleichung

$$Q_{\text{Rek}} \approx 6 \cdot 10^{-22} \frac{n_e^2}{\sqrt{T_e}} \frac{\text{erg}}{\text{cm}^3\,\text{s}} \tag{4.2}$$

abgeschätzt werden (in diesem Falle ist $n_e = n_i$; n_e in cm^{-3}, T_e in °K). Bis zu Temperaturen von ungefähr $4 \cdot 10^5$ °K überwiegt die Rekombinationsstrahlung die durch die Bremsung der Elektronen erzeugte Strahlung. In noch heißeren Plasmen spielt die Bremsstrahlung die größere Rolle. Sind in dem Plasma Ionen mit großer Ladung enthalten, wächst Q_{Rek} stark an (ungefähr proportional zur vierten Potenz der Ionenladung).

4.3. *Die Strahlung angeregter Ionen und Atome*

Von der Entstehung dieser Strahlung war schon früher die Rede. Ihre Intensität im Plasma hängt stark von der Elektronentemperatur und der chemischen Zusammensetzung ab; sie vergrößert sich rasch, wenn im Plasma Atome schwerer Elemente enthalten sind. Das Spektrum dieser Strahlung besteht aus einer Reihe Linien, die den verschiedenen Zuständen der angeregten Atome und Ionen entsprechen. Bei der Erhöhung der Elektronentemperatur erhöht sich stufenweise die Ladung der schweren Ionen, und das Spektrum der Linienstrahlung verändert sich. Ein Atom, das sich in einem Plasma mit sehr niedriger Elektronentemperatur befindet, bleibt entweder neutral oder verliert eines der am schwächsten gebundenen Elektronen. Bei der Erhöhung von T_e beginnen sich die fester gebundenen Elektronen zu lösen, und die mittlere Ladungszahl erhöht sich. Dabei wächst auch die Anregungsenergie der Ionen; das Spektrum der Linienstrahlung verlagert sich infolgedessen aus dem sichtbaren Bereich in das Gebiet der ultravioletten und Röntgenstrahlen.

Um die Intensität der Linienstrahlung in Abhängigkeit von T_e und der Plasmazusammensetzung zu charakterisieren, führen wir einige Zahlen an. Ein Wasserstoffplasma ist praktisch vollständig ionisiert, wenn die Temperatur der Elektronen 10 eV ($\approx 10^5$ °K) übersteigt. Bei dieser Temperatur und einer Konzentration von 10^{13} cm^{-3} beträgt die gesamte Strahlungsleistung, die auf einen Kubikzentimeter entfällt, $2 \cdot 10^2$ erg/cm³ s. Diese Strahlung ist im wesentlichen mit der Rekombination der Elektronen mit den Protonen verknüpft. Wir wollen jetzt annehmen, daß der Wasserstoff durch eine Sauerstoffbeimengung verunreinigt wird, wobei auf 100 Wasserstoffatome ein Sauerstoffatom entfallen soll. Diese geringfügige Beimengung vergrößert die Strahlungsverluste, die hier hauptsächlich mit einem Linienspektrum aus angeregten Atomen und Ionen des Sauerstoffs verbunden sind, in starkem Maße. Bei der gleichen Elektronentemperatur (10^5 °K) steigt die Gesamtintensität der Strahlung des Plasmas ungefähr um den Faktor 10000 an.

Die Linienstrahlung angeregter Atome und Ionen im Plasma ist bei nicht zu hoher Elektronentemperatur einer der Hauptwege, auf denen die Energieabfuhr aus dem Plasma erfolgt. Die Strahlungsverluste in einem Wasserstoffplasma, das eine Beimischung von 10% Sauerstoff enthält, übersteigen bei einer Elektronentemperatur von etwa $10^5\,°K$ bei festgehaltener Elektronenkonzentration die Energieabfuhr durch Bremsstrahlung in einem reinen Wasserstoffplasma bei $T_e = 10^8\,°K$ um drei Größenordnungen.

4.4. *Die Betatron-Strahlung des Plasmas*

Wenn sich das Plasma in einem Magnetfeld befindet, tritt ein Strahlungsprozeß völlig neuer Art auf. Die Elektronen führen eine Umlaufbewegung in einer Ebene senkrecht zum Feld aus. Diese Rotation muß nach den Gesetzen der Elektrodynamik wie jede andere beschleunigte Bewegung eines geladenen Teilchens zur Erzeugung von Strahlung führen. Die Intensität dieser Strahlung für ein einzelnes Elektron ist dem Quadrat der Feldstärke des magnetischen Feldes proportional und hängt von der Geschwindigkeit der LARMOR-Rotation des Elektrons ab. In der Zeiteinheit strahlt das Elektron die Energie $6{,}4 \cdot 10^{-21}\; H^2 W \cdot \sin^2\alpha$ ab, wobei H die magnetische Feldstärke, W die Energie des Elektrons in Elektronenvolt und α der Winkel ist, den seine Geschwindigkeit mit der Richtung der Kraftlinien des Feldes bildet. Dieser Ausdruck für die abgestrahlte Energie bezieht sich auf den Fall, daß die Geschwindigkeit des Elektrons klein ist im Vergleich zur Lichtgeschwindigkeit; dies ist in einem Plasma praktisch immer erfüllt. Strahlung der betrachteten Art wird gewöhnlich als Betatron-Strahlung bezeichnet. Sie hat für die Beschleunigungstechnik eine große Bedeutung. Bei der Aufheizung der Elektronen auf hohe Temperaturen in den modernen Ringbeschleunigern erreicht die Betatron-Strahlung sehr hohe Werte, und die Energie, die zur Beschleunigung der Elektronen zugeführt wird, dient im wesentlichen als Ausgleich für die Verluste, die durch diese Strahlung entstehen.

Das Spektrum der Betatron-Strahlung besteht aus Linien. Die Grundfrequenz entspricht der Umlauffrequenz der Elektronen im LARMOR-Kreis. Außerdem treten noch Harmonische auf, d. h. Frequenzen, die ganzzahlige Vielfache der Grundfrequenz sind. Der Anteil dieser Harmonischen an der Gesamtintensität der Strahlung wächst mit der Zunahme von W. Die Betatron-Strahlung fällt hauptsächlich in das Gebiet der Radiofrequenzen. Die Wellenlänge, die der Grundfrequenz entspricht, ergibt sich gemäß Gleichung (2.17) nach der folgenden Formel:

$$\lambda = c\,T_H = \frac{2\pi m_e c^2}{eH}. \tag{4.3}$$

Die Wellenlängen der Harmonischen sind entsprechend gleich $\lambda/2$, $\lambda/3$ usw. Bei einer magnetischen Feldstärke von etwa 10^3 Oe liegt die Strahlung im Bereich der Zentimeterwellen und bei $H \approx 10^4$ Oe im Millimeterbereich.

Die vom Plasma erzeugte Strahlung setzt sich aus der Strahlung der einzelnen Elektronen zusammen. Die Gesamtintensität der Betatron-Strahlung, die in einem Kubikzentimeter entsteht, ist proportional zu n_e. Bei hohen Konzentrationen und großen Magnetfeldstärken H könnten durch die Betatron-Strahlung sehr große Verluste verursacht werden, wenn diese Strahlung das Plasma frei verlassen könnte. In Wirklichkeit wird jedoch die langwellige Strahlung, die der Grundfrequenz und ihren ersten Harmonischen entspricht, im Innern des Plasmas sehr stark absorbiert. Der gesamte Strahlungsfluß, der durch die Oberfläche des Plasmas nach außen tritt, ist daher nur ein geringer Teil der Energie, die im Volumen erzeugt wird. Wie die von B. A. Trubnikow im Kurtschatow-Institut für Atomenergie durchgeführten Berechnungen zeigen, erhöht sich bei sehr hoher Elektronentemperatur (10^8 °K und mehr) die freiwerdende Betatron-Strahlung schnell, weil dann die höheren Harmonischen, denen eine kurzwellige Strahlung entspricht, einen größeren Anteil der Energie darstellen. Auf diese Weise kann die Betatron-Strahlung für die Erzeugung von Hochtemperaturplasmen zum Hindernis werden.

4.5. *Der vom Plasma ausgestrahlte Energiefluß*

Um sich den allgemeinen Charakter der Strahlung eines Plasmas besser vorstellen zu können, ist es zweckmäßig, einen Vergleich zwischen den Plasmen und einem idealen Wärmestrahler durchzuführen. Ein solcher Wärmestrahler ist die Oberfläche des sogenannten schwarzen Körpers, d. h. eines Körpers, der alle auf ihn auftreffenden Lichtstrahlen unabhängig von ihrer Wellenlänge vollständig absorbiert. Es wurde theoretisch gezeigt und experimentell bewiesen, daß die Gesamtstrahlungsintensität des schwarzen Körpers proportional zur vierten Potenz der absoluten Temperatur ansteigt. Die Leistung dieser Strahlung pro Oberflächeneinheit beträgt $5{,}7 \cdot 10^{-5}\, T^4$ erg/cm²s. Das Strahlungsspektrum des schwarzen Körpers ist in Abb. 42 dargestellt. Auf der Abszisse ist die Schwingungsfrequenz ν der Lichtwellen und auf der Ordinate die Energie E_ν aufgetragen, die pro Zeiteinheit im Einheitsintervall der Frequenz von einem Quadratzentimeter der Oberfläche des schwarzen Körpers ausgesandt wird.

Wir wollen einige wesentliche Eigenschaften hervorheben, die das Spektrum des schwarzen Körpers kennzeichnen.

1. Im Gebiet niedriger Frequenzen wächst die Strahlungsintensität näherungsweise proportional zu ν^2. Diesem Gebiet entsprechen Photonen mit Energien $h\nu$, die sehr klein sind im Vergleich zu der Größe kT, die die thermische Energie der Teilchen des schwarzen Körpers charakterisiert. Vergleicht man bei verschiedenen Temperaturen die Strahlungsintensitäten, die in ein

und demselben Frequenzintervall bei einer vorgegebenen Frequenz emittiert werden, so stellt man proportionales Wachstum mit der Temperatur fest.

2. Die Strahlungsintensität erreicht ein Maximum bei $h\nu \approx 2{,}8\, kT$. Bei einer Temperaturerhöhung verschiebt sich dieses Maximum in den Bereich noch höherer Frequenzen. Bei Temperaturen zwischen $7{,}5 \cdot 10^3$ °K und $15 \cdot 10^3$ °K liegt das Maximum der Strahlung im Frequenzbereich des sichtbaren Lichtes. Bei einer Temperatur in der Größenordnung einiger zehn-

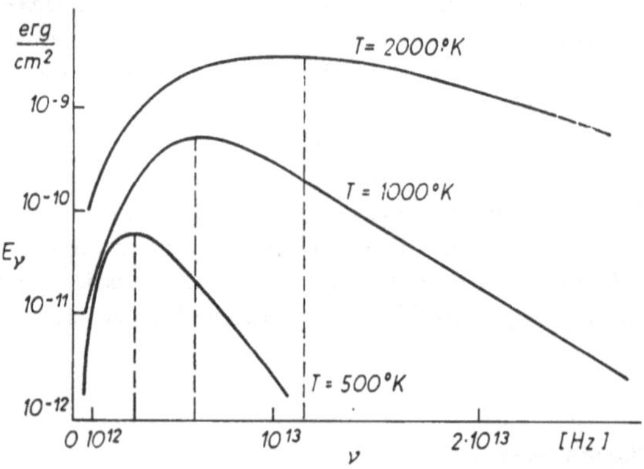

Abb. 42. Strahlungsspektrum des schwarzen Körpers bei verschiedenen Temperaturen

tausend Grad strahlt ein schwarzer Körper ultraviolette Strahlen mit einer Wellenlänge von etwa 0,1 μm mit maximaler Intensität ab. Eine weitere Temperaturerhöhung führt letzten Endes dazu, daß der schwarze Körper zu einem außerordentlich intensiven Röntgenstrahler wird.

Im Gegensatz zum schwarzen Körper ist ein Plasma bei nicht zu hoher Elektronenkonzentration für sichtbare und ultraviolette Strahlung fast vollständig durchsichtig. Es absorbiert nur Radiowellen stark, d. h. Strahlung mit verhältnismäßig großer Wellenlänge. Gemäß den früheren Ausführungen entstehen sie nur in Anwesenheit starker magnetischer Felder. Man kann daher, wenn man den Radiofrequenzbereich des Spektrums vernachlässigt, damit rechnen, daß die Gesamtmenge an Energie, die von einem Plasma bei konstanter Temperatur und konstanter Konzentration nach außen abgegeben wird, proportional mit dem Plasmavolumen anwächst.

Wir wollen beispielsweise annehmen, daß dieses Volumen kugelförmige Gestalt hat. In diesem Fall wächst die gesamte abgestrahlte Energie proportional zu a^3, wobei a der Radius der Plasmakugel ist. Die Strahlungsintensität steigt proportional zum Verhältnis des Volumens zur Oberfläche an, d. h. sie wächst linear mit a an.

Dieses Wachstum kann sich jedoch gemäß den Grundgesetzen der Strahlungstheorie nicht bis ins Unendliche fortsetzen, denn die Energie, die von der Oberfläche eines erhitzen Körpers ausgestrahlt wird, kann nicht größer als die von der Oberfläche eines schwarzen Körpers abgegebene Energie werden. Dies bezieht sich nicht nur auf die gesamte Abstrahlungsenergie, sondern auch auf die Strahlungsintensität in jedem Spektralbereich. Der wahre physikalische Grund für das verlangsamte Anwachsen der Strahlungsintensität aus dem Plasma liegt darin, daß bei großen Abmessungen des vom Plasma ausgefüllten Gebietes Absorption auftritt. Der Einfluß der Absorption macht sich zuerst im langwelligen Spektralbereich bemerkbar, und nur bei sehr großen Werten a beginnt er sich auf die Intensität der kurzwelligen Strahlung (im ultravioletten und Röntgenbereich) des Plasmas auszudehnen. Es soll hier unter anderem erwähnt werden, daß bei einer Temperatur von 10^8 °K, die für die zukünftigen thermonuklearen Reaktoren als Minimaltemperatur angesehen werden kann, die Strahlung von einem Quadratzentimeter der Oberfläche des schwarzen Körpers einer Leistung von $5 \cdot 10^{17}$ kW entspricht. Bei einer solchen Strahlungsleistung würde ein Kügelchen von 1 cm Durchmesser, das sich in einer Entfernung von einer Million km von der Erde befindet, von seiner Oberfläche einen Strahlungsstrom aussenden (hauptsächlich Röntgenstrahlung), der den von der Sonne abgegebenen Strahlungsstrom übersteigt. Die Rechnung zeigt jedoch, daß es bei einer Plasmakonzentration von 10^{16} Teilchen je cm^3 und einer Temperatur von 10^8 °K nur einen Energiestrom aussendet, der dem eines schwarzen Körpers mit einer Temperatur von $2 \cdot 10^3$ °K entspricht. Das kleine Kügelchen eines Hochtemperaturplasmas erweist sich also als eine vergleichsweise bescheidene Strahlungsquelle.

5. Gerichtete Ströme von Teilchen und Energie im Plasma

5.1. *Der elektrische Strom im Plasma*

Eine gerichtete Bewegung der Elektronen und Ionen im Plasma kann durch zwei Ursachen hervorgerufen werden: durch elektrische Felder, die einen Strom erzeugen, oder durch Konzentrationsunterschiede zwischen verschiedenen Teilbereichen des Plasmas. In einem ungleichmäßig erhitzten Plasma setzt der Teilchenaustausch zwischen Gebieten mit verschiedener Temperatur den Mechanismus der Wärmeleitung im Plasma in Gang, auf Grund dessen ein Wärmestrom durch das Plasma fließt. Die aufgezählten Prozesse werden unter einer gemeinsamen Bezeichnung zusammengefaßt: Transporterscheinungen. Eine besonders große Bedeutung unter ihnen hat für die Plasmaphysik die Entstehung des elektrischen Stroms, der wir uns in erster Linie zuwenden wollen.

Ein Strom wird dadurch hervorgerufen, daß ein elektrisches Feld die geladenen Teilchen verschiedenen Vorzeichens zwingt, sich in verschiedenen Richtungen zu bewegen. In der Zeit t erlangt das Elektron im elektrischen Feld die Geschwindigkeit eEt/m_e und ein einfach geladenes Ion die Geschwindigkeit eEt/m_i. Wenn die Elektronen und Ionen sich weder untereinander, noch mit neutralen Atomen stoßen würden, müßten ihre Geschwindigkeiten unter der Einwirkung des elektrischen Feldes ununterbrochen ansteigen, und nach einer gewissen Zeit würde das Plasma in zwei entgegengesetzt gerichtete Ströme schneller Teilchen zerfallen. In Wirklichkeit behält jedoch jedes Teilchen infolge der Stöße seine gerichtete Geschwindigkeit nur während einer begrenzten Zeitdauer bei.

Zum Zeitpunkt des Stoßes geht die erlangte zusätzliche Geschwindigkeit verloren, und nach dem Stoß wird das Teilchen unter Einwirkung des Feldes von neuem beschleunigt. Wir heben hervor, daß der Begriff „Stoß“ hier in dem Sinne angewendet wird, wie im Abschnitt 2 erläutert wurde. Unter den Bedingungen, die gewöhnlich bei Versuchen im Plasma herrschen, erweist sich die Zusatzgeschwindigkeit, die ein Elektron oder Ion während einer mittleren freien Flugzeit erlangt, als sehr klein im Vergleich zur thermischen Geschwindigkeit. Der allgemeine Charakter der Teilchenbewegung verändert sich also unter der Wirkung eines elektrischen Feldes nur unbedeutend. Der schnellen ungeordneten Bewegung der Teilchen mit ihren thermischen Geschwindigkeiten überlagert sich eine kleine Geschwindigkeitskomponente parallel zur Richtung des elektrischen Feldes. Man kann daher weniger von der Erzeugung einer Strömung, in der die Geschwindigkeiten aller Teilchen ein und dieselbe Richtung haben, als von einer verhältnismäßig langsamen Verschiebung der Teilchen längs des Feldes sprechen. Der Strom im Plasma setzt sich aus der gerichteten Bewegung von Teilchen beider Vorzeichen zusammen. Allerdings ist der Anteil, den die positiven Ionen zur Stromstärke beitragen, vernachlässigbar klein gegenüber dem Anteil der Elektronen, weil die Ionen wegen ihrer relativ großen Masse unter Einwirkung des Feldes nur eine geringfügige gerichtete Geschwindigkeit erlangen. Wir werden deshalb im folgenden den Beitrag der Ionen zur Aufrechterhaltung des elektrischen Stromes vernachlässigen und nur den Strom berücksichtigen, der durch die Bewegung der Elektronen hervorgerufen wird.

Ein konstanter Strom im Plasma entsteht durch eine stationäre Elektronenströmung, bei der die auf jedes Teilchen von seiten des elektrischen Feldes wirkende Kraft durch die Reibungskräfte kompensiert wird, die durch die Stöße des Elektrons mit den Ionen und neutralen Atomen entstehen. Die Reibungskraft ist dem Impuls (Bewegungsgröße) gleich, den das sich bewegende Elektron je Sekunde auf die Ionen und Atome des Plasmas überträgt[1]). Angenommen, die Geschwindigkeit des Elektronenstromes im Plasma sei u. Der mittlere Impuls für ein einzelnes Elektron beträgt $m_e \cdot u$. Das Elektron erleidet je Sekunde ν Stöße, wobei es bei jedem Stoß seine gerichtete Geschwindigkeit verliert und einen Impuls $m_e \cdot u$ auf das Ion oder Atom überträgt. Die Reibungskraft für das Elektron muß demnach gleich $m_e \cdot u \cdot \nu$ sein. Die Gleichgewichtsbedingung für die Kräfte, die auf das Elektron wirken, hat die Form

$$m_e u \nu = eE. \tag{5.1}$$

Daraus ergibt sich ein Ausdruck für die mittlere gerichtete Geschwindigkeit der Elektronen:

$$u = \frac{eE}{m_e} \cdot \frac{l}{\nu} = \frac{eE}{m_e} \tau, \tag{5.2}$$

wobei $\tau = 1/\nu$ die mittlere Zeit zwischen zwei aufeinander folgenden Stößen ist, die das sich bewegende Elektron erleidet.

Wir bestimmen jetzt den Strom, der durch 1 cm² einer Fläche fließt, die zur Richtung des elektrischen Feldes im Plasma senkrecht steht (Abb. 43). Diese Größe heißt Stromdichte und ist der Summe der elektrischen Ladungen gleich, die die Flächeneinheit je Sekunde passieren. Wenn die Ladungen — im gegebenen Fall die Elektronen — sich mit einer mittleren Geschwindigkeit u bewegen, gehen in einer Sekunde alle Ladungen durch die Fläche hindurch, die sich zu Beginn dieses Zeitabschnittes innerhalb eines Volumens befanden,

[1]) Wir erinnern uns, daß nach den NEWTONschen Axiomen die Kraft der Bewegungsgröße gleich ist, die in der Zeiteinheit übertragen wird.

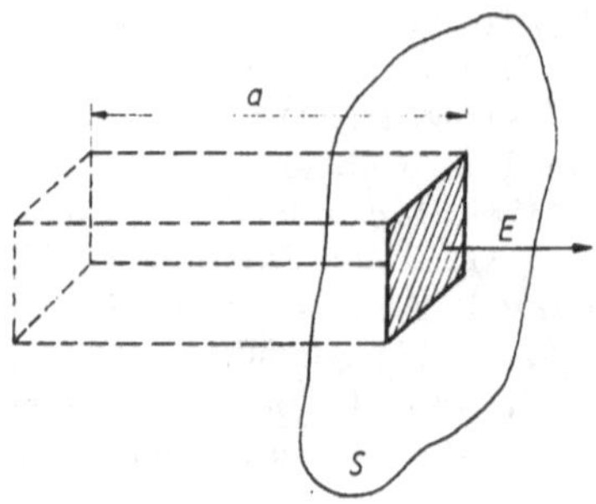

Abb. 43. Elektronenstrom durch eine Fläche von 1 cm²

das die Form eines Quaders mit der Höhe u und der Grundfläche 1 cm² besitzt.

Wir wollen eine Elektronenkonzentration n_e voraussetzen. In dem erwähnten Volumen sind $n_e \cdot u$ Elektronen mit der Gesamtladung $n_e \cdot e \cdot u$ enthalten.

Die Stromdichte wird demnach

$$j = en_e u = \frac{n_e e^2}{m_e} \tau E. \tag{5.3}$$

Wir bezeichnen den Koeffizienten, der vor E steht, mit dem Buchstaben η. Damit erhält Gleichung (5.3) die Form

$$j = \eta E. \tag{5.4}$$

Diese Form des Zusammenhangs zwischen der Stromdichte und der Feldstärke bedeutet, daß der Strom im Plasma dem OHMschen Gesetz gehorcht, wobei η nichts anderes als die elektrische Leitfähigkeit ist[1]). Die Größe η kann mit Hilfe der Gleichung

$$\eta = \frac{n_e e^2 \tau}{m_e} \tag{5.5}$$

[1]) Für Leser, die eine andere Form des OHMschen Gesetzes gewohnt sind, wollen wir erläutern, daß die Beziehung $I = U/R$ der Gleichung (5.4) völlig äquivalent ist. Dabei ist I die Stromstärke, U die Spannung und R der Widerstand. Man kann sich davon leicht überzeugen: Es ist tatsächlich $I = j \cdot S$, wobei S den Querschnitt des Leiters bedeutet; $U = E \cdot l$, dabei ist l die Länge des Leiters; und $R = \varkappa l/s$, wobei $\varkappa$ der spezifische Widerstand ist. Setzt man alle diese Ausdrücke zu einer Formel zusammen, die I, U und R verbindet, findet man nach einfachen Umformungen $j = \frac{1}{\varkappa} \cdot E$. Die Größe $1/\varkappa$ ist definitionsgemäß die Leitfähigkeit des Plasmas. Auf diese Weise gelangen wir zu dem Ausdruck (5.4).

ausgedrückt werden. In diesem Ausdruck charakterisiert τ die mittlere freie Flugdauer der Elektronen hinsichtlich solcher Stöße, die die Elektronenströmung behindern. τ ist daher mit den von uns früher eingeführten Größen τ_{ei} und τ_{e0} durch die Beziehung

$$\frac{1}{\tau} = \frac{1}{\tau_{ei}} + \frac{1}{\tau_{e0}} \tag{5.6}$$

verbunden. Im Gegensatz zu Gleichung (3.8) treten in diesem Ausdruck die Stöße der Elektronen untereinander nicht auf, weil diese Stöße nicht zur Behinderung des Elektronenstromes, d. h. zu einem Verlust an gerichteter Geschwindigkeit, führen (das gilt nur bei einer vereinfachenden Betrachtung. Der Herausgeber).

Um eine allgemeine Vorstellung über die Eigenschaften des Plasmas als Leiter elektrischen Stroms zu erlangen, ist es zweckmäßig, zwei Sonderfälle zu untersuchen. Im ersten dieser Fälle tritt als Leiter ein vollständig ionisiertes Plasma auf, im zweiten ein Plasma mit einer sehr geringen relativen Ladungsträgerkonzentration.

Wenden wir uns zunächst der Untersuchung der elektrischen Eigenschaften eines vollständig ionisierten Plasmas zu. In diesem Grenzfall treten keine Stöße zwischen den Elektronen und den neutralen Atomen auf, und es gilt daher $\tau = \tau_{ei}$. Setzt man den Ausdruck für τ_{ei} aus Gleichung (3.14) in den Ausdruck (5.5) ein und berücksichtigt, daß bei einem vollständig ionisierten Plasma $n_e = n_i \cdot Z$ ist (wobei Z die Ionenladungszahl ist), so erhält man (im elektrostatischen cgs-System[1]):

$$\eta = 0{,}9 \cdot 10^7 \cdot \frac{T_e^{3/2}}{Z}. \tag{5.7}$$

Wir wollen einige Schlußfolgerungen hervorheben, die sich aus der Untersuchung der Gleichung (5.7) ergeben. Erstens zeigt sich, daß die elektrische Leitfähigkeit eines vollständig ionisierten Plasmas nicht von der Elektronenkonzentration abhängt. Das ist verständlich, weil sich bei einer Zunahme von n_e einmal die Zahl der Teilchen vergrößert, die den Stromfluß tragen; zum anderen wächst aber auch die Zahl der Stöße, d. h., es verringert sich die mittlere freie Flugdauer. Zweitens sehen wir, daß bei ein und derselben Elektronentemperatur die elektrische Leitfähigkeit um so kleiner wird, je größer die mittlere Ionenladungszahl ist. Drittens folgt aus Gleichung (5.7), daß die elektrische Leitfähigkeit eines vollständig ionisierten Plasmas proportional zu $T_e^{3/2}$ wächst und deshalb bei hoher Temperatur sehr große Werte erreichen kann.

[1]) Um von den elektrostatischen Einheiten zu den praktischen zu gelangen, muß man durch $9 \cdot 10^{11}$ dividieren.

Ein Wasserstoffplasma hat bei verschiedenen Temperaturen folgende Werte für die elektrische Leitfähigkeit:

T_e	10^4	10^5	10^6	10^7	10^8
η in cgs-Einheiten	10^{13}	$3 \cdot 10^{14}$	10^{16}	$3 \cdot 10^{17}$	10^{19}

Bei einer Elektronentemperatur von etwa $5 \cdot 10^6$ °K hat eine Wasserstoffplasma die gleiche elektrische Leitfähigkeit wie gewöhnliches Kupfer bei Zimmertemperatur.

Mit dem Durchgang eines elektrischen Stromes durch ein vollständig ionisiertes Plasma ist unter gewissen Bedingungen eine interessante Erscheinung verknüpft, die die Bezeichnung „runaway" trägt. Wir nehmen an, daß ein Elektron im Verlauf der Zeitspanne τ beschleunigt wird und danach beim Stoß mit einem Ion seine erlangte gerichtete Geschwindigkeit verliert. Dies bedeutet, daß die gesamte Elektronenkomponente des Plasmas sich mit einer gewissen konstanten Geschwindigkeit bewegt und im ganzen weder eine Beschleunigung noch eine Verzögerung erfährt. Ist es jedoch richtig, zu sagen, daß sich alle Elektronen des Plasmas ausnahmslos mit einer einheitlichen mittleren Geschwindigkeit bewegen? Einfache Überlegungen zeigen, daß dies nicht der Fall ist.

Wir verfolgen das individuelle Schicksal eines Elektrons, dessen Geschwindigkeit die mittlere thermische Geschwindigkeit der Elektronenkomponente um ein Vielfaches übersteigt. Dieses Elektron gehört zum „Schwanz" der Energieverteilungsfunktion. Seine freie Flugdauer ist um ein Vielfaches größer als der Mittelwert τ. Wie früher festgestellt wurde (s. Gleichung (3.10)), ist der effektive Streuquerschnitt umgekehrt proportional zur vierten Potenz der Elektronengeschwindigkeit v. Die freie Weglänge ist daher direkt proportional zu v^4, und die Flugzeit wächst mit v^3. In der Zeitspanne zwischen zwei Stößen erlangt das von uns ausgewählte schnelle Elektron demzufolge unter der Einwirkung des Feldes eine gerichtete Zusatzgeschwindigkeit, die den mittleren Wert u um ein Vielfaches übersteigt.

Das Elektron, dessen Schicksal wir beobachten, besitze zum Beispiel eine zehnfache kinetische Energie verglichen mit der mittleren thermischen Energie eines Elektrons im Plasma. Die von ihm im elektrischen Feld erlangte gerichtete Geschwindigkeit ist dann ungefähr dreißigmal größer als der mittlere Wert. Ist die Anfangsgeschwindigkeit des betrachteten Elektrons nur genügend hoch, kann seine freie Weglänge so groß werden, daß die erlangte Zusatzgeschwindigkeit den Wert der thermischen Geschwindigkeit übersteigt. In diesem Fall wird jedoch das vereinfachte Modell des Prozesses sinnlos, nach dem das Elektron bei dem Stoß seinen gesamten Geschwindigkeitsüberschuß verliert. Dieses Modell beschränkt sich nämlich nur auf den Fall, daß der Geschwindigkeitsüberschuß im Vergleich zur gesamten Geschwindigkeit klein ist. Besinnen wir uns darauf, was in Abschnitt 2 über den physikalischen Sinn solcher Größen wie mittlere freie Weglänge und mittlere Zeitdauer zwischen zwei Stößen im Plasma gesagt wurde. Dort ist festgestellt worden, daß diese Begriffe nur mit Schwierigkeiten in das einfache System eingefügt werden können, das auf den anschaulichen Vorstellungen aus der kinetischen Gastheorie beruht.

Bei der hier betrachteten Frage nach dem Einfluß eines elektrischen Feldes auf das Verhalten von Elektronen, die zum Schwanz der MAXWELL-Verteilung gehören, sind wir wieder mit einem Fall konfrontiert, bei dem man von dem vereinfachten gaskinetischen Modell zum wahren Bild der physikalischen Prozesse übergehen muß. In Wirklichkeit folgen Beschleunigung und Verzögerung eines Elektrons nicht aufeinander, sondern verlaufen gleichzeitig. In der gleichen Zeit, da das Elektron eine zusätzliche Geschwindigkeit erlangt, verändern die Stöße mit den Ionen allmählich die Richtung seiner Bewegung. Wenn die Anfangsgeschwindigkeit des Elektrons sehr groß ist, wird seine Wechselwirkung mit den Ionen erheblich abgeschwächt, und der Gewinn an gerichteter Geschwindigkeit im elektrischen Feld wird durch die Verluste bei der Längskomponente der Geschwindigkeit durch Streuung nicht kompensiert. Das bedeutet, daß das Gleichgewicht der beschleunigenden und bremsenden Kräfte gestört wird. Das Elektron wird durch das elektrische Feld ununterbrochen beschleunigt, und seine Energie nimmt ständig zu.

Der beschriebene Prozeß bezieht sich auf diejenigen Elektronen des MAXWELL-Schwanzes, die längs einer freien Wegstrecke eine Zusatzgeschwindigkeit erlangen, die größer als ihre Anfangsgeschwindigkeit v ist. Mathematisch kann diese Bedingung folgendermaßen beschrieben werden:

$$\frac{eE}{m_e}\tau > v. \tag{5.8}$$

Wie schon gezeigt wurde, ist die Größe τ proportional zu v^3. Außerdem ist sie umgekehrt proportional der Ionenkonzentration n_i; man kann daher schreiben: $\tau = \alpha v^3/n_i$, wobei α ein gewisser Zahlenfaktor ist. Setzt man diesen Ausdruck anstelle von τ in Formel (5.8) ein, so stellt man fest, daß die kontinuierliche Beschleunigung des Elektrons dann beginnt, wenn die Größe Ev^2/n_i eine gewisse obere Grenze überschreitet. Je größer die elektrische Feldstärke und je kleiner die Dichte (Konzentration) des Plasmas ist, um so kleiner kann die Anfangsgeschwindigkeit v sein, damit die Bedingung (5.8) erfüllt ist; ein um so größerer Teil der gesamten Elektronenkomponente des Plasmas wird ununterbrochen beschleunigt. Dies bedeutet, daß gleichzeitig mit dem Strom, der dem OHMschen Gesetz zugeordnet werden kann, ein Strom beschleunigter Elektronen auftritt, deren Geschwindigkeit und Energie im Laufe der Zeit zunehmen.

Bei einem genügend großen Wert für das Verhältnis E/n_i wird die Bedingung (5.8) nicht nur für solche Elektronen erfüllt sein, die zum Schwanz der MAXWELL-Verteilung gehören, sondern auch für Elektronen mit mittlerer thermischer Geschwindigkeit. Der Hauptteil der Elektronenkomponente des

Plasmas unterliegt dann dem Prozeß ununterbrochener Beschleunigung, und der gewöhnliche Strom, der dem OHMschen Gesetz entspricht, fehlt.

Die Theorie zeigt, daß der „runaway"-Prozeß dann Bedeutung erlangt, wenn das Verhältnis der mittleren gerichteten Geschwindigkeit (für das Plasma im ganzen) zur mittleren thermischen Geschwindigkeit größer als 10 wird. Das Verhältnis der gerichteten zur thermischen Geschwindigkeit wächst proportional zur kinetischen Energie der Elektronen, weil in diesem Verhältnis der Faktor v^2 auftritt. Deshalb wird für Elektronen mit einer kinetischen Energie der Größenordnung $10\,kT_e$ das Verhältnis der gerichteten Geschwindigkeit zu v etwa 1 sein, wenn für die Elektronen mit mittlerer Energie $u/v = 0{,}1$ gilt; die Elektronen mit Energien von $10\,kT_e$ sind schon an dem „runaway"-Prozeß beteiligt.

Um das „Davonlaufen" der Elektronen im Experiment beobachten zu können, muß man eine wichtige Bedingung beachten: Die Länge des Plasmakanals in Feldrichtung muß hinreichend groß sein (die Elektronen benötigen eine gewisse Strecke, um beschleunigt zu werden). Diese Bedingung ist am leichtesten bei ringförmigen elektrischen Entladungen zu erfüllen, wobei das Plasma im Inneren einer toroidalen Kammer (Abb. 44) erzeugt und durch

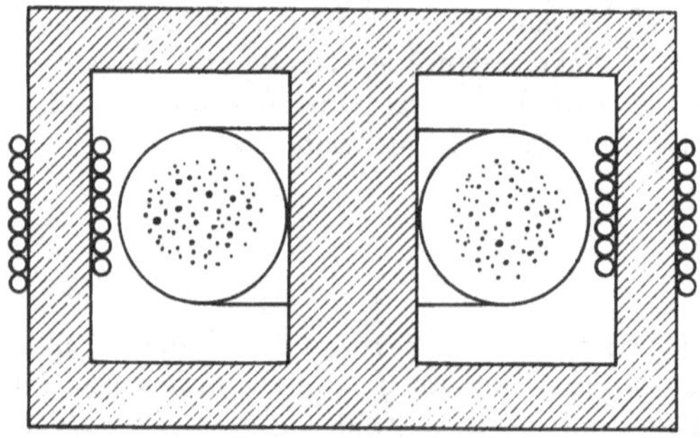

Abb. 44. Toroidales Entladungsgefäß, das den Kern eines Transformators umgibt

ein umlaufendes elektrisches Feld beschleunigt wird. Dieses Feld kann durch Induktionswirkung erzeugt werden, indem man die Kammer um den Kern eines Transformators legt. Bei Experimenten dieser Art kann man tatsächlich das Davonlaufen einer bestimmten (verhältnismäßig kleinen) Gruppe Elektronen des Plasmas bis zu Energien der Größenordnung einiger Millionen Elektronenvolt beobachten, wobei die Spannung in der Plasmawindung im ganzen nur einige zehn Volt beträgt.

Die theoretische Untersuchung des Verhaltens solcher Ströme von „runaway"-Elektronen im Plasma führt zu dem Schluß, daß diese Ströme unter gewissen Bedingungen in der Lage sind, im Plasma verschiedene Schwingungen und Wellen anzuregen und zu verstärken, wobei sie ihre Energie abgeben, die sie während der Beschleunigung im elektrischen Feld erhalten haben. Durch Prozesse dieser Art können die beschleunigten Teilchen wieder gebremst und das Davonlaufen abgebrochen werden, nachdem die Elektronen einen bestimmten Betrag überschüssiger kinetischer Energie angesammelt haben.

Wir erörtern jetzt den Durchgang eines elektrischen Stromes durch ein ionisiertes Gas mit sehr niedrigem Ionisationsgrad, d. h. den Fall, daß die Elektronen hauptsächlich durch die Stöße mit neutralen Atomen und Molekülen abgebremst werden. Unter diesen Bedingungen wird $\tau = 1/n_0 v \sigma_a$, wobei n_0 die Konzentration der Neutralteilchen und σ_a der effektive Querschnitt für den Zusammenstoß des Elektrons mit diesen Teilchen ist. Wie schon in Abschnitt 3.2. festgestellt wurde, ist die Größe σ_a im allgemeinen eine ziemlich komplizierte Funktion der Elektronenenergie. Die Leitfähigkeit eines schwach ionisierten Gases ist durch den folgenden Ausdruck gegeben (in cgs-Einheiten):

$$\eta = \frac{n_e}{n_0} \cdot \frac{e^2}{m_e} \cdot \frac{1}{\overline{v_e \sigma_a}}. \tag{5.9}$$

Der Strich über dem Produkt $v_e \sigma_a$ bedeutet, daß der Mittelwert dieses Produktes hinsichtlich der Geschwindigkeitsverteilung der Elektronen und hinsichtlich der Abhängigkeit der Größe σ_a von v_e gebildet werden muß. Für grobe Abschätzungen kann man v_e der mittleren thermischen Geschwindigkeit der Elektronen gleichsetzen und für σ_k den Wert des effektiven Querschnittes bei dieser Geschwindigkeit nehmen. Das Produkt dieser Größen wird sich nicht sehr stark von dem Mittelwert des Produktes $v_e \sigma_a$ unterscheiden.

Gleichung (5.9) zeigt, daß die Leitfähigkeit eines schwach ionisierten Plasmas dem Ionisationsgrad n_e/n_0 proportional ist: Wegen dieses Faktors muß die elektrische Leitfähigkeit eines schwach ionisierten Plasmas klein sein (einfach wegen des Mangels an Ladungsträgern). Mit einem Plasma geringer Konzentration haben wir es in elektrischen Entladungen bei verhältnismäßig niedriger Stromstärke zu tun. Bei solchen Entladungen hängt die Elektronentemperatur vom Verhältnis zweier Größen ab: der elektrischen Feldstärke E und des Gasdruckes p_0. Wir können dies in Form einer funktionalen Abhängigkeit $T_e = f(E/p_0)$ beschreiben. Den Charakter dieses Zusammenhangs zwischen T_e und den Entladungsparametern kann man zumindest qualitativ leicht erklären. Die thermische Energie eines Elektrons wird durch das Gleichgewicht zwischen der Arbeit der elektrostatischen Kräfte und den Energieverlusten bestimmt, die durch die Stöße zwischen den Elektronen und Atomen des Stoffes hervorgerufen werden. Offensichtlich gewinnt das Elektron in der Zeitspanne zwischen zwei Stößen eine um so größere Energie, je größer die elektrische Feldstärke ist. Andererseits wachsen mit der Vergrößerung des Druckes die Energieverluste, die durch Stöße hervorgerufen werden; bei großem Druck p_0 muß also die Temperatur der

Elektronen niedriger werden. T_e wächst also bei Vergrößerung und wird kleiner mit zunehmendem p_0. Die Größe $\overline{v_e \sigma_a}$ muß offensichtlich eine Funktion von E/p_0 sein.

Aus dem Gesagten folgt, daß sich die elektrische Leitfähigkeit des Plasmas bei einer verhältnismäßig geringen Ladungsträgerkonzentration in sehr weiten Grenzen in Abhängigkeit von solchen Faktoren wie der elektrischen Feldstärke, dem Druck und der chemischen Zusammensetzung des Gases ändern kann. Es ist daher schwierig, irgendwelche einfache Gesetzmäßigkeiten zu finden, mit deren Hilfe man von vornherein die elektrische Leitfähigkeit eines schwach ionisierten Plasmas für jeden konkreten Fall berechnen kann. Man kann nur einige Aussagen allgemeinen Charakters machen, die für grobe qualitative Abschätzungen nützlich sein können.

Erstens ist zu erwarten, daß bei ein und demselben Wert E/p_0 die Größe n_e/n_0, d. h. der Ionisationsgrad, stark ansteigen kann, wenn dem Gas eine kleine Beimengung eines Stoffes mit niedrigem Ionisationspotential hinzugefügt wird. Solche Stoffe sind einige Alkalimetalle. Andererseits kann ein Zusatz von Halogenen (Chlor, Fluor) bei kleinen E/p_0 die elektrische Leitfähigkeit stark herabsetzen, weil die Chlor- und Fluoratome die Fähigkeit besitzen, freie Elektronen einzufangen. Die infolge dieses Einfanges entstehenden negativen Ionen haben wegen ihrer großen Masse im elektrischen Feld eine sehr geringe Beweglichkeit. Unter beliebigen Bedingungen kann man kaum erwarten, daß die elektrische Leitfähigkeit des Plasmas bei niedrigem Ionisationsgrad sonderlich groß sein könnte. Ein großer Wert für η kann bei kleinem E/p_0 nur dann erreicht werden, wenn der effektive Stoßquerschnitt sehr klein ist. Dafür ist jedoch eine hohe Elektronentemperatur erforderlich, die nicht gleichzeitig mit einem niedrigen Ionisationsgrad auftreten kann. Praktisch gilt für die elektrische Leitfähigkeit im schwach ionisierten Plasma eine Grenze in der Größenordnung 10^{12} (in cgs-Einheiten). Dies bedeutet, daß der spezifische Widerstand eines schwach ionisierten Gases den spezifischen Widerstand von Kupfer um einen Faktor von mindestens einigen Zehntausend übersteigt. Bei sehr niedrigem Druck und großer elektrischer Feldstärke ist im neutralen oder schwach ionisierten Gas auch ein Davonlaufen der Elektronen möglich. In diesem Fall erweisen sich jedoch die Anfangsbedingungen, unter denen diese Erscheinung ausgelöst wird, als noch einschneidender als bei einem vollständig ionisierten Plasma, weil die Elektronen beim Davonlaufen einen Energiebereich überwinden müssen, innerhalb dessen der effektive Stoßquerschnitt einen Maximalwert annimmt.

5.2. *Das Plasma im Hochfrequenzfeld*

Wir wollen uns jetzt klarmachen, wie ein Strom bei hoher Frequenz durch das Plasma fließt. Es soll vorausgesetzt werden, daß die Schwingungsfrequenz des elektrischen Feldes, unter dessen Wirkung der Strom fließt, so groß ist, daß während einer freien Flugdauer des Elektrons das Feld sehr viele Schwingungen ausführt. In diesem Fall ist der Einfluß der Stöße auf das Verhalten der Elektronen sehr gering und kann vernachlässigt werden, d. h., man kann annehmen, daß außer dem elektrischen Wechselfeld keine Kräfte auf das Elektron wirken. Um die Stromstärke zu bestimmen, die durch das elektrische Feld erzeugt wird, muß man die Geschwindigkeit der Elektronen kennen. Hier kommt uns die Analyse des Verhaltens einzelner geladener Teilchen im Wechselfeld zustatten, die in Abschnitt 2.4. durchgeführt worden ist. Die wichtigsten Ergebnisse dieser Untersuchung wurden in Form einer Reihe von Diagrammen dargestellt, die die Veränderung des Feldes, der Geschwindigkeit und die Bewegung des Teilchens wiedergeben (s. Abb. 7). Eine der wichtigsten Schlußfolgerungen bestand darin, daß bei einer sinusförmigen Veränderung des Feldes die Geschwindigkeit in der Phase dem Feld um 90° nacheilt. Weil der elektrische Strom der Geschwindigkeit in Feldrichtung proportional ist, bildet er mit dem Feld den gleichen Phasenwinkel. Bei dem untersuchten Prozeß ergibt sich auf diese Weise eine Phasenverschiebung zwischen dem Strom und der Spannung. Sie ist der Phasenverschiebung analog, die in der Elektrotechnik beim Stromfluß durch einen Leiter auftritt, der eine Induktivität enthält, zum Beispiel in einer gewöhnlichen Spule.

Die Ursache für das Auftreten einer Phasenverschiebung ist indessen in diesen beiden Fällen völlig verschieden. Ein Wechselstrom, der durch eine Spule aus metallischen Windungen fließt, erzeugt ein magnetisches Wechselfeld, das nach dem Induktionsgesetz eine zusätzliche elektromotorische Kraft induziert. Diese elektromotorische Kraft muß durch die äußere Spannung kompensiert werden, die an der Spule liegt. Infolge dieses Mechanismus ist die Spannung gegenüber dem Strom in der Phase verschoben.

Im Gegensatz dazu entsteht in dem von uns untersuchten Fall des Durchgangs eines hochfrequenten Stromes durch ein Plasma eine Phasenverschiebung zwischen I und U auch ohne jede Beteiligung eines Magnetfeldes: nämlich einfach dadurch, daß die Träger des Stromes — die freien Elektronen — eine endliche Masse besitzen und unter Einwirkung einer periodisch wirkenden Kraft als materielle Punkte schwingen. Die Stromdichte jedes hochfrequenten Stromes ist in jedem Zeitpunkt gleich $n_e e u$, wobei u die Geschwindigkeit der Elektronen in Feldrichtung ist. Den Geschwindigkeitswert liefert Gleichung (2.8). Wir erhalten auf diese Weise den folgenden Ausdruck für die Stromdichte, die im Plasma unter der Einwirkung eines elektrischen Feldes E mit der Frequenz ω entsteht:

$$j = + \frac{n_e e^2}{m_e \omega} E_0 \sin \omega t. \tag{5.10}$$

Alle Größen werden in cgs-Einheiten ausgedrückt. Die Stromamplitude j_0, d. h. der Maximalwert, ist mit der Amplitude der Feldstärke E_0 durch die Beziehung $j_0 = n_e e^2 E_0 / m_e \omega$ verknüpft. Gleichung (5.10) gilt für den Fall, daß die Zeit zwischen zwei Stößen groß ist verglichen mit der Periode der hochfrequenten Schwingungen. Im entgegengesetzten Fall muß man berücksichtigen, daß das Plasma nicht nur eine eigenartige zusätzliche Induktivität mechanischen Ursprungs, sondern auch einen endlichen Widerstand besitzt.

In Abb. 7 unten ist dargestellt, wie ein unter der Wirkung eines hochfrequenten Feldes schwingendes Elektron seine Lage im Raum ändert. Wie auch jeder andere Massepunkt, der unter der Einwirkung einer periodischen Kraft Schwingungen ausführt, eilt die Verschiebung des Elektrons unter dem Einfluß des elektrischen Wechselfeldes der Phase der Geschwindigkeit um 90° nach. Bezüglich der einwirkenden Kraft eilt die Verschiebung S um 180° nach, d. h., sie ist zu der Kraft entgegengesetzt gerichtet. Daraus folgt, daß sich das Plasma im Hochfrequenzfeld wie ein Stoff verhält, dessen Eigenschaften denen gewöhnlicher Dielektrika gerade entgegengesetzt sind.

Um zu erklären, worin diese besonderen Eigenschaften des Plasmas bestehen, vergleichen wir die Abbildungen 45a und b miteinander. Auf den

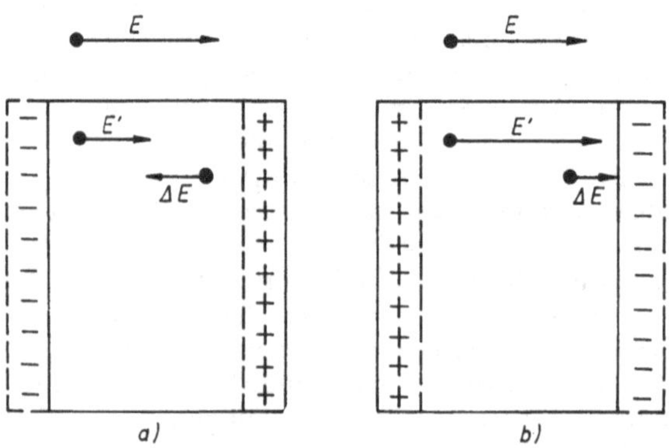

Abb. 45. Verschiebung von Ladungen im elektrischen Feld
a) in einem gewöhnlichen Dielektrikum, b) im Plasma

Abbildungen ist dargestellt, wie sich die Ladungen in einem gewöhnlichen Dielektrikum und in einem Plasma unter dem Einfluß des Feldes verschieben. Um den Vergleich zu erleichtern, nehmen wir an, daß in beiden Fällen nur Elektronen verschoben werden. Wir betrachten die linke Abbildung, die sich auf ein gewöhnliches Dielektrikum bezieht, und sehen, daß sich die Elektronen in die Richtung der auf sie wirkenden Kraft bewegen (d. h. auf die zur Richtung von E entgegengesetzte Seite). Das geschieht deshalb, weil die Elektronen im Dielektrikum — im Gegensatz zu den Elektronen im Plasma — keine freien Teilchen, sondern sehr fest an die Atome gebunden sind.

Als anschauliches, wenn auch außerordentlich grobes Modell dieser Bindung kann ein leichtes Kügelchen dienen, das mit Hilfe einer starken Feder an einer massiven Unterlage befestigt ist. Wenn auf das Kügelchen eine sich nicht zu schnell verändernde äußere Kraft wirkt, verschiebt es sich immer in Richtung dieser Kraft und muß also gleichphasig zu ihren Schwingungen oszillieren[1]). Infolge der Verschiebung der Elektronen an die Grenzen des Dielektrikums entstehen Oberflächenladungen. Auf der einen Seite erscheinen Elektronen, die durch das Feld angezogen werden, und auf der anderen Seite sammeln sich positive Ladungen (die in Abwesenheit des Feldes die Ladung der Elektronen neutralisieren). Die Oberflächenladungen erzeugen ein Feld ΔE, das dem äußeren Feld entgegengesetzt gerichtet ist. Die Feldstärke E' im Innern des Dielektrikums verringert sich also.

Das Verhältnis der Feldstärke des äußeren Feldes zur Feldstärke des geschwächten Feldes im Innern des Dielektrikums ist bekanntlich die Dielektrizitätskonstante ε des Stoffes. Die Größe ε hängt im allgemeinen von der Frequenz des elektrischen Feldes ab. Dabei bleibt ε immer größer als Eins. Für gewisse Stoffe, wie zum Beispiel Bariumtitanat, kann ε im Bereich nicht zu hoher Frequenzen den Wert 10^4 übersteigen.

Wir wenden uns jetzt der Abb. 45b zu, auf der die für ein Plasma charakteristischen Verhältnisse dargestellt sind. In diesem Falle bewegen sich die Elektronen in Richtung des Feldes. An den Grenzen des Gebietes entstehen daher Ladungen, die die Feldstärke im Innern des Plasmas verstärken. Die Dielektrizitätskonstante eines Plasmas ist demzufolge kleiner als Eins. Je niedriger die Schwingungsfrequenz des elektrischen Feldes ω ist, um so größer ist der Schwung bei der Oszillation der Elektronen, d. h. ihre Auslenkung. Die Dielektrizitätskonstante des Plasmas verkleinert sich also bei einer Verringerung von ω. Die Rechnung zeigt, daß der Wert ε bei

$$\omega_k = \sqrt{\frac{4\pi n_e e^2}{m_e}} \tag{5.11}$$

den Wert Null annimmt. Dies ist die sogenannte Plasmafrequenz. Später, wenn wir uns mit den Schwingungsvorgängen im Plasma beschäftigen, wenden wir uns dieser Größe erneut zu. Es zeigt sich, daß die Eigenfrequenz der Elektronenschwingungen im Plasma mit ω_k zusammenfällt. Die Größe ε ist mit ω_k und ω durch die Beziehung

$$\varepsilon = 1 - \frac{\omega_k{}^2}{\omega^2} \tag{5.12}$$

verknüpft. Wenn $\omega < \omega_k$ ist, wird die Dielektrizitätskonstante negativ.

[1]) Das gilt unter der Bedingung, daß die Schwingungsfrequenz der äußeren Kraft klein ist im Vergleich zu der Eigenfrequenz der Schwingungen des Kügelchens an der Feder (d. h. solcher Schwingungen, die entstehen, wenn man das Kügelchen aus seiner Ruhelage auslenkt und danach das System sich selbst überläßt).

Damit hängt eine sehr wichtige Eigenschaft des Plasmas zusammen, die sich auf die Ausbreitung von Radiowellen bezieht. Ungefähr vor 100 Jahren stellte MAXWELL eine Beziehung zwischen der Dielektrizitätskonstante eines Stoffes ε und dem Brechungsindex γ der elektromagnetischen Wellen in dem Stoff auf:

$$\gamma = \sqrt{\varepsilon}. \tag{5.13}$$

Aus dieser Gleichung folgt insbesondere, daß einem negativen Wert für ε ein imaginärer Brechungsindex und demzufolge auch eine imaginäre Ausbreitungsgeschwindigkeit der Wellen in dem betreffenden Medium entspricht (weil die Geschwindigkeit der elektromagnetischen Wellen gleich dem Quotienten aus der Lichtgeschwindigkeit und dem Brechungsindex ist). Mit anderen Worten ausgedrückt bedeutet dies, daß bei einem negativen Wert ε sich keine elektromagnetischen Wellen in dem Medium ausbreiten können und daß diese Wellen vollständig von ihm reflektiert werden. Ein Plasma ist also hinsichtlich der elektromagnetischen Wellen bei Frequenzen unterhalb der Plasmafrequenz ein idealer Reflektor. Gerade dank dieser besonderen Eigenschaft können sich die Radiowellen rund um die Erdkugel ausbreiten. In Entfernungen von 40 ··· 200 km über der Erdoberfläche befindet sich die Ionosphäre, die aus mehreren Schichten eines verdünnten Plasmas zusammengesetzt ist. Die Reflexion der Radiowellen von der Ionosphäre ist die Ursache dafür, daß diese Wellen entfernte Punkte auf der Erde erreichen können, die sich außerhalb des direkten Sichtbarkeitsbereiches befinden. Die größte Wellenlänge λ_k einer elektromagnetischen Strahlung, die ein Plasma durchdringen kann, ist durch den Ausdruck

$$\lambda_k = \frac{c}{\nu_k} = \frac{2\pi c}{\omega_k} \tag{5.14}$$

gegeben. Setzt man hier die Plasmafrequenz ω_k aus Formel (5.11) ein, so erhält man

$$\lambda_k = c\sqrt{\frac{\pi m_e}{n_e e^2}} = \frac{3{,}3 \cdot 10^6}{\sqrt{n_e}}. \tag{5.15}$$

Für $\lambda < \lambda_k$ kann man den Brechungsindex des Plasmas nach der Formel

$$\gamma = \sqrt{1 - \frac{\lambda^2}{\lambda_k^2}} \tag{5.16}$$

berechnen, die aus den Beziehungen (5.12), (5.13) und (5.14) folgt.

5.3. *Die Bewegung unter dem Einfluß einer Druckdifferenz*

Gerichtete Strömungen von Elektronen und Ionen im Plasma können nicht nur unter der Wirkung eines elektrischen Feldes entstehen, sondern auch dann, wenn die Teilchenkonzentration an verschiedenen Orten unterschiedlich ist.

Wir wollen zunächst erklären, wie sich ein inhomogenes Plasma mit hohem Ionisationsgrad verhält. In Abb. 46 ist ein Gebiet dargestellt, in dem ein inhomogenes Plasma enthalten ist. Seine Konzentration fällt von links

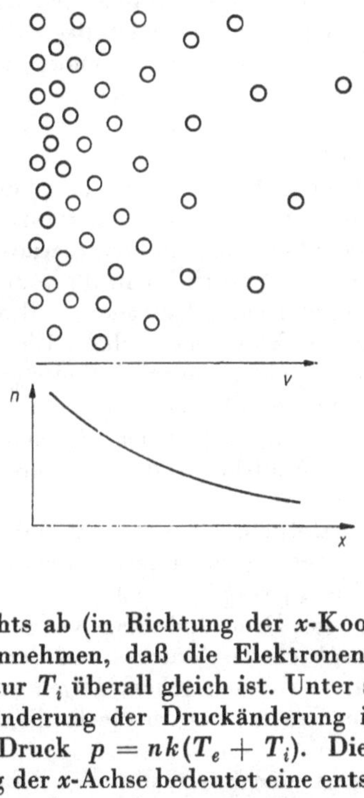

Abb. 46. Schematische Darstellung eines Gases mit inhomogener Konzentrationsverteilung längs der x-Achse

nach rechts ab (in Richtung der x-Koordinate). Wir wollen der Einfachheit halber annehmen, daß die Elektronentemperatur T_e wie auch die Ionentemperatur T_i überall gleich ist. Unter solchen Verhältnissen ist die Konzentrationsänderung der Druckänderung im Plasma proportional, und es gilt für den Druck $p = nk(T_e + T_i)$. Die Verringerung der Konzentration in Richtung der x-Achse bedeutet eine entsprechende Verringerung des Druckes. Ein Plasma kann ebenso wie ein gewöhnliches Gas bei Anwesenheit einer räumlichen Druckänderung keinen Gleichgewichtszustand aufrechterhalten und wird sich so bewegen, daß der Druckunterschied ausgeglichen wird. Im betrachteten Beispiel muß es sich von links nach rechts bewegen. Dieser Prozeß ist analog der Ausbreitung eines Gases in einer Apparatur, in der wir durch Öffnen eines Ventils das Gas aus einem Raum hohen Druckes in einen Raum mit niedrigerem Druck ausströmen lassen. Den einfachsten Fall stellt die Ausbreitung des Gases ins Vakuum dar. Sie verläuft mit einer Geschwindigkeit von der Größenordnung der mittleren thermischen Geschwindigkeit der Moleküle.

Ähnliche Verhältnisse herrschen auch bei der Strömung eines sich ausbreitenden Plasmas. Im Plasma befinden sich jedoch zwei Komponenten mit unterschiedlichen Ladungen. Es erhebt sich die Frage: Welche der beiden thermischen Geschwindigkeiten — die der Elektronen oder die der Ionen — ist für den Ausbreitungsprozeß maßgebend? Die Antwort auf diese Frage ist nicht schwer. Wegen der Quasineutralität können sich die Elektronen nicht weit von den sich langsam bewegenden Ionen entfernen; daher bewegt sich das Plasma als Ganzes mit der thermischen Geschwindigkeit der Ionen.

Im übrigen sind auch solche Fälle nicht ausgeschlossen, bei denen diese allgemeine Regel verletzt wird. Wenn sich in einem Gebiet, das an ein Hochvakuum grenzt, in einer sehr kurzen Zeit ein Plasma mit inhomogener Druckverteilung bildet, fliegt im ersten Augenblick eine verhältnismäßig kleine Anzahl von Elektronen mit thermischer Geschwindigkeit durch die Oberfläche des Plasmas nach außen. Dabei bildet sich ein elektrisches Feld, das unter gewissen (noch nicht völlig erforschten) Bedingungen einen kurzzeitigen und sehr schwachen Strom außerordentlich schneller Ionen hervorrufen kann. Diese Ionen bewegen sich mit Geschwindigkeiten, die der thermischen Geschwindigkeit der Elektronen nahekommen: Natürlich entfällt in diesem Fall auf ein schnelles Ion eine sehr große Anzahl von Elektronen, weil dieses Ion seine Energie infolge der Abbremsung der Elektronen erhält. Einer solchen Situation begegnet man insbesondere bei elektrischen Entladungen kurzer Dauer, die in einem Gas bei geringer Dichte ablaufen. Man kann sie jedoch nur als Ausnahme betrachten, die die Anwendbarkeit der allgemeinen Regel für die Bewegung der Gesamtheit des sich ausbreitenden Plasmas nicht beeinträchtigt.

Bis jetzt war lediglich von dem Grenzfall eines Plasmas mit inhomogener Konzentration die Rede, das auf eine sehr große relative Druckänderung (von einem gewissen Anfangswert auf Null) reagiert. Viel häufiger begegnet man solchen Vorgängen, bei denen die Druckänderung verhältnismäßig klein ist. In diesem Fall wird der Ausgleich des Druckes und der Konzentration mit geringerer Geschwindigkeit vonstatten gehen. Allgemein können solche Verhältnisse auf Grund einfacher Gesetze aus der Mechanik analysiert werden.

Eine räumliche Druckvariation erzeugt eine Kraft, die nach dem zweiten NEWTONschen Axiom das Gas beschleunigt, das sich in dem Gebiet der Druckänderung befindet. Um die Auswirkungen dieser Kraft zu untersuchen, müssen wir zunächst ihre Größe bestimmen. Wir denken uns in dem Gas einen Würfel mit dem Volumen von 1 cm^3. Er soll so orientiert sein, daß eine seiner Kanten die Richtung hat, in der die Änderung des Druckes verläuft. Die Kraft, die auf eine Seitenfläche unseres Einheitsvolumens wirkt, ist zahlenmäßig gleich dem Druck (weil der Druck derjenigen Kraft entspricht, die auf einen Quadratzentimeter einer Oberfläche wirkt). Der Druck von links habe den Wert p_1 und von rechts den kleineren Wert p_2. Daraus folgt, daß auf den Würfel eine Kraft wirkt, die zahlenmäßig gleich $p_1 - p_2$ ist. Dieser Druckunterschied beschleunigt das Gas, das sich im Innern des betrachteten Volumens befindet. Die Masse des Gases in der Volumeneinheit ist gleich der Dichte ϱ; die Beschleunigung wird zahlenmäßig gleich $\frac{1}{\varrho}(p_1 - p_2)$. Dies ist natürlich eine sehr grobe Abschätzung, weil im Innern des von uns ausgewählten Volumens die Beschleunigung an verschiedenen Punkten infolge von Dichteunterschieden und entsprechenden Druckänderungen unterschiedlich sein kann. Für strengere Untersuchungen muß man ein so kleines Volumen auswählen, daß in seinem Innern die Dichte und die Beschleunigung als konstant angesehen werden können.

Wir betrachten deshalb jetzt anstelle des Einheitsvolumens einen Würfel mit einer sehr kleinen Seitenkante ξ. Die Fläche einer Seite dieses Würfels ist ξ^2, sein Volumen ξ^3 und die Masse des Gases $\xi^3 \cdot \varrho$. Die Differenz der Kräfte, die zur Strömung des Gases führt, beträgt $(p_0 - p_1) \cdot \xi^2$, wobei p_0 der Druck von links und p_1 der Druck von rechts sein sollen. Die Beschleunigung wird nach der Gleichung

$$a = \frac{p_0 - p_1}{\xi} \frac{1}{\varrho} \tag{5.17}$$

berechnet. Die Größe $(p_0 - p_1)/\xi$ stellt die Druckänderung auf einem äußerst kleinen Streckenabschnitt dar, die auf die Längeneinheit bezogen ist. Sie ist jedoch nicht einfach eine Zahl, sondern wird auch durch eine bestimmte Richtung gekennzeichnet und muß also als Vektor angesehen werden. In der Vektoranalysis trägt eine solche Größe eine besondere Bezeichnung. Dies ist hier der mit negativem Vorzeichen versehene Druckgradient, d. h. in der Schreibweise der Vektoranalysis $-\operatorname{grad} p$. Das Minuszeichen berücksichtigt den Umstand, daß die Richtung des Gradienten vom niedrigeren zum höheren Druck gerechnet wird, die Kraft wirkt jedoch auf das Gas in die Richtung der Druckverringerung. Der Begriff Gradient wird uns im weiteren häufig begegnen, weil wir es in der Plasmaphysik ständig mit Gradienten des Druckes, der Konzentration oder der Temperatur zu tun haben. Es ist daher zweckmäßig, einige weiterführende Erläuterungen zu geben.

In dem vorhin betrachteten einfachen Fall stand die Richtung des Gradienten außer Zweifel, weil angenommen war, daß der Druck sich längs der x-Achse ändert, d. h., er ist eine Funktion nur von x. Im allgemeinen kann sich aber der Druck im Innern eines Plasmas längs aller drei Koordinatenachsen ändern, und der Charakter dieser Änderung läßt sich nicht auf einfache Weise erklären. Wir wollen annehmen, das Plasma habe die Form einer Säule (nicht unbedingt mit kreisförmigem Querschnitt). Eine solche Plasmasäule kann in einer langen Glas- oder Keramikröhre mit Hilfe einer elektrischen Entladung erzeugt werden. Bei einer genügend großen Länge der Plasmasäule wird sich der Druck in ihrem mittleren Teil in Längsrichtung verhältnismäßig wenig ändern. Von innen nach außen wird er dagegen abfallen. Die Druckverteilung in einer Ebene quer zur Rohrachse ist in Abb. 47 dargestellt. Die Kurven in dieser Abbildung stellen Linien konstanten Druckes dar; in der Meteorologie werden solche Linien Isobaren genannt. Je mehr Isobaren dargestellt sind, um so genauer beschreiben sie die Druckverteilung im Plasma. Der Punkt M liegt auf einer Isobaren, auf der der Druck den Wert p_0 hat. Der Druck verändert sich vom Punkt M nach allen Richtungen

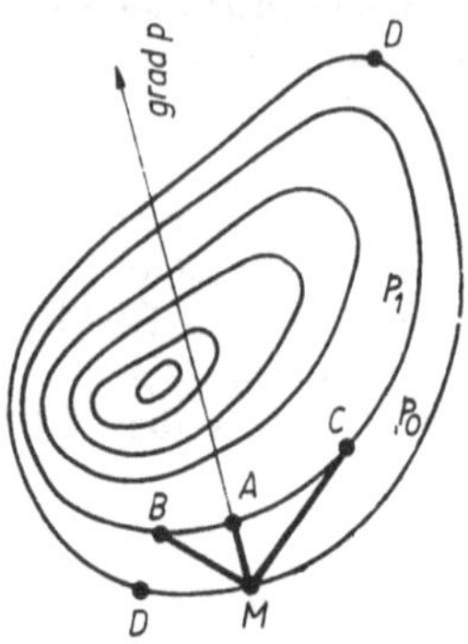

Abb. 47. Schematische Erläuterung des Gradientenbegriffes. Die Richtung des Gradienten stimmt mit dem Pfeil überein

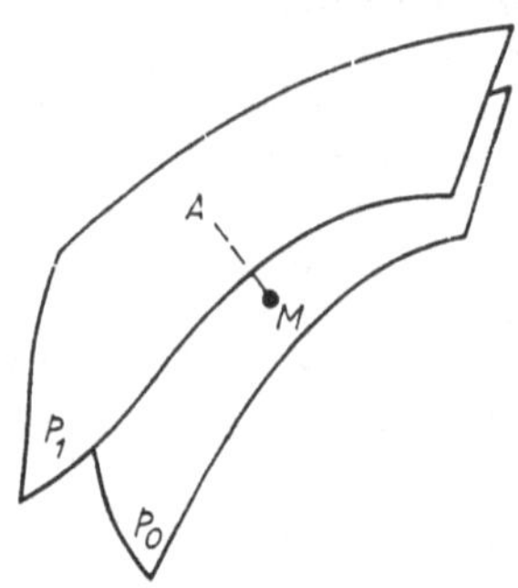

Abb. 48. Flächen konstanten Druckes. Die Strecke MA fällt mit der Richtung des Gradienten zusammen

außer der, die mit der Isobaren zusammenfällt (Linie DD in Abb. 47). Der Verlauf dieser Druckänderung ist jedoch unterschiedlich für die verschiedenen Wege, auf denen man sich vom Punkt M entfernen kann. Die benachbarte Isobare, die dem etwas höheren Druck p_1 entspricht, kann man vom Punkt M beispielsweise in den Richtungen MA, MB und MC erreichen. In allen Fällen wird die gesamte Druckänderung stets $p_1 - p_0$ betragen, sie wird jedoch auf Wegstrecken unterschiedlicher Länge durchlaufen. Die größte relative Druckänderung wird in der Richtung MA erreicht, die dem kürzesten Abstand zwischen den Isobaren entspricht. Die Strecke MA verbindet beide Isobaren auf der Senkrechten zu ihnen. Diese Richtung des größten Druckanstieges ist gleichzeitig die Richtung des Druckgradienten. Die Größe $(p_1 - p_0)/MA$ ist zahlenmäßig dem Druckgradienten im Punkt M gleich, wenn sich die benachbarten Isobaren dem Druck nach nur wenig voneinander unterscheiden (d. h. wenn das Netz der Isobaren genügend eng ist).

Die vorliegende Definition des Gradienten kann man auf den Fall verallgemeinern, daß sich der Druck nicht nur in der Ebene, sondern in allen Richtungen des Raumes ändert. In diesem allgemeinsten Fall muß man Flächen konstanten Druckes konstruieren. Der Gradient ist so gerichtet, daß er die kürzeste Entfernung zwischen zwei Flächen konstanten Druckes angibt, d. h., er steht auf diesen Flächen senkrecht (s. Abb. 48). Diese Deutung des Gradientenbegriffes hat einen allgemeingültigen Charakter. Wir können sie auch ohne Einschränkung zur Definition des Gradienten der Konzentration, der Temperatur, des elektrischen Potentials usw. benutzen. Der Gradient einer beliebigen Größe, die sich im Raum verändert, ist gegeben durch ihre Zunahme pro Längeneinheit in der Richtung ihres größten Wachstums.

Unter bestimmten Verhältnissen kann die Inhomogenität bei der Verteilung der Ladungsträger im Plasmavolumen zu einer Bewegung führen, die als Diffusion bezeichnet wird. In einem vollständig ionisierten Plasma kann man die Diffusionsprozesse von den dynamischen Vorgängen, die durch Druckunterschiede hervorgerufen werden, nur dann unterscheiden, wenn in dem Plasma einige verschiedene Ionenarten mit unterschiedlicher räumlicher Verteilung enthalten sind. Wir werden uns nicht mit dem Problem der Diffusion bezüglich dieses in der Praxis wenig interessanten Falles beschäftigen. Bedeutend größeres Interesse beansprucht die Untersuchung der Diffusionserscheinungen bei geladenen Teilchen im schwach ionisierten Plasma, bei dem der Druck der Elektronen- und Ionenkomponenten verglichen mit dem Druck der Neutralgaskomponente klein ist.

Bei der Diffusionsbewegung findet ebenso wie beim Stromdurchgang keine Verschiebung des gesamten Mediums, sondern lediglich eine Verschiebung von darin enthaltenen Komponenten statt. Ein typisches Beispiel für eine Diffusionserscheinung im Alltag ist die Ausbreitung des Duftes von einem Tropfen eines aromatischen Stoffes oder das Auseinanderfliegen einer Wolke Tabakrauch. Eine anschauliche Vorstellung über den Diffusionsmechanismus vermittelt die Bewegung mikroskopischer Staubkörnchen in einer Flüssigkeit, die man unter einem Mikroskop beobachten kann (die sogenannte BROWNsche Bewegung, s. Abb. 31).

Die Diffusion in einem Gas und insbesondere im Plasma ist das Resultat der ungeordneten Bewegung der Teilchen (Atome, Ionen oder Elektronen). Infolge der Stöße verändert das Teilchen ständig die Richtung seiner Geschwindigkeit, und sein Weg setzt sich aus einer verworrenen Zickzacklinie zusammen. Befand sich das Teilchen zu einer gewissen Anfangszeit im Punkt O (s. Abb. 31), so wird es im Verlaufe seines ungeordneten Umherirrens immer weiter von diesem Anfangsort hinweggetragen. Weil jedoch die Bewegung des Teilchens nicht geradlinig mit konstanter Geschwindigkeit erfolgt, wächst die Entfernung vom Anfangsort nicht proportional mit der Zeit. Eine Berechnung auf der Grundlage der Wahrscheinlichkeitstheorie zeigt, daß hierbei die Entfernung r proportional zu $\sqrt{t}$ wächst; d. h., es gilt $r = \sqrt{At}$, wobei A eine Konstante ist, die die Geschwindigkeit der Diffusion unter den gegebenen Verhältnissen beschreibt.

Wir betrachten jetzt die makroskopische Wirkung solcher zufälligen Bewegungen für ein Gas, in dem sich eine sehr geringe Beimengung befindet.

Diese Beimengung soll ungleichmäßig im Volumen verteilt sein, wie dies in Abb. 49 zu sehen ist. Links der Ebene MN ist die Teilchenkonzentration der Beimengung größer als rechts. Die Teilchen führen deshalb bei ihren ungeordneten Bewegungen in größerer Zahl Verlagerungen von links nach rechts als in der entgegengesetzten Richtung aus. Dies bedeutet, daß eine

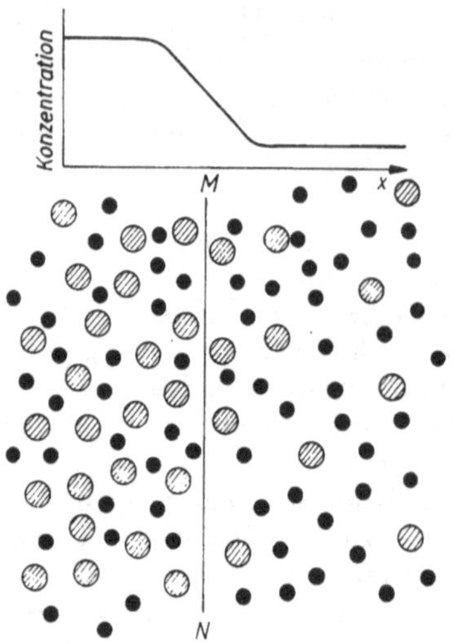

Abb. 49. Inhomogene Verteilung der beigemengten Teilchen (große Kreise) in dem vom Grundgas (kleine Kreise) erfüllten Volumen

Strömung von beigemengten Teilchen in Richtung der positiven x-Achse entsteht. Die Intensität dieser Strömung MN ist gleich der Differenz der Zahl von Teilchen, die je Sekunde durch einen Quadratzentimeter in Pfeilrichtung hindurchfliegen, und der Zahl der Teilchen, die gleichzeitig die gleiche Flächeneinheit in entgegengesetzter Richtung passieren. Natürlich wird diese Strömung um so größer sein, je stärker sich die Konzentration der Teilchen von links nach rechts verändert. Auf der gleichen Abbildung ist oben eine Kurve für die Veränderung der Konzentration längs der x-Achse dargestellt. Der Abfall dieser Kurve beschreibt das Konzentrationsgefälle der Beimischung n. Ein Maß für den Abfall ist die relative Änderung der Konzentration auf einem kleinen Teilabschnitt der x-Achse. Diese Größe stellt nichts anderes dar als den mit Minuszeichen versehenen Gradienten der Konzentration. Nach einer Grundregel der Diffusionstheorie, die experimentell erhärtet wurde, ist die Intensität des Teilchenstromes dem Abfall der Konzentrationskurve, d. h. der Größe $-\operatorname{grad} n$ proportional.

Wir wollen den Diffusionsstrom mit Q bezeichnen. Für ihn ergibt sich die folgende Gleichung:

$$Q = -D \operatorname{grad} n. \tag{5.18}$$

Der Koeffizient D in diesem Ausdruck wird Diffusionskoeffizient genannt. Er steht mit den Größen in Beziehung, die für die Bewegung der Teilchen im Gas maßgebend sind. Sie verändern ihre Lage offensichtlich um so schneller, je größer die mittlere Geschwindigkeit und die mittlere freie Weglänge λ sind. Bei dem vorliegenden Typ der Konzentrationsänderung muß sich der Diffusionsstrom mit wachsender Geschwindigkeit und freier Weglänge vergrößern. Dies bedeutet, daß der Diffusionskoeffizient eine Funktion von v und λ sein muß. Die Rechnung liefert

$$D = \frac{1}{3} v\lambda. \tag{5.19}$$

Für Leser, die sich nicht nur für die Ergebnisse der Theorie in den Gleichungen (5.18) und (5.19), sondern auch für die Ableitung dieser Formeln interessieren, geben wir eine Ableitung auf der Grundlage einer sehr einfachen Überlegung (deren Hauptmangel ein gewisser formaler Charakter ist). Diese Ableitung ist nicht wesentlich für die folgenden Ausführungen und kann von Lesern, die sich für mathematische Beweise nicht interessieren, überschlagen werden.

Die Änderung der Teilchenkonzentration im Raum bedeutet, daß sich auch der Druck der Komponente ändert, zu der diese Teilchen gehören. Nehmen wir eine konstante Temperatur im ganzen Raum an, so folgt aus Gleichung (3.1), die den Zusammenhang zwischen p, n und T beschreibt, daß der Druckgradient dem Konzentrationsgradienten direkt proportional ist. Das Verhältnis der Gradienten ist gleich kT. Wie schon früher festgestellt wurde, ist die Größe $-\operatorname{grad} p$ nichts anderes als die Kraft, die auf die Teilchen in der Volumeneinheit wirkt. Die Kraft, die auf ein Teilchen wirkt, kann daher folgendermaßen angegeben werden:

$$F = -\frac{kT}{n} \operatorname{grad} n. \tag{5.20}$$

Bei der Diffusionsbewegung wird diese Kraft durch die Reibungskraft kompensiert, die durch die Stöße zwischen den Teilchen der Beimengung und den Atomen des Grundgases entsteht. Die Reibungskraft ist der mittleren Geschwindigkeit u der gerichteten Bewegung der beigemengten Atome proportional.

Für die Bestimmung der Größe u kann man ähnliche Überlegungen heranziehen, wie sie in Abschnitt 5.1. bei der Ableitung der Formel für die Stromstärke im Plasma angestellt wurden. Die Reibungskraft ist dem Impuls gleich, der je Zeiteinheit von den sich bewegenden Teilchen auf die Atome der Grundkomponente des Gases übertragen wird. Der gesamte Impulsverlust je Sekunde beträgt $mu\nu$, wobei m die Masse des Teilchens und ν die Anzahl der Stöße ist, die es je Sekunde erfährt. Im Gleichgewichtsfall muß diese Größe der Kraft F gleich sein. Folglich gilt:

$$muv = -\frac{kT}{n}\,\mathrm{grad}\,n. \tag{5.21}$$

Daraus folgt

$$nu = -\frac{kT}{m\nu}\,\mathrm{grad}\,n. \tag{5.22}$$

Die Größe auf der linken Seite dieser Gleichung stellt den Diffusionsstrom Q dar. Damit ist Gleichung (5.18) bewiesen. Der Koeffizient, der vor dem Konzentrationsgradienten steht, ist nichts anderes als der Diffusionskoeffizient D. Es gilt also

$$D = \frac{kT}{m\nu} = \frac{kT\lambda}{mv}. \tag{5.23}$$

Die mittlere kinetische Energie der Teilchen ist mit der Temperatur durch die Gleichung (1.2) verknüpft, die wir jetzt in der Form

$$\overline{W} = \frac{m}{2}\,\overline{v}^2 = \frac{3}{2}\,kT$$

schreiben. Setzt man den Ausdruck für kT in Gleichung (5.23) ein, gelangt man zu Gleichung (5.19). Die hier durchgeführten Rechnungen (die nicht den Anspruch auf Strenge erheben) sind in einer Hinsicht aufschlußreich. Sie zeigen, daß die Diffusion ein Prozeß ist, der in gewisser Weise dem elektrischen Stromfluß verwandt ist. Man kann annehmen, daß sie ebenso wie der Strom durch das Auftreten einer Kraft hervorgerufen wird, die zur Bewegung der Teilchen führt. Diese Kraft wird von der Druckdifferenz bewirkt. Weil sich die Diffusionsbewegung in der Gasphase abspielt, gleicht sich die Druckdifferenz unter Mitwirkung von Reibungskräften aus. Im Zusammenhang damit besteht ein besonders offensichtlicher Unterschied zwischen der Diffusion und den Bewegungsvorgängen der gesamten Gasmenge. Solche Bewegungen laufen dann ab, wenn der Druckabfall auf die Grundkomponente des Gases bezogen ist und deshalb durch nichts kompensiert wird.

Bis jetzt haben wir uns nur mit der Untersuchung von Diffusionsprozessen in neutralen Gasen beschäftigt. Wir wollen jetzt erörtern, wie diese Prozesse im Plasma ablaufen. Gemäß dem schon früher Gesagten ist klar, daß man im Falle eines vollständig ionisierten Plasmas nicht von Diffusion infolge eines Konzentrationsunterschiedes sprechen kann: Das Plasma setzt sich als Ganzes in Bewegung — es entsteht ein *Plasmawind.* Ein anderes Bild ergibt sich, wenn der Ionisationsgrad nicht groß ist. In diesem Falle bilden die Elektronen und Ionen eine Beimengung, deren Dichte und Druck im Vergleich zu den entsprechenden Größen der neutralen Grundkomponente des ionisierten Gases klein sind. Wenn bei der Verteilung der geladenen Teilchen eine Inhomogenität auftritt, diffundieren sie durch die neutrale Komponente hindurch. Eine charakteristische Besonderheit dieses Prozesses besteht darin, daß wegen der Quasineutralitätsbedingung die Diffusionsgeschwindigkeiten der Elektronen und der Ionen gleich sein müssen. Weil die Elektronen eine große Beweglichkeit besitzen, überholen sie die Ionen und erzeugen dabei ein elektrisches Feld, das die Elektronen stark abbremst und die schweren Ionen etwas beschleunigt. Dabei gleichen sich die Geschwindigkeiten an und der gesamte Diffusionsprozeß verläuft etwa mit einer Geschwindigkeit, die der Diffusionsbewegung der Ionen bei Abwesenheit des elektrischen Feldes entsprechen würde. Der Diffusionskoeffizient für das Plasma wird durch Formel (5.19) bestimmt, in die die für Ionen berechneten Werte v und λ eingesetzt werden müssen. Diesen Prozeß der gleichzeitigen Bewegung von Ionen und Elektronen durch das Gas nennt man ambipolare Diffusion.

Die Wärmeleitfähigkeit des Plasmas ist ebenfalls mit der Bewegung der Teilchen verknüpft. Die Hauptrolle bei der Wärmeübertragung von wärmeren Gebieten des Plasmas in kältere spielen die Elektronen (wegen ihrer großen thermischen Geschwindigkeit). Wenn in einer bestimmten Richtung ein Temperaturabfall entsteht, wandern die Elektronen mit großen Energien nach der einen Seite und die Elektronen mit kleineren Energien zur entgegengesetzten Seite. Als Ergebnis entsteht eine Wärmeströmung, die zu den kälteren Schichten des Plasmas hin gerichtet und dem relativen Temperaturabfall, d. h. dem Temperaturgradienten, proportional ist. Der Ausdruck für den Wärmestrom durch eine Fläche von 1 cm² hat die Form

$$Q_T = -\eta_T \operatorname{grad} T. \tag{5.24}$$

Die Größe η_T ist die thermische Leitfähigkeit. Je höher die Temperatur des Plasmas ist (der Einfachheit halber sei angenommen, daß sie für Elektronen und Ionen gleich ist), um so größer ist die thermische Leitfähigkeit.

Die Größe η_T kann man für ein vollständig ionisiertes Plasma, das nur einfach geladene Ionen enthält, grob mit Hilfe der folgenden Näherungsformel berechnen:

$$\eta_T = 1{,}24 \cdot 10^{-6}\, T^{5/2}\ \text{erg/cm s grad}. \tag{5.25}$$

Der Betrag der thermischen Leitfähigkeit ergibt sich hier im cgs-System, wobei T in °K einzusetzen ist. Will man den Wärmestrom in Kalorien pro cm² und s ausdrücken, so muß die thermische Leitfähigkeit in Kalorien je grad, cm und s angegeben werden. Zu diesem Zweck braucht man nur den Zahlenfaktor in Gleichung (5.25) zu verändern. Der neue Zahlenfaktor ist $3 \cdot 10^{-14}$. Aus der Gleichung (5.25) folgt, daß die Wärmeleitfähigkeit eines vollständig ionisierten Plasmas sehr schnell mit der Temperatur wächst. Schon bei $T \approx 10^5\,$°K übersteigt die thermische Leitfähigkeit eines Wasserstoffplasmas die von Silber bei Zimmertemperatur.

6. Meßmethoden

6.1. *Aufgaben der Messung*

Damit nicht der Eindruck erweckt wird, als sei die Plasmaphysik ein rein theoretischer Wissenschaftszweig, dessen Hauptinhalt eine Ansammlung von Formeln und abstrakten Strukturen ist, wollen wir kurz die wichtigsten Methoden zur Untersuchung der Plasmaeigenschaften skizzieren. Die wichtigste Aufgabe bei der Untersuchung ist die Bestimmung der Grundparameter, die den Zustand des Plasmas charakterisieren: die Konzentration der Ladungsträger, die mittlere kinetische Energie und die Energieverteilung der Elektronen sowie die mittlere Energie der Ionen. Außerdem kann sich bei den Experimenten die Notwendigkeit ergeben, die Geschwindigkeit der gerichteten Teilchenbewegung des Plasmas, die Energieströme zur Wand, die Ströme beschleunigter Elektronen usw. zu messen. Zur Lösung all dieser Aufgaben steht eine große Zahl verschiedenartiger experimenteller Methoden zur Verfügung. Die wertvollsten Informationen geben: a) die LANGMUIRsche Sondenmethode, b) die Mikrowellenmethode und c) die spektroskopische Untersuchung des Plasmas.

Wir wollen diese experimentellen Methoden nacheinander betrachten.

6.2. *Die Sondenmethode*

Die Sondenmethode, die zuerst von LANGMUIR vor 40 Jahren angewandt wurde, gestattet die Bestimmung der Grundparameter des Plasmas (n_e, T_e, Energieverteilung der Elektronen) und die Abschätzung von T_i. Das Wesentliche der Methode besteht darin, daß in das Plasma eine metallische Elektrode mit geringen Abmessungen — die Sonde — eingeführt und der Strom, der bei verschiedenen Spannungen auf diese Elektrode fließt, gemessen wird. Man erhält dabei eine Kurve, die als Sondencharakteristik des Plasmas bezeichnet wird. In Abb. 50 ist schematisch eine Sonde im Plasma und in Abb. 51 eine typische Sondencharakteristik (in etwas idealisierter Form) dargestellt. Die Sonde kann die Form einer flachen Scheibe, eines Zylinders oder einer Kugel haben. Der Leiter, durch den der Strom von der Sonde abgeleitet wird, ist in eine isolierende Hülle eingeschlossen. Es ist wichtig, daß die Abmessungen der Sonde genügend klein sind, denn nur unter dieser Bedingung wirkt die Anwesenheit der Sonde nicht auf das Plasma zurück, d. h. stört nicht die im Plasma ablaufenden Prozesse. Wenden wir uns jetzt der Sondencharakteristik zu.

Auf der x-Achse ist die Spannung an der Sonde, auf der y-Achse der aus dem Plasma auf die Sonde fließende Strom aufgetragen. Dabei wird der Elektronenstrom nach oben gezählt und der Ionenstrom nach unten. Wenn wir die

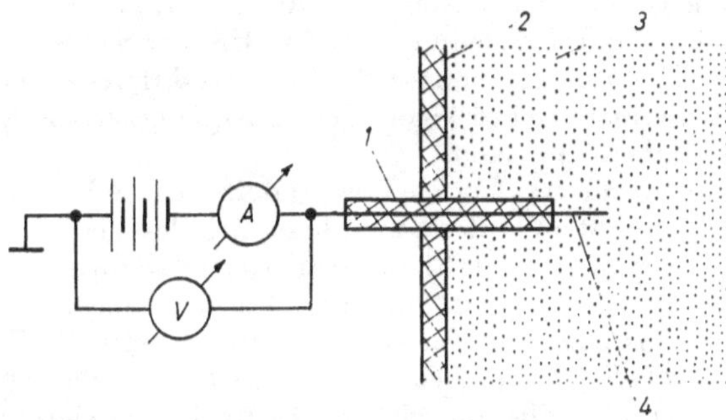

Abb. 50. Schematisches Schaltbild einer LANGMUIR-Sonde
1: Isolationsrohr; 2: Wand des Entladungsgefäßes; 3: Plasma; 4: Sonde

Sondenspannung allmählich erhöhen, durchlaufen wir nacheinander drei verschiedene Teilabschnitte der Sondencharakteristik. Im Abschnitt A resultiert der Strom, der aus dem Plasma in die Sonde fließt, aus dem Strom positiver

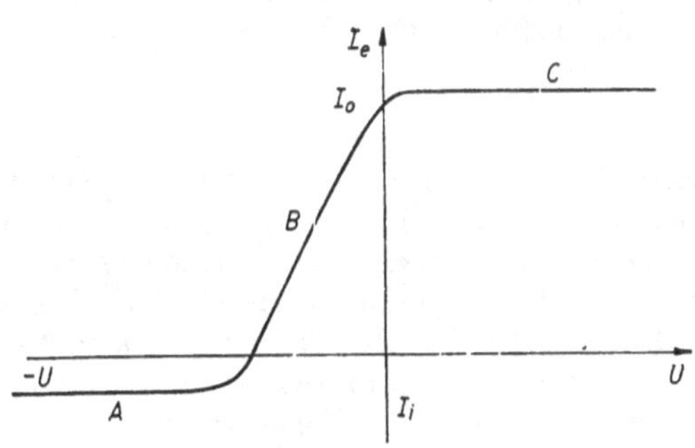

Abb. 51. Typische Sondencharakteristik

Ionen. Im Bereich des Abschnittes B beginnt ein schneller Anstieg des Elektronenstromes und im Abschnitt C erreicht dieser Strom einen konstanten Wert. Dieser Kurvenverlauf ist sehr einfach zu erklären. Hat die Spannung der Sonde gegenüber dem Plasma einen hohen negativen Wert, kann kein Elektronenstrom aus dem Plasma fließen, und es treffen nur positive Ionen auf die Sonde. Der von ihnen hervorgerufene Strom ist verhältnismäßig gering, weil bei gleicher Ionen- und Elektronenkonzentration die Ionen eine viel kleinere Geschwindigkeit besitzen und die Stromstärke dem Produkt aus Konzentration und Geschwindigkeit der Teilchen proportional ist. Der Elektronenstrom wird so lange unterdrückt, wie das negative Potential der Sonde ausreicht, um auch die schnellsten Elektronen des Plasmas abzustoßen, die zum Schwanz der Maxwellverteilung gehören. Um zur Sonde gelangen zu können, muß das Elektron die bremsende Potentialdifferenz überwinden, indem es auf Kosten seiner eigenen kinetischen Energie gegen die Kräfte des elektrischen Feldes Arbeit verrichtet.

Wir wollen annehmen, die verzögernde Potentialdifferenz habe den Betrag U (dies bedeutet, daß das Potential der Sonde bezüglich des Plasmas $-U$ ist). Die Sonde kann nur von denjenigen Elektronen erreicht werden, deren Anteil der kinetischen Bewegungsenergie in Richtung des bremsenden elektrischen Feldes größer als eU ist. Ein Maß für die kinetische Energie der Elektronen ist die Größe kT_e. Ist kT_e wesentlich kleiner als eU, wird der Elektronenstrom zur Sonde praktisch völlig unterdrückt. Er wird dann einsetzen, wenn kT_e und eU von der gleichen Größenordnung werden. Die Rechnung zeigt, daß bei einem bremsenden Potential U der Anteil des gesamten Elektronenstroms, der die Sonde erreicht, gleich $\exp\left(-\frac{eU}{kT_e}\right)$ ist, vorausgesetzt, daß die Energieverteilung der Elektronen dem MAXWELLschen Gesetz gehorcht. Demnach erreichen bei $eU = kT_e$ nur 37% des Elektronenstromes die Sonde, bei $eU = 2\,kT_e$ sind es ungefähr 12% und bei $eU = 3\,kT_e$ ungefähr 4% usw. Der allgemeine Ausdruck für den Strom, der im betrachteten Bereich der Sondencharakteristik auf die Sonde fließt, hat somit die Form

$$I = I_i + I_0 \mathrm{e}^{-eU/kT_e}. \tag{6.1}$$

Hier ist e die Basis der natürlichen Logarithmen (e = 2,718), I_0 der Elektronenstrom in Abwesenheit eines bremsenden Feldes und I_i die Ionenkomponente des Stromes. Dem Vorzeichen nach ist sie dem Elektronenstrom entgegengesetzt gerichtet, der Größe nach jedoch sehr gering im Vergleich zu I_0. Man kann die Größe I_i auf dem Abschnitt A der Charakteristik bestimmen und annehmen, daß sie auch im Abschnitt B praktisch den gleichen Wert behält. Korrigieren wir die Kurve um den Wert des Ionenstromes, erhalten wir aus der Sondencharakteristik die Elektronenkomponente des Stromes bei beliebigen Gegenspannungen U. Die Größe U muß offensichtlich auf der Abszisse von dem Punkt an gerechnet werden, an dem die Charakteristik einen Knick zeigt, d. h. an dem der Elektronenstrom nicht mehr ansteigt und einen Endwert erreicht.

Zur Interpretation der Ergebnisse von Sondenmessungen ist die Methode der graphischen Darstellung besonders zweckmäßig, bei der der Logarithmus[1]) des Elektronenstromes als Funktion der Größe U aufgetragen wird (Abb. 52). Dieses Diagramm liefert

$$\ln I_e = \ln I_0 - \frac{e\,U}{k\,T_e}. \tag{6.2}$$

Daraus kann man die Größe e/kT_e bestimmen (sie ist gleich $\tan\alpha$) und auf diese Weise die Elektronentemperatur T_e berechnen. Wir wollen daran erinnern, daß diese Methode für die Bestimmung von T_e im Grunde die Voraus-

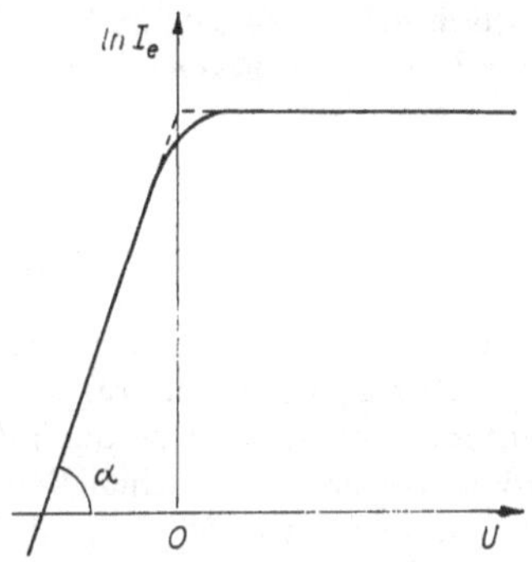

Abb. 52. Sondencharakteristik in halblogarithmischem Maßstab

setzung enthält, daß die Energieverteilung der Elektronen dem MAXWELLschen Gesetz unterliegt, weil nur unter dieser Bedingung der Elektronenstrom zu $\exp(-e\,U/k\,T_e)$ proportional ist.

Eine unmittelbare Kontrolle für die Voraussetzung der MAXWELLschen Energieverteilung ist durch die gleiche Sondencharakteristik möglich. In sehr überzeugender Weise kann die Kontrolle anhand der logarithmischen Darstellung durchgeführt werden, die wir gerade erwähnt haben. Die Abhängigkeit des Logarithmus des Elektronenstromes von U muß eine Gerade liefern, wenn das MAXWELLsche Gesetz für die Elektronen im Plasma gültig ist. Das Experiment zeigt, daß dies praktisch immer der Fall ist. Die besprochene Methode für die Bestimmung von T_e ist deshalb völlig berechtigt.

Kennt man T_e, so ist es möglich, aus dem gesamten Elektronenstrom I_0 die Elektronenkonzentration im Plasma zu berechnen. Wir wollen uns zur Vereinfachung der Ableitungen auf den Fall beschränken, daß die Sonde eine flache Scheibe ist. Der Elektronenstrom, der je Sekunde auf einen Quadratzentimeter der Sondenoberfläche auftrifft, ist der Größe $n_e\bar{v}_e$ proportional, wobei $\bar{v}_e$ die mittlere thermische Geschwindigkeit der Elektronen im Plasma darstellt. Wenn die Geschwindigkeit jedes Elektrons im Plasma senkrecht zur Sondenfläche gerichtet wäre und sich alle Elektronen in einer Richtung (zur

[1]) In diesem Fall benutzt man gewöhnlich die natürlichen Logarithmen.

Sonde hin) bewegen würden, dann würde der Strom, den wir jetzt betrachten, dem Ausdruck $n_e \bar{v}_e$ nicht nur proportional, sondern sogar genau gleich sein.

In Wirklichkeit fliegt jedoch die Hälfte der Elektronen in Richtung zur Sonde, die andere Hälfte in der entgegengesetzten Richtung. Dies verringert den Strom um den Faktor Zwei. Weiterhin muß berücksichtigt werden, daß die Geschwindigkeit des Elektrons nicht genau senkrecht zur Oberfläche der Sonde gerichtet sein muß. Nur ein gewisser Anteil der gesamten Elektronen fliegt in dieser Richtung. Die Rechnung zeigt, daß wir den Strom noch einmal auf die Hälfte verringern müssen, wenn wir diesen Umstand berücksichtigen. Die wirkliche Größe des Stromes ist deshalb gleich $n_e \bar{v}_e/4$; und der Maximalwert des Elektronenstromes auf eine Sonde mit der Fläche S ergibt sich aus dem Ausdruck

$$I_0 = \frac{e n_e \bar{v}_e S}{4}. \tag{6.3}$$

Mit Hilfe dieser Formel kann man aus Sondenmessungen die Elektronenkonzentration des Plasmas bestimmen. Prinzipiell kann aus der Sondencharakteristik nicht nur die Elektronentemperatur, sondern auch die Ionentemperatur des Plasmas bestimmt werden. Unter den üblichen Bedingungen, wo $T_i \ll T_e$ ist, läßt sich jedoch die Bestimmung der Größe T_i praktisch nicht durchführen, weil sehr viele Faktoren den Einfluß der Ionentemperatur auf den Verlauf der Sondencharakteristik überdecken.

Sondenmessungen liefern durchaus nicht unter beliebigen Verhältnissen völlig eindeutige Angaben über die Eigenschaften des Plasmas. Insbesondere kann man bei großer Dichte des Plasmas, wenn die freie Weglänge der Elektronen und Ionen sehr klein ist, aus der Sondencharakteristik nicht auf die eben beschriebene einfache Weise n_e und T_e bestimmen. Die Deutung von Sondenmessungen wird auch in dem Falle höchst kompliziert (oder sogar undurchführbar), wenn in dem Plasma ein starkes Magnetfeld herrscht. Abgesehen von diesen Einschränkungen ist die Sondentechnik wegen ihrer relativen Einfachheit eine der gebräuchlichsten Methoden in der experimentellen Praxis.

6.3. *Die Untersuchung des Plasmas mit Mikrowellen*

Die Durchstrahlung eines Plasmas mit elektromagnetischen Wellen gibt uns die Möglichkeit, die Elektronenkonzentration zu messen oder doch wenigstens abzuschätzen. Nach Gleichung (5.15) kann ein Plasma mit einer Elektronenkonzentration n_e von elektromagnetischen Wellen durchdrungen werden, deren Wellenlänge den kritischen Wert von $3{,}3 \cdot 10^6/\sqrt{n_e}$ nicht übersteigt. Für ein Plasma mit einer Konzentration von 10^6 cm^{-3} beginnt der Bereich der durchgelassenen Wellen bei einer Wellenlänge von 33 m, bei $n_e = 10^{12}$ cm^{-3} erniedrigt sich der Grenzwert auf 3,3 cm.

Eine schematische Versuchsanordnung für die Durchstrahlung eines Plasmas mit elektromagnetischen Wellen ist in Abb. 53 dargestellt. Die elektromagnetischen Schwingungen eines Hochfrequenzgenerators breiten sich im

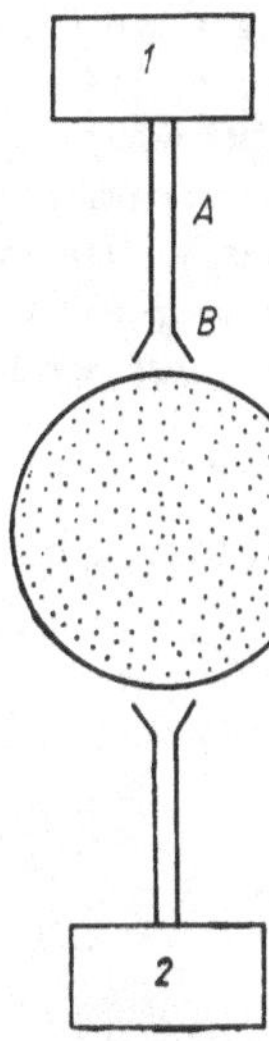

Abb. 53. Schematische Meßanordnung für die Durchstrahlung eines Plasmas mit elektromagnetischen Wellen
1: HF-Generator; 2: Empfängeranordnung

Innern des metallischen Hohlleiters *A* aus und treten durch den Trichter *B* (Hornstrahler) in Form einer gerichteten Welle nach außen. Diese Hochfrequenzstrahlung läuft durch das Gefäß, in dem sich das Plasma befindet, und wird von einem Empfänger aufgenommen. Die Wellenlänge λ wird durch den Generator bestimmt und kann in einer gegebenen Meßanordnung in beschränktem Maße variiert werden. Wenn der Empfänger eine Strahlung registriert, so bedeutet dies, daß λ unterhalb des kritischen Wertes liegt. Dies wiederum eröffnet die Möglichkeit, eine obere Grenze für die Elektronenkonzentration festzulegen. Im vorliegenden Fall ist dann $n_e < 1{,}1 \cdot 10^{13}\,\lambda^{-2}$. Läßt das Plasma dagegen die Strahlung mit der Wellenlänge λ nicht hindurch, so gilt $n_e > 1{,}1 \cdot 10^{13}\,\lambda^{-2}$. Eine solche Abschätzung für den Grenzwert der Konzentration nach oben und nach unten kann den Experimentator natürlich noch nicht voll befriedigen. Eine bessere Information kann jedoch durch die gleichzeitige Durchstrahlung des Plasmas mit zwei oder mehreren Wellenlängen gewonnen werden.

Wir wollen beispielsweise annehmen, das Plasma werde mit den Wellenlängen 4 und 8 mm durchstrahlt. Dabei soll die Strahlung mit der Wellenlänge 4 mm das Plasma durchdringen, während die Wellenlänge von 8 mm zurückgehalten wird. Wir können dann sagen, daß n_e irgendwo zwischen $2 \cdot 10^{13}$ und

$8 \cdot 10^{13}$ cm^{-3} liegt. Um von der groben Abschätzung zur unmittelbaren Messung zu gelangen, muß man das Verfahren etwas modifizieren. Die Bestimmung der Elektronendichte kann auf dem Umstand aufgebaut werden, daß der Brechungsindex des Plasmas eine Funktion der Elektronenkonzentration ist und demzufolge die Ausbreitungsgeschwindigkeit der elektromagnetischen Wellen ebenfalls von n_e abhängt.

Wir setzen voraus, die elektromagnetischen Schwingungen mit der Frequenz ν durchlaufen eine Plasmaschicht mit der gegebenen Dicke d. Auf eine Strecke der Länge d entfällt eine durch d/λ gegebene Anzahl von Schwingungen, wobei λ die Wellenlänge der Schwingungen im Plasma ist. Wir erinnern uns, daß $\lambda = u/\nu$ ist, wenn u die Ausbreitungsgeschwindigkeit der Wellen im Plasma ist, und daß weiterhin gilt $u = c/n$, wobei n den Brechungsindex darstellt. Die Anzahl der Wellen in dem Abschnitt der Länge d ist dann gegeben durch $n d\nu/c$. Diesen Ausdruck kann man auch folgendermaßen schreiben: $\frac{1}{\lambda_0} n d$, wobei λ_0 die Wellenlänge einer elektromagnetischen Schwingung der gleichen Frequenz im Vakuum ist.

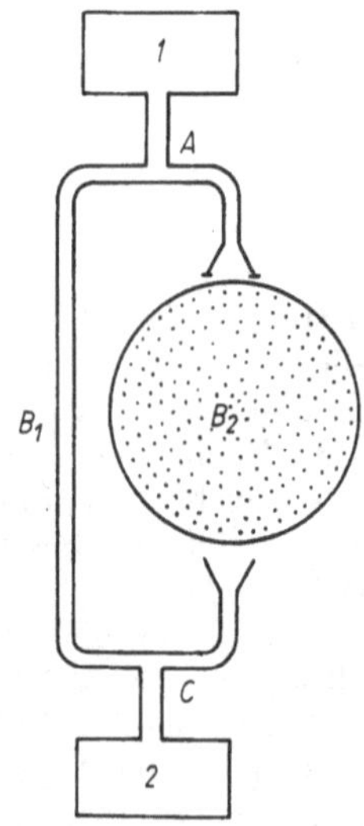

Abb. 54. Schematische Meßanordnung für die Bestimmung des Brechungsindex eines Plasmas aus der Anzahl der Schwingungen im Innern der Plasmaschicht
1: HF-Generator; 2: Empfängeranordnung

In Abb. 54 ist eine schematische Meßanordnung dargestellt, mit der man n durch Messung der Anzahl von Schwingungen bestimmen kann, die innerhalb der Plasmaschicht entstehen. Der Hochfrequenzgenerator (1) erzeugt Schwingungen, die sich längs des metallischen Hohlleiters ausbreiten. Im Punkte A wird die Strahlung in zwei Anteile zerlegt, von denen einer durch den geschlossenen gebogenen Zweig B_1 läuft, während der andere dem Zweig B_2 mit dem Zwischenraum folgt, in dem sich das Plasma befindet. Beide Wellen vereinigen sich danach wieder im Punkt *C*.

Die Strahlungsintensität am Ort der Empfangsanordnung hängt davon ab, in welcher Weise sich die Wellenzüge vereinigen. Wenn beide Wellen mit gleicher Phase an diesen Punkt gelangen, d. h. wenn die Maximalwerte der einen Welle mit denen der anderen zusammenfallen (Abb. 55a), werden sie sich gegenseitig verstärken und das von der Empfangsanordnung registrierte Signal wird einen großen Wert annehmen. Sind die Wellen dagegen in ihrer Phase um 180° gegeneinander verschoben und die Maximalwerte der einen fallen mit den Minima der anderen zusammen (Abb. 55b), so erfolgt eine beträchtliche Verringerung des Signals.

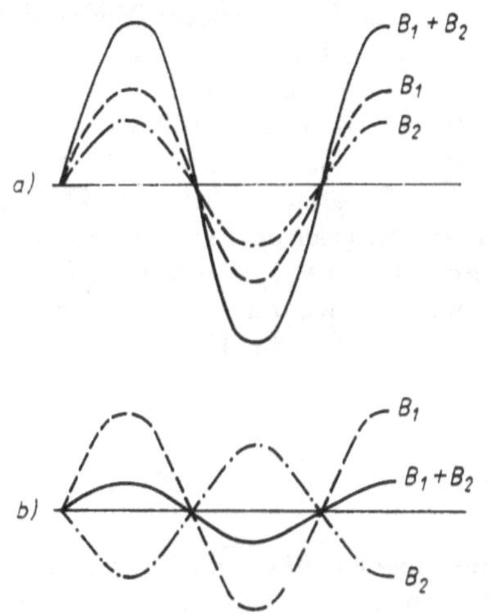

Abb. 55. Interferenz von Signalen, die die Kanäle B_1 und B_2 (s. Abb. 54) durchlaufen haben
a) Maximale und b) minimale Amplitude des resultierenden Signals

Wir wollen davon ausgehen, daß sich zu Beginn kein Plasma in dem Zwischenraum von B_2 befindet. Die Geometrie der beiden Zweige kann dann so justiert werden, daß im Punkt *C* die Wellen exakt mit der gleichen Phase ankommen und sich gegenseitig verstärken. Wenn wir nun den freien Zwischenraum mit einem Plasma füllen, wobei wir dessen Konzentration allmählich erhöhen, werden die am Vereinigungspunkt ankommenden Wellen allmählich ihre Phase gegeneinander verschieben, weil sich die Anzahl der Schwingungen in dem vom Plasma erfüllten Gebiet verändert. Wenn die Konzentration des Plasmas gering ist, wird der Brechungsindex nahe bei Eins liegen. Die Anzahl der Schwingungen in der Plasmaschicht wird sich daher von der Zahl der Schwingungen, die auf der gleichen Strecke im Vakuum ausgeführt werden, nur wenig — einen geringen Teil einer einzelnen Schwingung — unterscheiden. Dies bedeutet, daß die Schwingungsmaxima im Punkt *C* nur wenig auseinanderlaufen. Bei der Vergrößerung von *n* werden die Phasen stärker auseinanderlaufen und die Amplitude der resultierenden Welle, die zum Empfänger läuft, wird kleiner. Bei einem gewissen Wert n_e werden sich die Phasen der Wellen, die die beiden Zweige durchlaufen haben, um 180° unterscheiden, und der Empfänger wird für die ankommende Hochfrequenzstrahlung ein Minimum registrieren. Eine weitere Vergrößerung von n_e führt dazu, daß sich die Maximalwerte der beiden Wellen wieder nähern. Es entsteht ein Maximum des empfangenen Signals, das darauf von neuem durch ein Minimum abgelöst wird usw. All das ist in Abb. 55 graphisch dargestellt.

Das gemessene Signal wird auf diese Weise zu einer periodischen Funktion von n_e. Mißt man dieses Signal bei ständig wachsender Dichte des Plasmas, kann man den Brechungsindex n für einen beliebigen Zeitpunkt bestimmen und unter Verwendung der Gleichungen (5.15) und (5.16) daraus die Konzentration des Plasmas berechnen. Die beschriebene Meßmethode heißt Mikrowelleninterferometrie, weil ihr eine Ausnutzung der Interferenz elektromagnetischer Wellen im Mikrowellenbereich zugrunde liegt.

Wir haben den Aufbau und die Wirkungsweise eines Mikrowelleninterferometers nur in allgemeiner Weise besprochen und an Hand eines sehr einfachen Modells die Konstruktion eines solchen Gerätes beschrieben. Wir wollen noch hinzufügen, daß für den Betrieb des Interferometers eine notwendige Bedingung erfüllt sein muß: Die Frequenz der elektromagnetischen Wellen muß die kritische Frequenz des zu untersuchenden Plasmas überschreiten. Außerdem muß für die Bestimmung von n_e die Dicke der durchlaufenen Plasmaschicht bekannt sein.

6.4. *Plasmaspektroskopie*

Eine der wichtigsten Informationsquellen über die Eigenschaften eines Plasmas ist die Untersuchung der spektralen Zusammensetzung der vom Plasma emittierten Strahlung. Zu diesem Zweck existieren verschiedene Arten von Spektrografen — gewöhnliche Prismengeräte mit Glas- oder Quarzoptik zur Untersuchung der Strahlung im sichtbaren Bereich oder im nahen Ultraviolett und Vakuumspektrografen mit Beugungsgitter, mit deren Hilfe kurzwellige Strahlung registriert werden kann (Strahlung im fernen Ultraviolett und sogar Röntgenstrahlung). Die Strahlung gelangt auf den Spektrografenspalt entweder durch ein Fenster in dem Gefäß, das das Plasma enthält, oder durch ein evakuiertes Verbindungsstück (für den Fall, daß derjenige Anteil der Strahlung untersucht werden soll, für den weder Glas noch Quarz durchlässig ist).

Die Intensität der Spektrallinien des Plasmas hängt von der Konzentration der Elektronen und Ionen sowie von der Elektronentemperatur ab. Bei einer Erhöhung der Elektronentemperatur verändert sich das Strahlungsspektrum: es treten neue Linien auf, die höheren Anregungsstufen der Atome entsprechen. Bei hoher Elektronenkonzentration haben Linien, deren Auftreten mit der

Anregung neutraler Atome verbunden ist, nur dann eine merkliche Intensität, wenn die Elektronentemperatur genügend niedrig ist. Sie verschwinden schnell, wenn die Elektronentemperatur steigt (wegen der Ionisation der neutralen Komponente). Sie werden von Linien abgelöst, die von einfach oder mehrfach geladenen Ionen ausgesandt werden.

Die Messung relativer Linienintensitäten, die von ein und demselben Atom oder von ein und demselben Ion aus verschiedenen Anregungsstufen emittiert werden, kann zu einer groben Abschätzung der Elektronentemperatur herangezogen werden. Wir wollen annehmen, daß das Atom (oder Ion) zur Emission einer der Spektrallinien eine Anregungsenergie W_{I} und für die Emission einer anderen Linie die höhere Energie W_{II} benötigt. Die Intensität jeder dieser Linien hängt davon ab, wieviele Elektronen des Plasmas, die zur MAXWELL-Verteilung gehören, genügend Energie besitzen, um den primären Anregungsprozeß auslösen zu können. Wenn die Anregungsenergie die Größe $k T_e$ merklich übersteigt, ist die relative Zahl dieser Elektronen und folglich auch der Linienintensität im wesentlichen durch den Faktor $\exp(-W/k T_e)$ gegeben. In das Intensitätsverhältnis zweier Linien muß daher als dominierender Faktor der Ausdruck

$$\mathrm{e}^{-\frac{W_{\mathrm{I}}}{kT_e}} : \mathrm{e}^{-\frac{W_{\mathrm{II}}}{kT_e}} = \mathrm{e}^{\frac{W_{\mathrm{II}}-W_{\mathrm{I}}}{kT_e}} \tag{6.4}$$

eingehen. Dies bedeutet nicht, daß das Intensitätsverhältnis genau dem angegebenen Ausdruck gleich sein muß, weil die Intensität der Linien auch von inneren Eigenschaften eines gegebenen Atoms abhängt, die die Übergangswahrscheinlichkeit zwischen den verschiedenen Energieniveaus bestimmen. Der Einfluß dieser Zusatzfaktoren wird jedoch bei groben Abschätzungen gewöhnlich vernachlässigt, er hängt zudem von der Temperatur nicht ab. Der Faktor $\exp\,[(W_{\mathrm{II}} - W_{\mathrm{I}})/k\,T]$ wirkt sich daher in den Fällen, wo $W_{\mathrm{II}} - W_{\mathrm{I}}$ wesentlich größer als $k T_e$ ist, sehr empfindlich auf das Intensitätsverhältnis der Linien aus; man kann daher die Größe dieses Verhältnisses für eine Abschätzung der Elektronentemperatur verwenden. In gewissen Fällen sind auch andere Methoden zur Bestimmung von T_e auf der Grundlage spektraler Messungen möglich. So strahlt zum Beispiel ein Plasma sehr hoher Konzentration im fernen infraroten Spektralbereich wie ein schwarzer Körper mit der Temperatur T_e. Man kann daher aus der Messung der absoluten Strahlungsintensität, die das Plasma in Form infraroter Strahlung bei großer Wellenlänge emittiert, die Elektronentemperatur abschätzen.

Die spektroskopische Bestimmung der Plasmakonzentration ist eine schwierige Aufgabe, weil dafür genaue Messungen der absoluten Intensität einzelner Spektrallinien erforderlich sind. Für die Temperatur der Atome und Ione ziehen wir gewöhnlich Schlüsse auf der Grundlage verschiedener mittelbar eingehender Größen. Zur Messung dieser Größe können in gewissen Fällen auch die Ergebnisse spektroskopischer Messungen herangezogen werden. So beeinflußt die Temperatur der Atome die Breite der von ihnen emittierten Spektrallinien; diese Erscheinung kann auf den sogenannten DOPPLER-Effekt zurückgeführt werden, der einen Zusammenhang zwischen der Frequenz eines Strahlungsprozesses und der Geschwindigkeit der Strahlungsquelle herstellt. Das einfachste Beispiel für diesen Effekt ist die Erhöhung des Pfeiftones einer sich schnell nähernden Lokomotive, die in eine Erniedrigung umschlägt, wenn der Zug sich wieder entfernt. Solche Erscheinungen begegnen uns in der Optik ebenso wie in der Akustik. Wenn sich eine Lichtquelle mit einer Geschwindigkeit u auf den Empfänger zu bewegt, verändert sich die Schwingungsfrequenz, die von dem Empfänger aufgenommen wird, nach der Beziehung

$$\nu = \nu_0 \left(1 + \frac{u}{c}\right),$$

wobei ν_0 die von der feststehenden Lichtquelle ausgestrahlte Frequenz, u die Geschwindigkeit der Lichtquelle und c die Lichtgeschwindigkeit sind. Die Wellenlänge ist von der Frequenz abhängig und muß daher auch von u abhängen. Bei einer Annäherung der Lichtquelle an das Registriergerät (Spektrograf) wird sie sich verkleinern, und bei der Entfernung der Lichtquelle wird sie größer.

Im Plasma bewegen sich die Atome und Ionen ungeordnet mit einer mittleren Geschwindigkeit, die zu $\sqrt{T}$ proportional ist. Die verschiedenen Teilchen werden deshalb bei ein und demselben Strahlungsprozeß in den Spektrografen Licht mit Wellenlängen senden, die sich ein wenig voneinander unterscheiden. Als Ergebnis wird sich eine dünne Spektrallinie verbreitern (Abb. 56), und auf

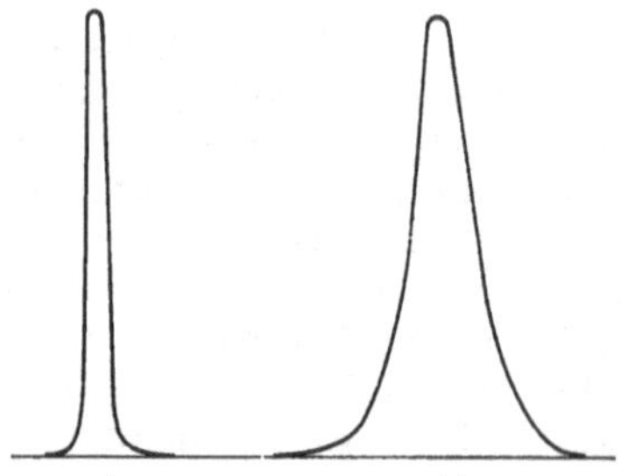

Abb. 56. Veränderung des Profils einer Spektrallinie durch DOPPLER-Effekt
a) Linienform in einem Plasma mit niedriger Ionentemperatur
b) Verbreiterte Spektrallinie in einem Plasma mit hoher Ionentemperatur

der Photoplatte beobachtet man eine breite Linie mit verlaufenden Flanken. Die Messung der Breite solcher verbreiterter Linien gestattet die Bestimmung der Temperatur der Teilchen, die an dem Abstrahlungsprozeß beteiligt sind.

7. Das Plasma im Magnetfeld

7.1. *Die auf das Plasma im Magnetfeld wirkenden Kräfte*

Wenn am Ort eines Plasmas ein hinreichend starkes Magnetfeld herrscht, ändern sich die grundlegenden Eigenschaften des Plasmas in starkem Maße. Ursache dieser Veränderung der Eigenschaften ist der Einfluß des Magnetfeldes auf die Bewegung der Ladungsträger. In einem starken magnetischen Feld können sich die Ionen und Elektronen in senkrechter Richtung zu den Kraftlinien nicht frei bewegen. Die Bahnkurve jedes geladenen Teilchens windet sich spiralförmig um die Kraftlinie; die Bewegung nimmt daher einen stark anisotropen (gerichteten) Charakter an. In Abb. 57 ist zum Vergleich ein Bild der Bewegungen geladener Teilchen in einem vollständig ionisierten Plasma in Abwesenheit und in Anwesenheit eines Feldes dargestellt.

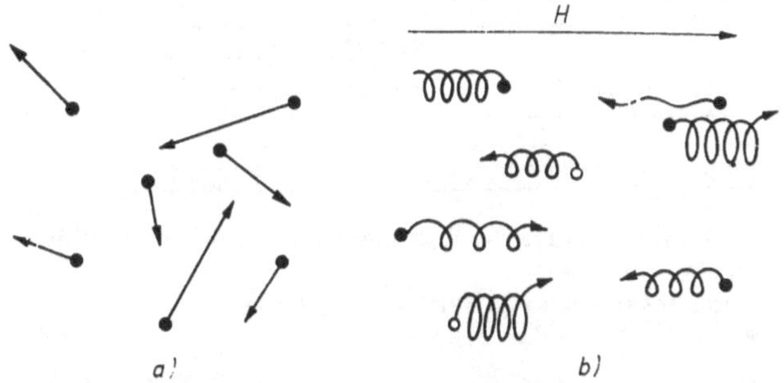

Abb. 57. Bewegung der Teilchen in einem vollständig ionisierten Plasma a) ohne Magnetfeld, b) in Anwesenheit eines starken Magnetfeldes

Die Bewegung der Elektronen und Ionen quer zu den Kraftlinien des magnetischen Feldes ist nur infolge der Stöße zwischen den Teilchen möglich. Bei jedem Stoß verlagert sich ein Teilchen nur um Entfernungen von der Größenordnung seines LARMOR-Radius. In einem vollständig ionisierten Plasma gegebener Konzentration fällt die Stoßwahrscheinlichkeit sehr schnell mit steigender Temperatur, weil die mittlere Zeit zwischen zwei Stößen der Temperatur in der Potenz $^3/_2$ proportional ist (d. h. der dritten Potenz der mittleren Geschwindigkeit). Bei hoher Plasmatemperatur wird das geladene Teilchen zwar wegen des relativ großen LARMOR-Radius bei einem Stoß ein größeres Stück weggetragen als bei niedriger Temperatur; wegen der erheblichen Verringerung der Stoßwahrscheinlichkeit verringert sich jedoch die mittlere Entfernung, um die sich das Teilchen je Sekunde quer zum Feld H bewegt. Diese Entfernung wird auch mit zunehmender Feldstärke kleiner.

Infolge der Behinderung, die ein starkes Magnetfeld auf die Bewegung der Ladungsträger ausübt, kann ein solches Feld die Rolle einer eigentümlichen Zwischenschicht spielen, die den Kontakt des Plasmas mit den Wänden des Gefäßes verhindert (Abb. 58). Eine zylindrische Säule eines vollständig

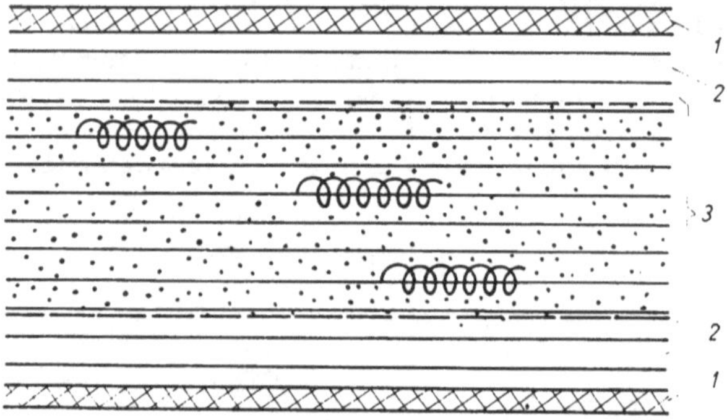

Abb. 58. Abschirmung der Wandungen eines Entladungsgefäßes vom Plasma durch ein Magnetfeld
1: Wand des Gefäßes; 2: Vakuum; 3: Plasma

ionisierten Hochtemperaturplasmas nimmt einen Teil des Volumens im Inneren des Rohres ein, in dem ein magnetisches Feld aufgebaut ist. Zwischen der Oberfläche der Plasmasäule und der Rohrwand befinden sich nur ein Vakuum und magnetische Kraftlinien, weil die Ladungsträger aus dem Plasma nicht in dieses Gebiet eindringen können.

Der in Abb. 58 dargestellte Sachverhalt ist nicht verwunderlich, wenn man ihn vom Standpunkt jener Vorstellung aus beobachtet, die auf einer Analyse der Bewegung von Elektronen im Magnetfeld beruhen. Wenn man jedoch von einer makroskopischen Betrachtungsweise ausgeht, gerät man sofort in Verlegenheit. Ein Plasma, das von einem Magnetfeld eingeschlossen ist, besitzt einen gewissen Eigendruck. In Abwesenheit des Magnetfeldes müßte dieser Druck sofort zur Ausweitung des Plasmazylinders bis zur Wand führen. Wodurch wird nun bei eingeschaltetem Magnetfeld dem Druck des Plasmazylinders das Gleichgewicht gehalten? Offensichtlich existiert eine Kraft, die irgendwie mit dem Magnetfeld in Verbindung steht. Wir wollen jetzt ihre Entstehung untersuchen.

Ein Magnetfeld kann auf ein Medium nur dann eine Kraft ausüben, wenn durch dieses Medium ein Strom fließt. Wir stellen uns einen stromführenden

Leiter vor, der senkrecht zum Magnetfeld angeordnet ist (Abb. 59). Auf jede Längeneinheit dieses Leiters wirkt nach dem AMPÈREschen Gesetz eine Kraft $I \cdot H/c$, wobei I die Stromstärke in elektrostatischen Einheiten, H die magnetische Feldstärke und c die Lichtgeschwindigkeit sind. Diese Kraft steht senkrecht auf den Feldlinien und dem Strom. Ihre Richtung ist durch einen

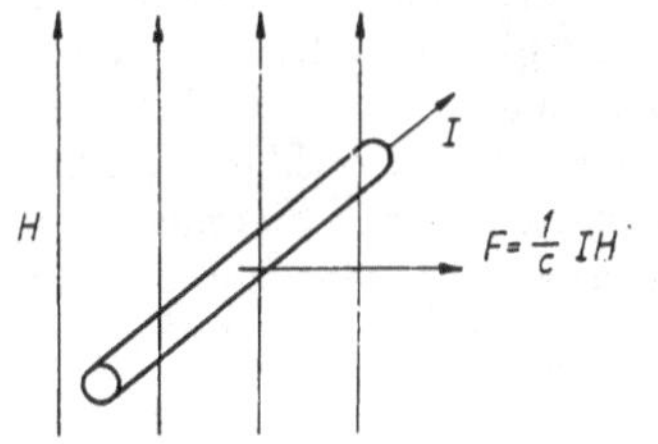

Abb. 59. Wechselwirkung des Stromes im Leiter mit einem Magnetfeld

Pfeil angegeben; sie ergibt sich im allgemeinen nach der bekannten Dreifingerregel. Wenn sich der Strom über ein gewisses Volumen verteilt, kann man die auf die Volumeneinheit an einem bestimmten Punkt wirkende Kraft berechnen. Wir wählen in dem Medium, das von dem Strom durchflossen wird, einen Einheitswürfel aus, der so orientiert ist, daß der Strom senkrecht zu einer Fläche fließt. Die Stromstärke durch diese Einheitsfläche entspricht dann der Stromdichte j. Wir stellen uns vor, daß das Magnetfeld senkrecht zum Strom orientiert ist. Das ausgewählte Volumen kann als ein Leiter mit Einheitslänge betrachtet werden, durch den der Strom j fließt. Die Kraft, die auf einen solchen Leiter wirkt, ist gleich jH/c.

Diese Ableitung kann man noch etwas erweitern, indem man den Fall einbezieht, daß der Winkel zwischen j und H nicht 90° beträgt. Wir zerlegen die Feldstärke in zwei Komponenten $H_{\parallel}$ und $H_{\perp}$, von denen die erste parallel und die zweite senkrecht zum Strom orientiert ist. Die Komponente $H_{\parallel}$ zeigt nicht die geringste Auswirkung auf den Strom. Die Wechselwirkungskraft ist deshalb $jH_{\perp}/c$. Wir können sie auch durch $jH \sin \Theta/c$ beschreiben, wenn Θ der Winkel zwischen den Richtungen von j und H ist. In der uns schon bekannten Sprache der Vektoralgebra bedeutet dies, daß die auf 1 cm³ des Stromleiters wirkende Kraft des Magnetfeldes in der Form $\frac{1}{c}\,\boldsymbol{j} \times \boldsymbol{H}$ dargestellt werden kann.

In einem Plasma, das sich im Magnetfeld befindet, kompensiert diese Wechselwirkungskraft zwischen j und H den Druck des Plasmas. Dabei gilt die Gleichgewichtsbedingung, daß die elektrodynamische Kraft der wegen des Druckabfalls auf die Grenzschicht wirkenden Kraft dem Betrag nach gleich ist und die entgegengesetzte Richtung besitzt. Wie in Abschnitt 3 schon erläutert wurde, ist diese Kraft, bezogen auf 1 cm³, gleich $-\text{grad}\, p$. Die Gleichgewichtsbedingung für ein Plasma im magnetischen Feld ist deshalb durch die folgende Beziehung gegeben:

$$\frac{1}{c}\boldsymbol{j} \times \boldsymbol{H} = \operatorname{grad} p. \tag{7.1}$$

Diese Gleichung besitzt eine sehr allgemeine Form: Sie gilt nicht nur für die Randschichten des Plasmas, sondern auch für den Fall, daß für ein beliebiges Volumenelement des Plasmas mit unausgeglichener Druckverteilung Gleichgewichtsbedingungen aufgestellt werden sollen.

Um den physikalischen Sinn der Gleichung (7.1) erklären zu können, muß man zunächst der Ursache für die Entstehung eines Stromes nachgehen. Zu diesem Zweck bedienen wir uns eines konkreten Beispiels und wenden uns der

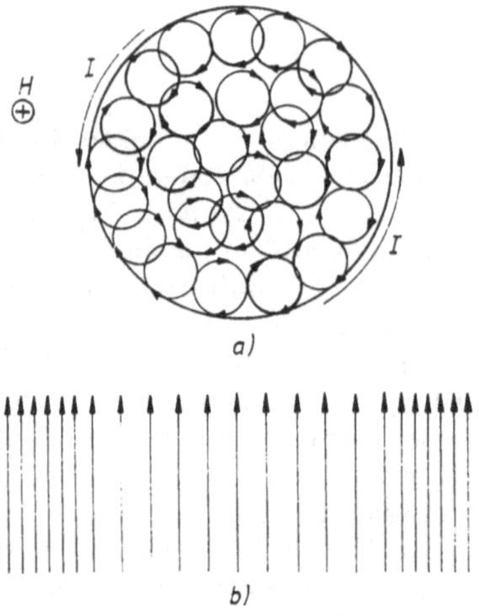

Abb. 60. Querschnitt einer Plasmasäule in einem längsgerichteten Magnetfeld (a) und Verteilung der magnetischen Kraftlinien über dem Querschnitt der gleichen Säule (b)

Abb. 60a zu, auf der ein Querschnitt durch eine Plasmasäule zu sehen ist. Die Bahnkurve eines jeden Teilchens in diesem ebenen Querschnitt stellt einen Larmorkreis dar. Um die Zeichnung nicht zu überladen, sind auf ihr nur die Larmor-Kreise der Elektronen dargestellt.

Wir nehmen der Einfachheit halber an, daß der Plasmadruck über den gesamten Querschnitt mit Ausnahme einer dünnen Grenzschicht, in der er auf Null zurückgeht, konstant ist. Unter solchen Bedingungen sind die Larmor-Kreise gleichmäßig über die ganze Fläche verteilt, die vom Plasma erfüllt ist.

Die Bewegung der Teilchen im Innern des Plasmas erzeugt keinen resultierenden gerichteten Strom, weil durch einen beliebigen Punkt mit gleicher Wahrscheinlichkeit Teilchen mit verschiedenen Geschwindigkeitsrichtungen hindurchlaufen. In der Nähe der Berandung dagegen führt die Larmor-Rotation der Teilchen zu einem Strom, der innerhalb einer dünnen Randzone fließt. Dieser Strom verdankt seine Entstehung dem Umstand, daß sich an der Außenseite der äußersten LARMOR-Kreise die Rotationsbewegungen der Teilchen nicht kompensieren. Die Wechselwirkung dieses makroskopischen Oberflächenstromes mit dem magnetischen Feld ist die Ursache für die Entstehung der elektrodynamischen Kraft, die das Plasma an der Ausbreitung hindert.

Wir wollen noch eine wichtige Schlußfolgerung erwähnen, die sich aus Gleichung (7.1) ergibt. Die Kraft $\frac{1}{c}\boldsymbol{j}\times\boldsymbol{H}$ steht auf der Richtung des Stromes und der des Magnetfeldes senkrecht. Folglich ist auch $\operatorname{grad} p$ zu $\boldsymbol{j}$ und $\boldsymbol{H}$ senkrecht. Dies bedeutet, daß der Druck längs der Kraftlinien des Feldes konstant ist. Er muß auch längs der Stromfäden konstant sein.

Das Verhalten des Plasmas im Magnetfeld kann man auch von einer anderen Seite her erklären. Wir erinnern uns, daß sich ein Plasma infolge der LARMOR-Rotation der Elektronen und Ionen in Anwesenheit eines Feldes im ganzen wie ein Stoff mit diamagnetischen Eigenschaften verhält, in dessen Innern die Feldstärke kleiner als außen ist. In der anschaulichen Theorie des Magnetismus, die auf die Vorstellungen von FARADAY zurückgeht, verwendet man häufig mit Erfolg den Begriff des magnetischen Druckes. Der Druck, der einem Feld mit der Feldstärke H zugeschrieben wird, beträgt $H^2/8\pi$. Er ist senkrecht zu den Feldlinien gerichtet, die im anschaulichen Modell gewisse Züge physikalischer Realität gewinnen und mit Gummischnüren vergleichbar sind.

In der Abb. 60b sind sowohl die im Innern des Plasmas als auch die außen verlaufenden Kraftlinien zueinander parallel; die Dichte der Kraftlinien, d. h. ihre Anzahl je cm², die ein Maß für die Feldstärke darstellt, verändert sich in den Randzonen des Plasmas: außerhalb der Plasmasäule liegen die Feldlinien dichter als im Inneren. Der magnetische Druck (der *Flankendruck* der Kraftlinien) ist von außen größer als im Inneren. Die Differenz der magnetischen Drücke, d. h. die Differenz der Größe $H_1^2/8\pi$ und $H_2^2/8\pi$, muß den Eigendruck des Plasmas kompensieren, den wir im Innern des Zylinders als konstant ansehen:

$$p = \frac{H_1^2}{8\pi} - \frac{H_2^2}{8\pi}. \tag{7.2}$$

Wenn die diamagnetischen Ströme der LARMOR-Kreise die Feldstärke im Innern des Plasmas zu Null kompensieren, gilt

$$p = \frac{H_1^2}{8\pi}. \tag{7.3}$$

In diesem Grenzfall befindet sich innerhalb des Zylinders ein Plasma, das das Feld völlig verdrängt hat, und außerhalb ein Magnetfeld, das dieses Plasma einschließt. Je höher die Konzentration und Temperatur des Plasmas, um so größer muß die Feldstärke sein, damit dieser Druck kompensiert wird.

Alle drei Methoden zur Erklärung des Verhaltens eines Plasmas im Magnetfeld, die wir gerade erläutert haben, sind trotz ihrer scheinbaren Unabhängigkeit voneinander im Wesen völlig äquivalent, weil sie nur ein und dieselbe physikalische Erscheinung von verschiedenen Seiten her beschreiben. Beispielsweise kann aus der allgemeinen Gleichung (7.1) unter der Annahme, daß der Strom in der Randschicht des Plasmas fließt, die Formel (7.2) abgeleitet werden. Allgemein können wir feststellen, daß die qualitative Gleichwertigkeit der beiden verschiedenen Methoden zur Bestimmung der elektrodynamischen Kräfte auf den Zusammenhang zwischen der Stromdichte j und der Änderung des Magnetfeldes H zurückgeführt werden kann. Fließt der Strom (Abb. 60) senkrecht zu einem homogenen Feld $\boldsymbol{H}$, so erzeugt er ein Feld mit der gleichen Richtung wie $\boldsymbol{H}$. Die Feldstärke verändert sich daher von Punkt zu Punkt, d. h. es entsteht ein Abfall von H und folglich auch eine Differenz des magnetischen Druckes.

Die oben abgeleiteten Formeln, die den Druck im Plasma mit elektrodynamischen Kräften in Verbindung bringen, sind nur unter der Voraussetzung gültig, daß sich das Plasma in einem Gleichgewichtszustand befindet. Es ist jedoch auch möglich, daß dieses Gleichgewicht fehlt. Wir wollen beispielsweise annehmen, daß in der zylindrischen Säule eines kalten Plasmas bei niedrigem Druck in Längsrichtung ein Strom fließt, der im Laufe der Zeit sehr stark wächst. Dieser Strom erzeugt ein Magnetfeld, dessen Feldlinien das Plasma umschließen (Abb. 61). Die Wechselwirkungskraft des Stromes mit seinem

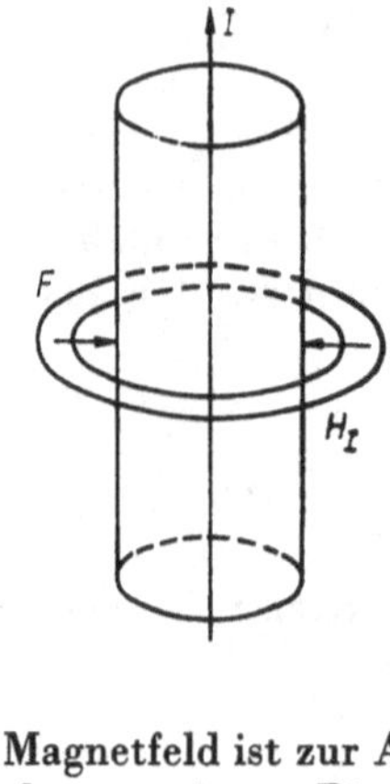

Abb. 61. Entstehung der Kräfte, die den Plasmazylinder beim Stromdurchfluß komprimieren (H_I: Magnetfeld des Stromes)

eigenen Magnetfeld ist zur Achse der Plasmasäule hin gerichtet und sucht die Säule zu kompensieren. Dieser Effekt kann auf Grund einer bekannten Regel der elementaren Physik erklärt werden, nach der sich parallele Ströme anziehen; ein beliebiger Stromleiter versucht sich daher zu verdichten. Wenn der Druck des Plasmas klein ist, wird diese verdichtende Kraft nicht völlig kompensiert, und das Plasma wird sich unter dem Einfluß der überschüssigen elektrodynamischen Kraft mit zunehmender Geschwindigkeit auf die Achse zu bewegen. Ohne auf eine detaillierte Untersuchung dieses speziellen Beispiels einzugehen (wir werden später noch darauf zurückkommen), wollen wir festhalten, daß die Fälle, bei denen kein Gleichgewicht herrscht, sehr häufig sind. In allen diesen Fällen muß für die Untersuchung der Plasmaeigenschaften anstelle der Gleichgewichtsbeziehung (7.1) die dynamische Gleichung in der folgenden Form benutzt werden:

$$\varrho \boldsymbol{a} = \frac{1}{c} \boldsymbol{j} \times \boldsymbol{H} - \operatorname{grad} p. \tag{7.4}$$

Hier ist ϱ die Dichte, d. h. die Masse je Volumeneinheit und $\boldsymbol{a}$ die Beschleunigung des Plasmas. Alle Größen, die in dieser Gleichung stehen, beziehen sich auf die Volumeneinheit. Deshalb steht links die Dichte, multipliziert mit der Beschleunigung, und rechts die Vektorsumme der Kräfte, die auf die Volumeneinheit wirken.

Beim Betrachten der Gleichungen (7.1) und (7.4) fällt eine wichtige Besonderheit ins Auge: in diesen Beziehungen ist nicht das geringste Anzeichen dafür vorhanden, daß sie sich speziell auf ein Plasma beziehen, denn die Mikrostruktur des Plasmas ist hinter makroskopischen Größen wie ϱ, $\boldsymbol{a}$ und p verborgen. Mit dem gleichen Erfolg können diese Gleichungen zur Untersuchung von Erscheinungen herangezogen werden, die in einem beliebigen leitenden Medium in Anwesenheit eines starken magnetischen Feldes auftreten, wenn dieses Medium seine Form unter der Einwirkung äußerer Kräfte verändern kann. Dies bedeutet insbesondere, daß die Gleichungen (7.1) und (7.4) nicht nur für ein Plasma gültig sind, sondern auch für eine leitende Flüssigkeit, sofern nur ihre Leitfähigkeit genügend groß ist und der Einfluß der Schwerkraft und der Kapillarkräfte vernachlässigt werden kann. Die Gleichung (7.4) wird aus diesem Grunde gewöhnlich als Grundgleichung der Magnetohydrodynamik bezeichnet.

Wir haben bei der Analyse des Verhaltens eines Plasmas im Magnetfeld mit Hilfe verschiedener Methoden gesehen, daß man zu der Beziehung (7.1) durch Überlegungen rein makroskopischen Charakters gelangen kann. Dabei müssen weder die Bewegungsgesetze der Elektronen und Ionen noch die Frage nach dem Erzeugungsmechanismus eines elektrischen Feldes im Plasma in Betracht gezogen werden. Solange wir für die Beschreibung der im Plasma ablaufenden Prozesse das Modell einer leitenden Flüssigkeit zugrunde legen, können wir davon ausgehen, daß der Strom völlig ungehindert längs und quer zu den Kraftlinien fließen kann. Wir können uns jedoch nicht vollständig auf diese vereinfachten Vorstellungen beschränken, weil die folgende Frage in Betracht gezogen werden muß: Welchen Einfluß hat ein magnetisches Feld auf den Stromfluß im Plasma, und insbesondere, unter welchen Bedingungen kann im Plasma ein Strom quer zum magnetischen Feld fließen? Die

Bedeutung der letzten Frage wird offensichtlich, wenn wir uns erinnern, daß die Elektronen und Ionen sich nicht ohne weiteres quer zu den Feldlinien bewegen können.

7.2. *Der Strom durch ein Plasma im Magnetfeld*

Wir wollen uns der Erklärung des Mechanismus von Prozessen zuwenden, die mit dem Stromfluß durch ein Plasma im Magnetfeld zusammenhängen, und betrachten zunächst den sehr einfachen Fall, daß das elektrische Feld parallel zum Magnetfeld verläuft. Dann wird ein Elektron längs der magnetischen Feldlinien beschleunigt, und das Magnetfeld nimmt auf den Beschleunigungsprozeß und die erlangte gerichtete Geschwindigkeit keinen Einfluß. Weil die Stöße zwischen den Ladungsträgern eine Annäherung auf sehr kleine Entfernungen zur Folge haben, sind die während des Stoßes wirkenden elektrischen Kräfte um viele Größenordnungen stärker als die Wechselwirkungskräfte der geladenen Teilchen mit magnetischen Feldern (hier ist die Rede von Magnetfeldern mit Feldstärken von nicht mehr als einigen tausend Oersted, die mit Hilfe der gegenwärtigen technischen Mittel erzeugt werden können). Demzufolge hat ein Magnetfeld keinen merklichen Einfluß auf den Stromdurchgang, wenn $\boldsymbol{E}$ zu $\boldsymbol{H}$ parallel ist.

Wir wollen jetzt annehmen, daß in einem homogenen Plasma, in dem ein homogenes Magnetfeld $\boldsymbol{H}$ herrscht, ein elektrisches Feld $\boldsymbol{E}$ senkrecht zu $\boldsymbol{H}$ erzeugt wird. Nach Anlegen des elektrischen Feldes beginnen sich sowohl die Elektronen als auch die Ionen auf Zykloiden (oder Trochoiden) in Richtung des Vektors $\boldsymbol{E} \times \boldsymbol{H}$ zu bewegen. Im gleichen Augenblick entsteht auch ein Strom, weil sich die Elektronen und Ionen um jeweils einen gewissen Betrag in der Richtung von $\boldsymbol{E}$ verschieben (s. Abb. 62; der Einfachheit halber wurde

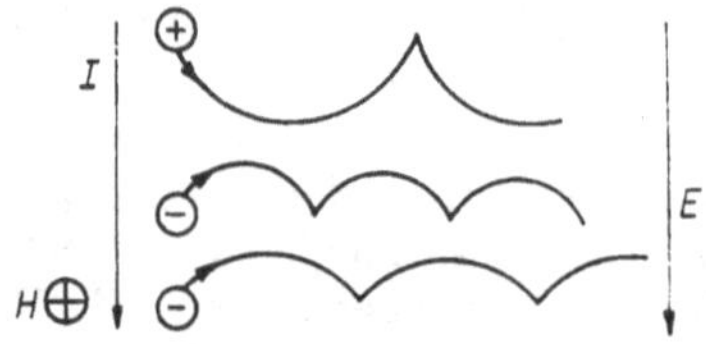

Abb. 62. Teilchenbewegung in senkrecht zueinander stehenden elektrischen und magnetischen Feldern. Im ersten Augenblick bewegen sich alle Teilchen so, daß ein Strom in Richtung des elektrischen Feldes entsteht

angenommen, daß die Bahnkurven Zykloiden sind). Dieser Strom verschwindet jedoch, sowie sich die Zykloidenbewegung ausgebildet hat, und das gesamte Plasma setzt sich mit einer Driftgeschwindigkeit cE/H in einer Richtung in Bewegung, die sowohl zu $\boldsymbol{E}$ als zu $\boldsymbol{H}$ senkrecht steht.

Die relative Geschwindigkeit der Driftbewegung von Elektronen und Ionen ist gleich Null; es findet daher auch keine Impulsübertragung der Elektronen an die Ionen statt. Wenn außer den Elektronen und Ionen noch ein Neutralgas vorhanden ist, bleibt es zu Beginn unbeweglich und die

Elektronen wie auch die Ionen stoßen mit den neutralen Atomen und Molekülen zusammen. Hierbei entsteht eine Kraft, die die Driftbewegung der Ladungsträger bremst. Die von den neutralen Atomen ausgehenden Reibungskräfte haben für Elektronen und Ionen die gleiche Richtung, aber verschiedene Beträge.

In Abschnitt 2 wurde erläutert, daß eine beliebige Kraft, die zum Magnetfeld senkrecht steht, eine Drift hervorruft. Die Reibungskraft der Elektronen und Ionen gegenüber den unbeweglichen Neutralteilchen verursacht ebenfalls eine Drift. Die Geschwindigkeit dieser durch Reibungskräfte bewirkten Driftbewegung ist nach Betrag und Richtung für die Elektronen und Ionen verschieden. Auf diese Weise entsteht im Plasma ein elektrischer Strom. Eine detaillierte Untersuchung zeigt, daß dieser Strom sowohl eine Komponente parallel zu $\boldsymbol{E}$ als auch eine Komponente in Richtung des Vektors $\boldsymbol{E} \times \boldsymbol{H}$ besitzt.

Der Umstand, daß in dem betrachteten Fall der Strom zwei zueinander senkrechte Komponenten besitzt, hat zur Folge, daß der resultierende Strom mit dem elektrischen Feld einen gewissen Winkel bildet. Dieser Winkel ist um so kleiner, je größer E und H sind und je seltener die Stöße zwischen geladenen Teilchen und den neutralen Atomen sind. Dieser Zustand bleibt erhalten, solange die Neutralkomponente des Plasmas im Ganzen nicht in Bewegung gerät. Unter bestimmten Bedingungen ist dies möglich. Wird jedoch die Konzentration der Ladungsträger im Plasma hinreichend groß, und das Plasma nimmt ein so großes Volumen ein, daß man seine Ausdehnung als unendlich betrachten kann, gerät die Neutralkomponente schon kurze Zeit nach Anlegen des elektrischen Feldes unter der Wirkung der Stöße mit den Elektronen und Ionen in Bewegung und nimmt die Driftgeschwindigkeit cE/H an. Dabei reduziert sich die Relativgeschwindigkeit der Elektronen und Ionen zu Null, und es findet keine gerichtete Impulsübertragung mehr statt. Die bremsende Kraft und der von ihr hervorgerufene Strom verschwinden daher.

Zur Aufrechterhaltung eines solchen Zustandes, für den das Fehlen eines elektrischen Stromes charakteristisch ist, muß das Plasma nicht notwendigerweise in allen Richtungen unbegrenzt sein. Es ist nur notwendig, daß die Driftbewegung mit der Geschwindigkeit cE/H ungehindert erfolgen kann. Dies ist zum Beispiel möglich, wenn sich eine Plasmaschicht im Inneren eines Plattenkondensators unendlicher Länge befindet (Abb. 63a). Das gleiche trifft für ein Plasma zu, das im Innern eines Zylinderkondensators rotiert (Abb. 63b). Der kurzzeitige Strom, der momentan nach dem Anlegen des elektrischen Feldes fließt, erzeugt auf der Oberfläche des Plasmas wie in einem gewöhnlichen Dielektrikum einen Überschuß an elektrischer Ladung.

Wir werden auf die dielektrischen Eigenschaften eines Plasmas im Magnetfeld etwas später zu sprechen kommen; jetzt wollen wir uns auf die Feststellung beschränken, daß unter den betrachteten Verhältnissen nur zu Beginn ein kurzer Stromimpuls entsteht; danach hört der Stromfluß auf. Der Zustand, bei dem die Driftbewegung unter gekreuzten Feldern ungestört ablaufen

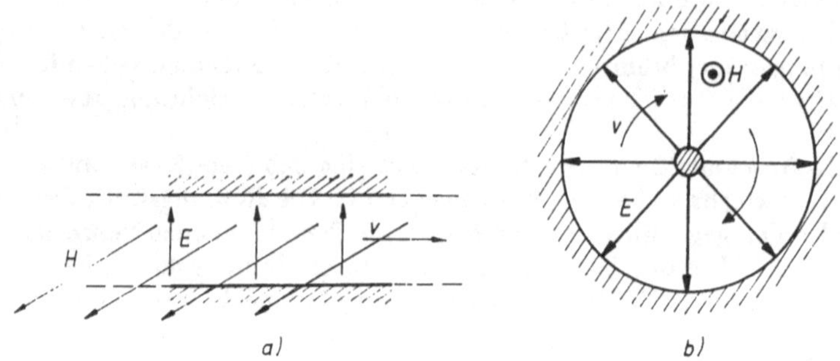

Abb. 63. Bewegung eines Plasmas in gekreuzten elektrischen und magnetischen Feldern
a) im elektrischen Feld eines Plattenkondensators
b) im Feld eines Zylinderkondensators

kann, wird unter experimentellen Verhältnissen eher beendet, als es der Theorie entspricht. Es ist jedoch wahrscheinlich, daß das Plasma — mit der Anfangsgeschwindigkeit cE/H — nach kurzer Zeit in seiner Ausbreitung behindert wird, sei es, daß es auf eine Wand trifft, sei es, daß sich ein starker Druckgradient ausbildet.

Eine beliebige Driftbewegung im Plasma, die senkrecht zum Magnetfeld gerichtet ist, bewirkt stets eine Kraft, die zu $\boldsymbol{H}$ und zur Richtung eben dieser Drift senkrecht steht (Zykloidenbewegung geladener Teilchen in gekreuzten Feldern als Sonderfall dieser Regel). Geht die Geschwindigkeit dieser Drift auf Null zurück, so bedeutet dies, daß die Kraft, die offensichtlich die Ursache dieser Drift ist, durch eine andere Kraft kompensiert wird. Auf unseren Fall angewendet, bedeutet dies, daß das Verschwinden der durch das elektrische Feld hervorgerufenen Drift nur dadurch zu erklären ist, daß die durch das elektrische Feld auf jedes geladene Teilchen wirkende Kraft durch eine andere entgegengesetzt wirkende Kraft kompensiert wird. Diese Kraft muß in einem vollständig ionisierten Plasma die Reibungskraft zwischen den Elektronen und Ionen sein (bei der freien Driftbewegung von Teilchen beider Vorzeichen mit der gleichen Geschwindigkeit cE/H wird sie Null). Die Kompensation dieser Kräfte bedeutet, daß im Plasma eine normale Leitfähigkeit des elektrischen Feldes herrscht, denn für sie gilt $eE = mu\nu$, wobei u die Elektronengeschwindigkeit in Richtung des Feldes E ist.

Diese — übrigens völlig korrekte — Überlegung mag bei einem aufmerksamen Leser ein Gefühl der Unzufriedenheit erwecken. Folgendes ist noch unklar. Das Verschwinden der Drift in der Richtung des Vektors $\boldsymbol{E} \times \boldsymbol{H}$ ruft eine Drift in der Richtung von $\boldsymbol{E}$ hervor. Weil auch diese Bewegung senkrecht zu $\boldsymbol{H}$ erfolgt, muß eine Kraft entstehen, die zu $\boldsymbol{E}$ senkrecht steht und eine Driftbewegung der Elektronen und Ionen in der entgegengesetzten Richtung verursacht. Diese Kraft ist auch die wahre Ursache des elektrischen Stromes. Wie kommt sie zustande?

Wenn man diese Frage untersucht, muß man davon ausgehen, daß die gesuchte Kraft unmittelbar mit jenen physikalischen Prozessen in Verbindung steht, die durch die Drift in die Richtung $\boldsymbol{E} \times \boldsymbol{H}$ zustande kommen und diese Drift behindern. Einer dieser Prozesse ist der Aufbau eines Konzentrations- und Druckgefälles im Plasma. Namentlich das Druckgefälle übernimmt in Anwesenheit eines quergerichteten Magnetfeldes die Funktion der Kraft, die den Stromfluß hervorruft, obwohl die Richtung des Stromes und die des Druckgradienten einen Winkel von 90° miteinander bilden. Von einem formalen Standpunkt gesehen ist hier alles völlig klar. Die Kraft $-\text{grad}\, p$ bewirkt eine Drift der Ionen und Elektronen senkrecht zu den Kraftlinien und senkrecht zu ihrer eigenen Richtung, wobei sich Ionen und Elektronen in entgegengesetzten Richtungen bewegen, d. h. sie erzeugen einen elektrischen Strom. Wenn $\text{grad}\, p$ zu $\boldsymbol{E}$ senkrecht steht, wird der Strom genau in Richtung des elektrischen Feldes fließen. Es ist jedoch erforderlich, diese formale Betrachtung durch eine Untersuchung der Elementarprozesse zu ergänzen. Man muß sich eine anschauliche Vorstellung schaffen, wie sich die inhomogene Druckverteilung auf die Entstehung der Ladungsträgerströmungen auswirkt.

Für den Spezialfall, daß der Druck innerhalb der schon erwähnten Randzone abfällt, wurde der Mechanismus für die Entstehung des Stromes schon früher betrachtet (s. S. 126). Wir wenden uns einem allgemeineren Fall zu und bedienen uns der Abb. 64, in der ein Querschnitt durch das Plasma zu sehen ist. Zur Vereinfachung wurde angeommen, daß alle Elektronen die gleiche Geschwindigkeit besitzen. Die Projektion ihrer Bahnkurven liefert daher gleichgroße Kreise. Die Teilchenkonzentration soll von links nach rechts an-

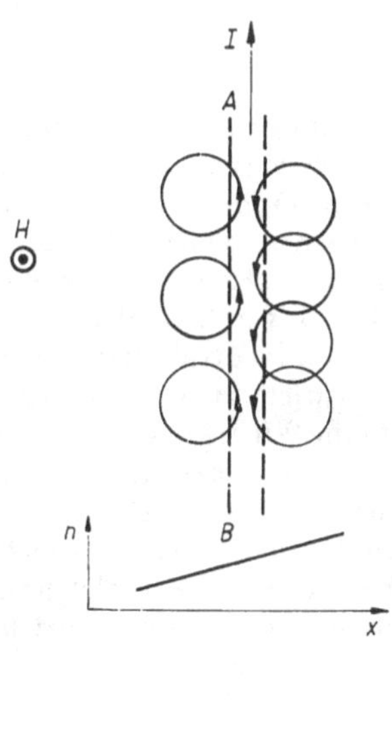

Abb. 64. Entstehung eines Stromes in einem Plasma mit inhomogener Konzentration im Magnetfeld. Es sind die Bahnkurven der Elektronenbewegung dargestellt

steigen. Wir greifen ein schmales Gebiet parallel zur senkrechten Achse heraus (auf der Abbildung ist es von zwei gestrichelten Linien begrenzt). Die Elektronen, deren Bahnmittelpunkte rechts des Gebietes AB liegen, bewegen sich in diesem Gebiet von oben nach unten. Elektronen mit Mittelpunkten auf der linken Seite durchlaufen das Gebiet von unten nach oben. Weil die Elektronenkonzentration voraussetzungsgemäß von links nach rechts zunehmen soll, wird die Zahl der Elektronen, die sich in dem ausgewählten Gebiet von oben nach unten bewegt, größer als die Zahl der Elektronen mit entgegengesetzter Geschwindigkeitsrichtung sein. Diese Strömung überschüssiger Elektronen führt zu einem Strom, der in senkrechter Richtung nach oben fließt. Wir stehen vor einer nahezu paradoxen Situation: Jedes Elektron kreist für sich auf einem LARMOR-Kreis um einen unbeweglichen Mittelpunkt, wobei es sich (im Mittel) weder nach oben, noch nach unten bewegt. Nichtsdestoweniger entsteht ein stationärer Elektronenstrom in einer Richtung senkrecht zum Konzentrations- bzw. Druckgradienten.

Aus den hier vorgetragenen Überlegungen kann man den folgenden Schluß ziehen. Wenn in einem Plasma, das sich in einem Magnetfeld $\boldsymbol{H}$ befindet, mit Hilfe irgendeiner äußeren Spannungsquelle ein elektrisches Feld $\boldsymbol{E}$ senkrecht zum magnetischen erzeugt wird, setzt sich das Plasma als Ganzes mit der Geschwindigkeit cE/H in Bewegung. Wenn diese Bewegung nicht behindert wird, fließt der elektrische Strom nur für eine sehr kurze Zeit und geht dann auf Null zurück. Wenn sich ein Gleichgewichtszustand ausbildet, bei dem die Driftbewegung verhindert wird, beginnt der Strom wieder zu fließen, und die Stromdichte ergibt sich aus der gewöhnlichen Formel $j = \eta \cdot E$.

Die eigentliche Ursache für den Stromfluß kann in diesem Fall die Inhomogenität der Druckverteilung der Elektronenkomponente sein, die infolge der Driftbewegung zustande kommt.

Wir müssen dem Umstand, daß bei unseren Überlegungen über die Ströme im Plasma schließlich alles an seinem Platz bleibt, noch einige Bemerkungen widmen.

1. Aus allgemeinen physikalischen Vorstellungen über die Prozesse geht hervor, daß während der Einstellung des Gleichgewichtes im Plasma ein Gradient des Elektronendruckes p_e entstehen kann. Der Strom wird durch Elektronen getragen und die elektrodynamischen Kräfte, die der Wechselwirkung des Stromes mit dem Magnetfeld zuzuschreiben sind, werden infolgedessen auf die Elektronen übertragen. Über das Schicksal der Ionen muß daher gesondert gesprochen werden. Aus der Quasineutralitätsbedingung folgt, daß eine Änderung der Elektronenkonzentration zu einer entsprechenden Änderung der Ionenkonzentration führen muß. Wir fragen mit Recht: welche Kraft erzeugt das entstehende Gefälle des Ionendruckes grad p_i und erhält es aufrecht? Offensichtlich kann die Ursache hierfür das elektrische Feld sein, das die Elektronen erzeugen, wenn sie sich durch Wirkung der elektrodynamischen Kräfte von den Ionen zu entfernen suchen. Im Gleichgewicht muß der Gradient des Ionendruckes durch die Kraft kompensiert werden, die von

den weglaufenden Elektronen auf die Ionen ausgeübt wird:

$$eE' = \frac{1}{n} \operatorname{grad} p_i. \tag{7.5}$$

Hier ist E' die elektrische Feldstärke, die durch das anfängliche Weglaufen der Elektronen von den Ionen entsteht. Der Faktor $1/n$ auf der rechten Seite von Gleichung (7.5) rührt daher, daß die Kraft auf ein einzelnes Ion bestimmt wird. Wenn die Anwendbarkeit des OHMschen Gesetzes auf ein Plasma im Magnetfeld zur Diskussion steht, muß man also berücksichtigen, daß der Zusammenhang zwischen dem Strom und der elektrischen Feldstärke nicht jene Komponente des elektrischen Feldes einschließt, die durch den Gradienten der Ionenkomponente kompensiert wird. Dies bedeutet, daß die Größe E' in Gleichung (5.4) nicht berücksichtigt werden muß.

2. Wenn sich das Plasma als Ganzes mit der Geschwindigkeit $\boldsymbol{v}$ bewegt, ergibt sich der Zusammenhang zwischen dem Strom und der Spannung durch die Gleichung

$$\boldsymbol{j} = \eta \left(\boldsymbol{E} + \frac{1}{c} \boldsymbol{v} \times \boldsymbol{H} \right). \tag{7.6}$$

In dieser Formel wurde berücksichtigt, daß bei der Bewegung des Plasmas quer zum Magnetfeld durch Induktion eine elektromotorische Kraft entsteht[1]). Die induzierte elektrische Feldstärke ist der Geschwindigkeit und der magnetischen Feldstärke H proportional und besitzt den Wert $\frac{1}{c} \boldsymbol{v} \times \boldsymbol{H}$. Sie überlagert sich der elektrischen Feldstärke, die durch äußere Spannungsquellen erzeugt wurde. Aus Gleichung (7.6) folgt insbesondere, daß die Größe innerhalb der Klammern für ein Plasma, das sich mit der Driftgeschwindigkeit $c \cdot E/H$ bewegt, gleich Null wird. Dies liefert eine neue unabhängige Erklärung für das Verschwinden des Stromes in einem Plasma, das sich unter dem Einfluß gekreuzter Felder bewegt. Der Strom in dem driftenden Plasma verschwindet einfach deshalb, weil die resultierende Feldstärke in ihm gleich Null wird.

3. Obwohl der Zusammenhang zwischen $\boldsymbol{j}$ und $\boldsymbol{E}$ in Anwesenheit eines magnetischen Querfeldes für ein Plasma im Gleichgewicht der gleiche bleibt wie ohne Magnetfeld, bedeutet dies nicht, daß die physikalischen Verhältnisse in beiden Fällen völlig gleich sind. Insbesondere ist offensichtlich, daß in Anwesenheit eines starken magnetischen Querfeldes die Elektronen nicht unbegrenzt beschleunigt werden können (runaway).

[1]) Wie auch bei einem gewöhnlichen Leiter, der die Kraftlinien eines Magnetfeldes schneidet.

7.3. *Die Diffusion im Magnetfeld*

Der Diffusionsmechanismus, der durch eine Inhomogenität der Teilchenkonzentration im Plasma hervorgerufen werden kann, verändert völlig seinen Charakter in Anwesenheit eines magnetischen Querfeldes. In Abwesenheit des Magnetfeldes verzögern die Stöße zwischen den Teilchen den Konzentrationsausgleich. Im Gegensatz dazu kann sich in einem inhomogenen Plasma bei Anwesenheit eines hinreichend starken Magnetfeldes der Ausgleich der Konzentration in Richtungen senkrecht zu $\boldsymbol{H}$ nur durch Stöße vollziehen.

Wenn die Teilchen untereinander nicht stoßen würden, könnte sich jedes von ihnen nur längs der Kraftlinien, d. h. in Richtung des Magnetfeldes, frei bewegen. Je höher die Temperatur des Plasmas ist, um so seltener werden die Stöße und um so niedriger ist die Diffusionsgeschwindigkeit der Teilchen. Der Diffusionskoeffizient eines vollständig ionisierten Plasmas in Anwesenheit eines magnetischen Querfeldes ist durch die folgende Gleichung gegeben:

$$D = A \frac{n}{H^2 \sqrt{T_e}}. \tag{7.7}$$

Die Konstante A hat für verschiedene Stoffe unterschiedliche Werte: für Wasserstoff beträgt sie ungefähr $1{,}4 \cdot 10^{-2}$ und für Helium etwa $0{,}35 \cdot 10^{-2}$.

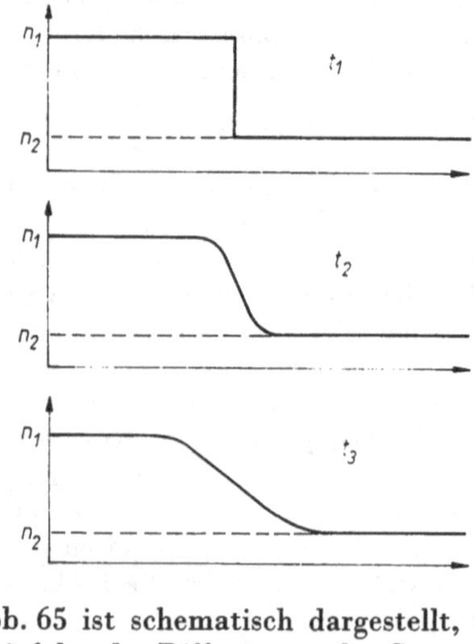

Abb. 65. Konzentrationsänderung im Plasma durch Diffusion an der Grenzschicht von Gebieten mit unterschiedlicher Elektronenkonzentration. Es sind drei aufeinander folgende Zeitpunkte festgehalten

In Abb. 65 ist schematisch dargestellt, wie sich die Konzentration eines Plasmas infolge der Diffusion an der Grenze zweier Gebiete mit verschiedener Elektronenkonzentration n_e ändert. Wir stellen fest: Wenn man über Diffusion eines Plasmas im Magnetfeld spricht, so ist gemeint, daß sich das Plasma als Ganzes bewegt und nicht irgendeine geringfügige Beimischung, die in ihm verteilt ist (wie dies bei der Untersuchung von Diffusionsprozessen in Abwesenheit eines Feldes angenommen wurde). Damit hängt noch ein prinzipieller Unterschied zwischen den Prozessen mit und ohne Magnetfeld zusammen. Wenn $H = 0$ gilt, führt eine inhomogene Druckverteilung des Plasmas nicht zur Diffusion, sondern zu einer Materieströmung infolge der Druckdifferenz. Wenn die magnetische Feldstärke sich von Null unterscheidet, wird der Druckunterschied des Plasmas an verschiedenen Orten durch eine entsprechende Differenz der elektrodynamischen Kräfte kompensiert, so daß die Summe $p + H^2/8\pi$ über den Querschnitt des Plasmas konstant ist (wobei angenommen ist, daß die Kraftlinien gerade verlaufen). Dabei ist also keine schnelle Bewegung der Gesamtmenge des Plasmas zu erwarten, sondern nur ein langsames Verwischen der Grenzen zwischen den Gebieten mit unterschiedlichem Druck und der allmähliche Übergang zu einer gleichmäßigen Verteilung des Plasmas im Raum. Die Tiefe, bis zu der nach der Zeit t die scharfe Grenze verwischt ist, beträgt größenordnungsmäßig $\sqrt{6Dt}$.

Der Diffusionsstrom aus einem von Plasma erfüllten Gebiet nach außen führt dazu, daß das Plasma seine anfänglichen Umrisse verliert und sich allmählich in dem gesamten verfügbaren Gebiet ausbreitet. Bei dem Prozeß des Auseinanderfließens einer Plasmawolke kann man auch eine andere Erscheinung beobachten — die Verringerung des Stromes, der in der Nähe der Berandung fließt. Wie schon im vorigen Abschnitt erläutert wurde, folgt aus der reinen Tatsache der Existenz eines vom Feld eingeschlossenen Plasmas, daß in der Grenzschicht ein Strom fließt. Die Zeit, in der der Strom aufrechterhalten wird, ist durch die Dauer des Diffusionsprozesses gegeben. Wenn die Stöße zwischen den Teilchen vollständig fehlen würden, könnte sich die Konfiguration der Plasmaansammlung in der Ebene senkrecht zu $\boldsymbol{H}$ zeitlich nicht ändern (weil in diesem Fall $D = 0$ gelten würde). Demzufolge würde auch der Strom seinen konstanten Wert behalten. Die Erhaltung des Stromes kann man in diesem Grenzfall offensichtlich damit in Verbindung bringen, daß das Plasma beim Fehlen der Stöße einen Supraleiter darstellt (weil die elektrische Leitfähigkeit der mittleren Zeit zwischen den Stößen proportional ist). Bei einem Supraleiter sind für den Stromfluß keine elektromotorischen Kräfte erforderlich.

Wenn zwischen den Teilchen Stöße auftreten, ergibt sich ein anderes Bild. Das diffusionsbedingte Auseinanderfließen des Plasmas ruft eine Konzentrationsänderung hervor, die ihrerseits zur Veränderung der magnetischen Feldstärke im Inneren der Ansammlung führt (weil sich bei der Verringerung der Konzentration der diamagnetische Effekt verringert und folglich H größer wird). Nach dem Induktionsgesetz ruft die Veränderung des magnetischen Flusses, der das Plasma durchsetzt, eine elektromotorische Kraft hervor, die die Aufrechterhaltung des Stromes im Plasma unterstützt. Man kann leicht die Zeitdauer größenordnungsmäßig abschätzen, in deren Verlauf sich die Plasmawolke infolge Diffusion im Raum verteilt hat. Wenn die lineare Ausdehnung (Durchmesser) der Wolke in der Richtung senkrecht zum Feld L

beträgt, kann man ihre Existenzzeit im Magnetfeld nach der Bedingung $L \approx \sqrt{6Dt}$ abschätzen. Daraus folgt $t \approx L^2/6D$.

Wir wollen diese Beziehung für die Abschätzung der Existenzzeit eines Hochtemperaturplasmas im Magnetfeld eines thermonuklearen Reaktors benutzen. Wenn $L = 50$ cm, $T_e = T_i = 10^8$ °K, $n_e = 10^{15}$ cm^{-3} und $H = 10^4$ Oe sind, beträgt die Existenzzeit 30 Sekunden.

Bei der Diskussion der Wechselwirkung eines Plasmas mit einem Magnetfeld haben wir unsere Aufmerksamkeit vor allem der Seite der Prozesse zugewandt, von der aus das Plasma als passives Wirkungsobjekt der elektrodynamischen Kräfte erscheint. Wir wollen uns nun mit denjenigen Eigenarten dieser Wechselwirkung beschäftigen, die das Plasma als aktiven Faktor kennzeichnen, der auf das Feld rückwirkt. Diese Wirkung äußert sich nicht allein in den diamagnetischen Eigenschaften des Plasmas, die durch Elektronen- und Ionendruck gemeinsam bestimmt werden und im Grenzfall zur vollständigen Verdrängung des Feldes aus dem vom Plasma erfüllten Volumen führen. Der Einfluß des Plasmas auf das Feld kann auch dann große Bedeutung erlangen, wenn sich das Plasma als Ganzes mit großer Geschwindigkeit quer zu den Kraftlinien des Feldes bewegt, auch wenn dabei der gaskinetische Druck $nk(T_i + T_e)$ klein gegen den magnetischen Druck $H^2/8\pi$ ist. In diesem Fall beruht die Rückwirkung darauf, daß das Plasma einen Leiter darstellt, in dem beim Durchqueren des Magnetfeldes eine elektromotorische Kraft induziert wird, die ihrerseits einen Strom erzeugt. Der Induktionsstrom baut ein eigenes Magnetfeld auf, durch das die anfängliche Verteilung der magnetischen Feldstärke verändert wird. Wir werden nun auf eine interessante Besonderheit zu sprechen kommen, die die Wechselwirkung des Plasmas mit dem Magnetfeld charakterisiert.

Wir wollen uns vorstellen, daß in einem gewissen Gebiet des Raumes sich ein Plasma und ein Magnetfeld durchdringen. Beim Übergang von einem Ort zu einem anderen können sich im Prinzip die Feldstärke $\boldsymbol{H}$ und die Konzentration des Plasmas beliebig ändern. Wir beschränken uns auf den sehr einfachen Fall, daß sich $\boldsymbol{H}$ und n nur in der Ebene senkrecht zu den Kraftlinien ändern und in Richtung der Kraftlinien konstant bleiben. Wir wählen uns in Gedanken einen Plasmazylinder parallel zu $\boldsymbol{H}$ im Raum aus, der hinreichend dünn ist, daß in seinem Innern die Größen H und n als konstant betrachtet werden können. Wir stellen uns vor, daß das Plasma sich in Bewegung befindet und daß diese Bewegung senkrecht zu den Kraftlinien erfolgt; im übrigen kann der Charakter dieser Bewegung beliebig sein. Die ausgewählte Plasmasäule kann die Form ihres Querschnittes verändern und eine Kontraktion oder Ausweitung erfahren, wobei sich die Fläche ihres Querschnittes verringert oder vergrößert. Im Zusammenhang damit verändert sich die Teilchenkonzentration in dem betrachteten Volumenelement des Plasmas.

Wir wollen davon ausgehen, daß in einem Anfangsmoment die Querschnittsfläche der Plasmasäule S_1 und die Konzentration in ihrem Inneren n_1 betragen. Die Gesamtzahl der Teilchen, die auf 1 cm Säulenlänge entfallen, ist $n_1 \cdot S_1$.

Nach einer gewissen Zeit verändert sich die Querschnittsfläche und nimmt den Wert S_2 an, wobei die Konzentration des Plasmas n_2 wird. Weil die Gesamtzahl der Teilchen je Längeneinheit der Säule bei einer Verschiebung oder Deformation erhalten bleibt, muß gelten $n_1 S_1 = n_2 S_2$. Somit ist

$$\frac{n_1}{n_2} = \frac{S_2}{S_1}. \tag{7.8}$$

Es muß jedoch erwähnt werden, daß diese Gleichung für ein inhomogenes Plasma nur unter der Bedingung gilt, daß die Bewegung der Teilchen im Plasma kollektiven Charakter trägt, d. h., das Plasma bewegt sich als Ganzes, und Diffusionsprozesse, die zum Konzentrationsausgleich zwischen verschiedenen Punkten führen, spielen keine Rolle. Dies ist nur für Prozesse richtig, die hinreichend schnell ablaufen in Zeiten, die erheblich kürzer als die Existenzdauer des Plasmas im Magnetfeld sind. Bei schnellen Vorgängen bleibt auch der Wert des magnetischen Flusses erhalten, der in unserer Plasmasäule herrscht. Diese Größe ergibt sich aus dem Produkt der Feldstärke H und dem Querschnitt S. Die Erhaltung des magnetischen Flusses bei schnellen Vorgängen folgt aus dem Induktionsgesetz. Nach diesem Gesetz entsteht bei der Änderung des magnetischen Flusses, der den Querschnitt irgendeines Leiters durchsetzt, in diesem Leiter eine elektromotorische Kraft. Diese elektromotorische Kraft ruft einen Strom hervor, der ein Magnetfeld erzeugt, das der Änderung des magnetischen Flusses entgegenwirkt. Die elektromotorische Kraft ist der Änderungsgeschwindigkeit des Flusses proportional. Der Strom wiederum ist proportional zur Leitfähigkeit des Mediums. Deshalb führt bei hinreichend schnellen Vorgängen in einem Plasma mit hoher elektrischer Leitfähigkeit schon eine unbedeutende Änderung des magnetischen Flusses sofort zur Entstehung großer Ströme, deren Felder die Vergrößerung oder Verringerung des Flusses kompensieren. Folglich muß bei schnellen Bewegungen des Plasmas gleichzeitig mit Gleichung (7.8) auch die Beziehung

$$S_1 H_1 = S_2 H_2 \tag{7.9}$$

erfüllt werden, die die Konstanz des magnetischen Flusses ausdrückt. Daraus folgt

$$\frac{H_1}{H_2} = \frac{S_2}{S_1}. \tag{7.10}$$

Die Gleichsetzung der Beziehungen (7.8) und (7.10) liefert

$$\frac{H_1}{H_2} = \frac{n_1}{n_2}. \tag{7.11}$$

Demzufolge ändert sich die magnetische Feldstärke proportional zur Konzentration, d. h. zur Dichte des Plasmas.

Der Wert des Verhältnisses H/n bleibt für ein gegebenes Volumenelement des Plasmas unveränderlich. Diese charakteristische Eigenart der Wechselwirkung eines Plasmas mit dem Magnetfeld nennt man das *Einfrieren* der Kraftlinien. Diese Bezeichnung harmoniert gut mit jenem anschaulichen Bild, bei dem man sich die Kraftlinien als materielle Form des Feldes vorstellt. In dieser Vorstellung ist die Anzahl der Kraftlinien, die durch einen gegebenen Querschnitt des Plasmas hindurchgehen, ein Maß für den magnetischen Fluß, und die Erhaltung des Flusses bedeutet, daß sich diese Linien zusammen mit dem Plasma bewegen, als wären sie mit ihm verhaftet oder in ihm eingefroren. Die anschauliche Vorstellung eines eingefrorenen Magnetfeldes erweist sich als zweckmäßig und nützlich bei der Untersuchung vieler Erscheinungen, die mit dem Verhalten eines gut leitenden Plasmas im Magnetfeld zusammenhängen. Man darf indessen die Möglichkeiten dieser Modellvorstellung auch nicht überschätzen. Es ist stets zu bedenken, daß sie nur dann gültig ist, wenn die Formänderung des Plasmas hinreichend schnell und außerdem nur quer zu $\boldsymbol{H}$ erfolgt.

Das Einfrieren von Kraftlinien darf man nicht als eine Erscheinung betrachten, die spezifisch mit den Eigenschaften eines Plasmas zusammenhängt. Der gleiche Effekt kann bei der Wechselwirkung eines Magnetfeldes mit einem beliebigen anderen guten Leiter auftreten.

Ein magnetisches Feld verändert die dielektrischen Eigenschaften eines Plasmas in starkem Maße. Um den Charakter dieser Veränderung zu ergründen, wenden wir uns Abb. 66 zu, in der eine Plasmaschicht im homogenen

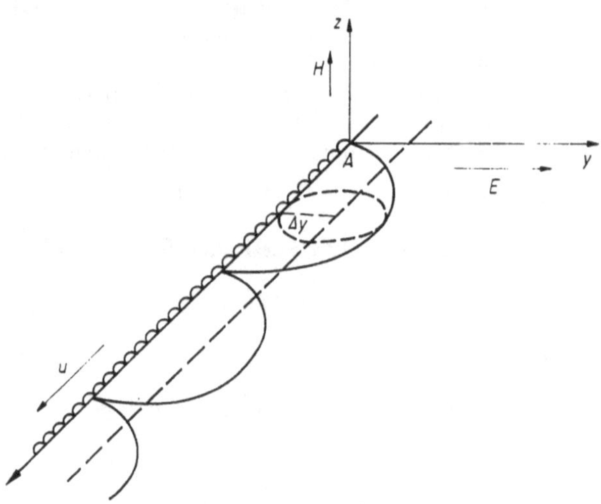

Abb. 66. Entstehung eines elektrischen Momentes im Plasma in gekreuzten elektrischen und magnetischen Feldern

Magnetfeld dargestellt ist. In Richtung der y-Achse sei ein elekrisches Feld angelegt. Die Elektronen und Ionen führen zykloidenförmige Bewegungen aus, wobei sich die Teilchen um einen gewissen Betrag in Feldrichtung oder entgegengesetzt verschieben. Der Mittelwert dieser Verschiebung von der Anfangslage jedes Teilchens aus gerechnet ist der halben Höhe der Zykloide gleich. Infolge der Verschiebung der Ionen und Elektronen entsteht auf der einen Seite ein positiver und auf der anderen Seite ein negativer Ladungsüberschuß. Die Höhe der Zykloiden ist der Masse der Teilchen proportional. Man muß daher bei der Bestimmung der Ladungen auf beiden Seiten der Plasmaschicht nur die Verschiebung der Ionen in Rechnung setzen (im Gegensatz zu unserem Vorgehen bei der Abschätzung der Dielektrizitätskonstante eines Plasmas im hochfrequenten elektrischen Feld für $H = 0$).

Ladungen, die an den Grenzen einer Plasmaschicht entstehen, erzeugen ein entsprechendes elektrisches Feld, das dem äußeren Feld $\boldsymbol{E}$ entgegengerichtet ist. Das Feld im Inneren des Plasmas wird also schwächer. Dies bedeutet, daß ein Plasma sich unter dem Einfluß eines elektrischen und eines dazu senkrechten magnetischen Feldes wie ein Stoff mit einer Dielektrizitätskonstante $\varepsilon > 1$ verhält. Eine Rechnung, die wir nicht durchführen wollen, ergibt, daß die Dielektrizitätskonstante eines Plasmas in gekreuzten Feldern durch den folgenden Ausdruck gegeben ist:

$$\varepsilon_{\text{magn}} = 1 + \frac{4\pi\varrho c^2}{H^2}. \tag{7.12}$$

Hierbei ist ϱ die Dichte des Plasmas, d. h. $\varrho = n \cdot m_i$. Für ein Plasma mit nicht zu niedriger Dichte ist $\varepsilon_{\text{magn}}$ praktisch immer eine große Zahl. So hat $\varepsilon_{\text{magn}}$ beispielsweise für ein Wasserstoffplasma bei $n = 10^{13}\,\text{cm}^{-3}$ und $H = 10^4$ Oe ungefähr den Wert $2 \cdot 10^3$. Bei großen Werten für $\varepsilon_{\text{magn}}$ treten bei der Ausbreitung elektromagnetischer Wellen im Plasma mit Magnetfeld interessante Besonderheiten auf (s. Abschnitt 7.4.).

Die Gleichung (7.12) ist nicht universell anwendbar: sie ist nur dann richtig, wenn sich das elektrische Feld mit der Zeit nicht zu schnell ändert. Wenn die Frequenz des Feldes mit der Larmor-Frequenz der Ionen vergleichbar wird, verliert Gleichung (7.12) ihre Gültigkeit.

Wir wollen jetzt den Ausdruck für $\varepsilon_{\text{magn}}$ benutzen, um ein kleines Paradoxon zu untersuchen, das mit dem Verhalten eines Plasmas im Magnetfeld und unter dem Einfluß der Schwerkraft zusammenhängt. Wir stellen uns eine Plasmawolke in der Form eines Parallelepipeds vor, das sich im Magnetfeld befindet und gleichzeitig der Schwerkraft senkrecht zu $\boldsymbol{H}$ ausgesetzt ist. Auf den ersten Blick scheint es, daß das Plasma nicht fallen kann, weil jedes geladene Teilchen eine Driftbewegung senkrecht zur Richtung des Magnetfeldes und zur Schwerkraft ausführt. Wie aus Abb. 66 zu ersehen ist, führt die Driftbewegung der Teilchen zur Entstehung von Ladungen an den Berandungen der Plasmawolke, die wiederum ein elektrisches Feld hervorrufen.

Dieses Feld bewirkt ebenfalls eine Drift, die offensichtlich in die Richtung der Schwerkraft zeigt. Die Driftbewegung der Teilchen verläuft unter dem Einfluß der Kraft mg mit der Geschwindigkeit $u = cmg/eH$. Wenn die Konzentration des Plasmas gleich n ist, bildet sich in der Zeit t an jedem Quadratzentimeter der Seitenfläche der Plasmaansammlung ein Ladungsüberschuß $q = enut$ (sofern man nur die Drift der Ionen in Rechnung setzt). Demnach gilt

$$q = \frac{n m_i c g t}{H}. \tag{7.13}$$

Nach den Gesetzen der Elektrodynamik erzeugen die Ladungen auf gegenüberliegenden Seiten einer ebenen Plasmaschicht im Inneren des Plasmas eine elektrische Feldstärke $4\pi q/\varepsilon_{\text{magn}}$. Wenn wir der Einfachheit halber annehmen, daß $\varepsilon_{\text{magn}}$ groß gegen Eins ist, können wir in Gleichung (7.12) den ersten Summanden rechts weglassen. Unter dieser Annahme wird $\varepsilon_{\text{magn}} = 4\pi n m_i c^2/H^2$ und das elektrische Feld im Plasma ergibt sich aus dem Ausdruck

$$E = \frac{4\pi q}{\varepsilon_{\text{magn}}} = \frac{H}{c} g t.$$

Die Driftgeschwindigkeit, die diesem elektrischen Feld zugeordnet ist, beträgt

$$v = \frac{cE}{H} = gt \tag{7.14}$$

in Übereinstimmung mit den Fallgesetzen.

7.4. *Der Pinch-Effekt*

Wir werden nun bestimmte konkrete Fälle für die Wechselwirkung eines Plasmas mit magnetischen Feldern betrachten, die für verschiedene Anwendungen der Plasmaphysik interessant sind. Einer dieser Spezialfälle ist der sogenannte *Pinch-Effekt*. Diese Bezeichnung charakterisiert eine Erscheinung, die in Gasentladungen bei hoher Stromstärke zu beobachten ist.

Mit dem Durchgang eines Stromes ist die Entstehung elektrodynamischer Kräfte verbunden, die auf das ionisierte Gas rückwirken. Die elektrodynamische Kraft $\frac{1}{c} \cdot \boldsymbol{j} \times \boldsymbol{H}$, die auf die Volumeneinheit wirkt, ist im betrachteten Fall immer zur Achsenlinie des Stromes gerichtet, d. h., sie sucht das Plasma zu komprimieren (s. Abb. 61). Man kann deshalb erwarten, daß bei elektrischen Entladungen hoher Stromstärke im Entladungsrohr ein dünner Plasmafaden in großem Abstand von den Wänden entsteht. Wir wollen annehmen, daß sich in dem Plasmafaden ein Gleichgewicht zwischen den elektrodynamischen

Kräften, die das Plasma komprimieren, und den ihnen entgegenwirkenden Kräften des Gasdruckes einstellt. In diesem Fall ergibt sich eine recht einfache Beziehung zwischen der Temperatur des Plasmas und der Stromstärke in dem Plasmafaden. Wir werden diese Beziehung unter den folgenden vereinfachenden Voraussetzungen ableiten:

1. Der Strom fließt nur an der Oberfläche des Plasmafadens. Dies ist auf jeden Fall gültig bei Entladungen kurzer Dauer, wenn das Plasma eine hohe elektrische Leitfähigkeit besitzt. Der Grund ist darin zu suchen, daß nach den Gesetzen der Elektrodynamik bei einem schnell verlaufenden Vorgang der Strom nicht in das Innere des Leiters eindringen kann und nur innerhalb einer dünnen Grenzschicht fließt. Diese Erscheinung trägt die Bezeichnung Skin-Effekt.
2. Die Temperatur der Elektronen und Ionen ist gleich und konstant über den Querschnitt des Fadens.
3. Der Plasmafaden hat die Gestalt eines geraden Zylinders mit kreisförmigem Querschnitt.

Aus der ersten Voraussetzung folgt, daß die elektrodynamischen Kräfte in der Grenzschicht des Fadens angreifen und in dieser Schicht vom Plasmadruck kompensiert werden. Es gilt daher

$$p = \frac{H_I^2}{8\pi}, \tag{7.15}$$

wobei H_I das Magnetfeld bedeutet, das vom Strom in der äußeren Grenzschicht des Fadens erzeugt wird. Wegen der vorausgesetzten Gleichheit von T_e und T_i ist der Plasmadruck $2nkT$. Die magnetische Feldstärke in der Grenzschicht des Fadens ist der Stromstärke I direkt und dem Radius des Fadens r_0 umgekehrt proportional. In jedem Lehrbuch über die Theorie der Elektrizität findet man die Formel

$$H_I = \frac{2I}{cr_0}. \tag{7.16}$$

Hier ist c die Lichtgeschwindigkeit. I wird in elektrostatischen Einheiten eingesetzt.

Setzt man in Gleichung (7.15) die entsprechenden Ausdrücke für p und H ein, erhält man nach einfachen Umformungen

$$I^2 = 4c^2\pi r_0^2 nkT. \tag{7.17}$$

Die Größe $\pi r_0^2 n$ ist die Anzahl der Teilchen eines Vorzeichens je Längeneinheit des Plasmafadens. Wir wollen sie mit N bezeichnen. Damit nimmt die Gleichung (7.17) die Gestalt

$$I^2 = 4c^2 NkT \tag{7.18}$$

an. Wenn man für k den Zahlenwert einsetzt und I in Ampere ausdrückt ($1\,A = 3 \cdot 10^9$ elektrostatische cgs-Einheiten), erhält man aus Gleichung (7.18) einen Ausdruck, der für praktische Rechnungen sehr zweckmäßig ist:

$$I_A^2 = 5{,}5 \cdot 10^{-14} N T. \tag{7.19}$$

Die Beziehung zwischen I und T wurde von uns für den Fall abgeleitet, daß der Strom an der Oberfläche des Plasmafadens fließt. Eine genauere theoretische Untersuchung zeigt jedoch, daß die Beziehung bei beliebiger Stromverteilung über den Querschnitt des Plasmafadens ihre Gültigkeit behält, solange gesichert ist, daß die Temperatur überall die gleiche ist.

Wir wollen jetzt ein konkretes Beispiel betrachten, das den Verhältnissen nahekommt, bei denen gewöhnlich die physikalischen Versuche mit dem Pinch-Effekt durchgeführt werden. Wir geben uns ein mit Wasserstoff gefülltes Entladungsrohr mit einem Anfangsdruck von 0,1 Torr vor. Der Radius des Rohres soll 10 cm und die Entladungsstromstärke $5 \cdot 10^5$ A betragen. Unter den angegebenen Bedingungen wird $N = \pi r_0^2 n = 2 \cdot 10^{18}$. Die Temperatur des Plasmas, die nach Gleichung (7.19) zu berechnen ist, beträgt in diesem Fall ungefähr zwei Millionen Grad Kelvin.

Dieses Zahlenbeispiel ist in einer Hinsicht interessant: es zeigt, daß die Erreichung sehr hoher Temperaturen in Laborversuchen zumindest im Prinzip ohne weiteres möglich ist, denn es bereitet keine Schwierigkeiten, mit Hilfe moderner Methoden der Elektrotechnik für einen kurzen Zeitraum einen Entladungsimpuls mit einer Stromstärke von $5 \cdot 10^5$ A (und sogar noch bedeutend höhere Stromstärken) zu erzeugen. Wir werden nun einige Bemerkungen über die Resultate der experimentellen Untersuchung derart intensiver Entladungen machen.

Der Pinch-Effekt, d. h. das Komprimieren eines Plasmas durch einen hindurchfließenden Strom, kann nicht nur in Versuchsanordnungen mit geraden Entladungsrohren erzeugt werden. Regt man durch Induktion eine Entladung im Inneren eines Rohres an, das die Gestalt eines hohlen Ringes hat (Abb. 67), so erhält man ein ringförmiges Plasma, das sich bei genügend

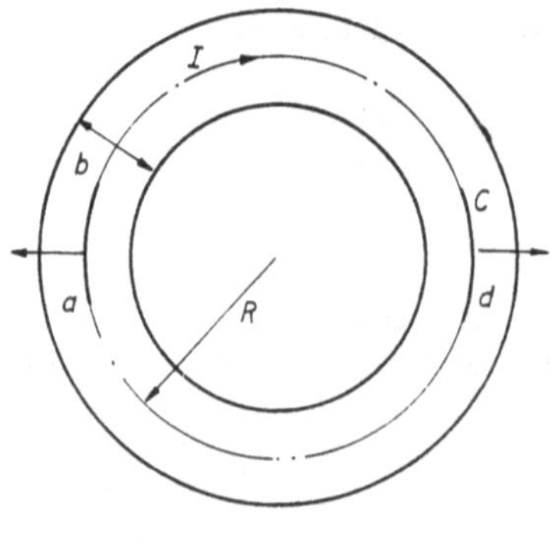

Abb. 67. Ausdehnung eines Ringstromes

hoher Stromstärke ebenfalls zusammenzieht. Dabei vergrößert sich jedoch gleichzeitig mit der Verringerung der Querschnittsfläche des Plasmakanals der Radius des Ringes, in dem der Strom fließt. Die Vergrößerung des Stromringes hängt damit zusammen, daß auf jedes Teilstück dieses Ringes das Magnetfeld der anderen Teile des Ringes wirkt; beispielsweise wirkt auf das Teilstück *ab* das Feld des Teilstücks *cd*. Ströme entgegengesetzter Richtung stoßen einander ab, also stößt das Stück *cd* das Stück *ab* ab. Der Stromring ist also bestrebt, seinen Radius R zu vergrößern. Diese Eigenschaft eines Ringstromes ist ein Beispiel für eine allgemein geltende Gesetzmäßigkeit aus der Elektrodynamik: Ein Leiter, in dem ein Strom fließt, ist allgemein bestrebt, seine Induktivität (d. h. seinen Selbstinduktionskoeffizienten) zu vergrößern. Für einen gestreckten Leiter vergrößert sich die Induktivität durch Vergrößerung seiner Länge und Verringerung seines Querschnittes.

Wenn es keine Kräfte gäbe, die die Ausbreitung des Ringes behindern, würde sich der Plasmaring bis an die Außenwand des Gefäßes erweitern. Unter bestimmten Bedingungen können jedoch die Kräfte, die den Kanal auszudehnen suchen, kompensiert werden. Dies ist der Fall, wenn das Gefäß aus einem Metall mit hinreichend großer Leitfähigkeit besteht. Die Entstehung der Kräfte, die die Ausweitung des Plasmaringes kompensieren, hängt mit dem Auftreten sogenannter *Spiegelströme* zusammen. Wenn sich die Plasmawindung ausdehnt, dringen die Kraftlinien ihres Magnetfeldes in die Wandung des Gefäßes ein, wie dies in Abb. 68 dargestellt ist. Infolgedessen entsteht eine elektromotorische Kraft, durch deren Wirkung in der Wand ein Strom fließt. Dieser Strom ist gerade der Spiegelstrom. Er ist so gerichtet, daß er das Eindringen des Magnetfeldes der Plasmawindung in die Wand behindert. Daraus folgt, daß seine Richtung der Richtung des Stromes im Plasma entgegengesetzt ist; diese Ströme stoßen daher einander ab. Die abstoßende Kraft zwischen dem Strom im Plasma und dem Spiegelstrom wächst stark bei der Annäherung der Plasmawindung an die Wand. Die Rechnung zeigt, daß schon bei verhältnismäßig geringen Verschiebungen des Plasmaringes bezüglich der Achse des Gefäßes die durch den Spiegelstrom hervorgerufene Kraft der Ausweitungskraft der Plasmawindung das Gleichgewicht hält. Die Bewegung der Plasmawindung wird also schnell aufgehalten.

In Wirklichkeit sind die Verhältnisse etwas verwickelter, weil der Spiegelstrom nur eine Folge des Eindringens des magnetischen Feldes in die Wand des Gefäßes ist. Wenn also die Bewegung des Plasmafadens völlig zum Stillstand gekommen ist, fällt auch die Ursache für die Entstehung des Spiegelstromes fort. Tatsächlich setzt sich die Ausweitung der Plasmawindung auch nach Erreichung des Gleichgewichtszustandes fort, sie verläuft nur langsamer. In Entladungen verhältnismäßig kurzer Dauer (wesentlich weniger als eine Sekunde) hält daher die stabilisierende Wirkung der metallischen Umhüllung nahezu in voller Stärke an, und die Plasmawindung bleibt im Inneren des toroidalen Entladungsgefäßes, ohne seine Wände zu berühren.

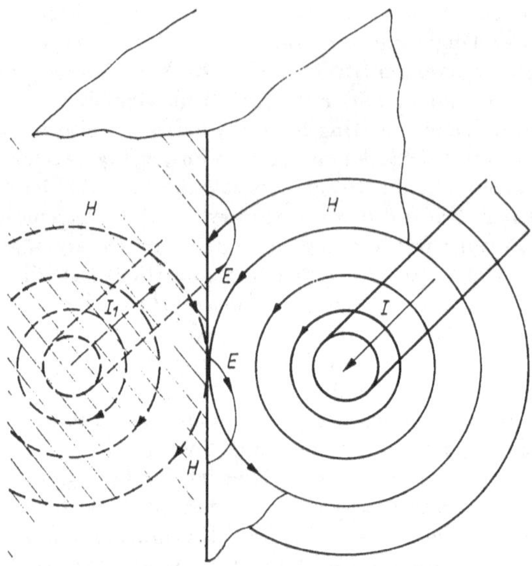

Abb. 68. Entstehung des *Spiegelstromes* in der leitenden Wandung eines Entladungsgefäßes

Neben diesen Prozessen mit stationärem Charakter, bei denen den elektrodynamischen Kräften vom Plasmadruck das Gleichgewicht gehalten wird, sind auch dynamische Prozesse möglich, deren wichtigstes Merkmal eine beschleunigte Bewegung des Plasmas ist. In unmittelbarer Form tritt die Beschleunigung eines Plasmas in dem sogenannten Plasmainjektor auf. Ein solcher Injektor ist ein Gerät, das mit außerordentlich großer Geschwindigkeit einen Plasmastrahl oder auch einzelne Plasmawolken (sogenannte Plasmoide) in ein Vakuum hineinschießt.

In Abbildung 69 ist eine der einfachsten Anordnungen für einen Impulsplasmainjektor dargestellt, der zur Erzeugung schneller Plasmoide bestimmt ist. Der Injektor besteht aus zwei koaxialen Metallzylindern, an die die Spannung

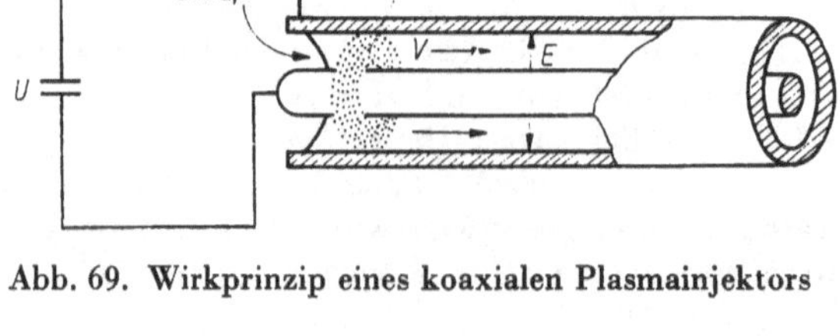

Abb. 69. Wirkprinzip eines koaxialen Plasmainjektors

einer leistungsstarken Kondensatorbatterie gelegt werden kann. Die Batterie ist auf Hochspannung aufgeladen und dient als Energiereservoir. Durch ein schnell öffnendes Ventil im Raum zwischen den Zylindern wird zu einem gewissen Zeitpunkt eine bestimmte Gasmenge eingelassen. Bevor das gesamte Volumen des Injektors erfüllt und durch sein offenes Ende wieder auszuströmen beginnt, wird mit Hilfe eines Schalters an den Injektor die Spannung angelegt. Daraufhin baut sich zwischen den zylindrischen Elektroden eine Entladung auf und erzeugt ein Plasma. Der Strom fließt in radialer Richtung. Die Wechselwirkung des Stromes mit dem von ihm erzeugten Magnetfeld ruft einen elektrodynamischen Druck hervor, der das Plasma beschleunigt und in Pfeilrichtung durch den Injektor treibt.

Auf den betrachteten Fall ist Gleichung (7.4) anwendbar, wobei in erster grober Näherung der gaskinetische Druck vernachlässigt werden kann (d. h., man kann den Term mit grad p weglassen). Je größer die Stromstärke durch das Plasma und je kleiner die Masse des Gases ist, um so größer ist die Geschwindigkeit der Plasmawolke beim Austritt aus dem Injektor.

Ein aufmerksamer Leser wird uns entgegenhalten, daß bei unserer Untersuchung dieses einfachen Plasmainjektors alle Überlegungen auf der makroskopischen Vorstellung von der Beschleunigung eines Plasmas unter der Einwirkung makroskopischer Kräfte beruhen; der physikalische Mechanismus dieses Prozesses bleibt dabei bis zu einem gewissen Grade offen. Wir wollen daher untersuchen, wie sich bei dem beschriebenen Vorgang die Teilchen beider Plasmakomponenten verhalten.

Die elektrodynamische Kraft $\frac{1}{c}\boldsymbol{j} \times \boldsymbol{H}$, die die Beschleunigung des Plasmas hervorruft, ist auf die Elektronenkomponente beschränkt, weil der radiale Strom im Injektor von den leichten Elektronen und nicht von den schweren Ionen getragen wird. In der aufgeheizten Plasmawolke wird der überwiegende Teil der aufgenommenen gerichteten kinetischen Energie auf die Ionen übertragen — wiederum wegen ihrer relativ großen Masse (die Geschwindigkeiten der Elektronen und Ionen in Längsrichtung müssen wegen der Quasineutralitätsbedingung praktisch gleich sein). Auf diese Weise wird die zunächst auf die Elektronen übertragene Energie schließlich nahezu vollständig an die Ionenkomponente abgegeben. Die Ursache dieses etwas paradoxen Effektes ist leicht zu erklären. Sobald sich die Elektronen unter der Wirkung der elektrodynamischen Kräfte nur ein wenig im Injektor vorwärts bewegt haben, entsteht ein elektrisches Feld, das die Ionen zwingt, den Elektronen nachzufolgen. Die durch dieses Feld E auf die Elektronen wirkende Kraft kompensiert nahezu vollständig die elektrodynamische Kraft, denn zur Beschleunigung der Elektronen mit ihrer kleinen Masse ist nur eine sehr geringe Kraft erforderlich. Es gilt daher die Beziehung

$$neE = \frac{1}{c} j \cdot H.$$

Andererseits ist $m_i a = eE$, wobei a die Beschleunigung der Plasmawolke in Längsrichtung ist. Aus diesen Gleichungen erhalten wir

$$\varrho a = n m_i a = neE = \frac{1}{c} j \cdot H.$$

Demzufolge ergibt sich letzten Endes, daß das Plasma als Ganzes seine Geschwindigkeit unter dem Einfluß der elektrodynamischen Wechselwirkungskräfte zwischen dem Strom und dem Magnetfeld erhält, obwohl die einzelnen Ionen faktisch durch das elektrische Feld E beschleunigt werden.[1])

Mit Hilfe von Injektoren des besprochenen Typs kann man unter Laboratoriumsbedingungen leicht Plasmoide erzeugen, die auf Geschwindigkeiten von einigen hundert Kilometern je Sekunde beschleunigt wurden und eine Gesamtteilchenanzahl von 10^{18} bis 10^{19} enthalten. Ein anderes Beispiel für einen Vorgang, bei dem die Wechselwirkung zwischen dem Plasma und dem Magnetfeld einen dynamischen Charakter trägt, ist die Abbremsung eines ionisierten Gases im magnetohydrodynamischen Generator. Dieser neue Generatortyp zur Gewinnung von Elektroenergie, der auf der Ausnutzung von Plasmaströmungen beruht, wird in Abschnitt 8.2. besprochen.

7.5. *Schwingungen und Wellen im Plasma*

In einem Plasma können Schwingungen und Wellen verschiedener Art entstehen und sich ausbreiten. Sie äußern sich in periodischen Dichteänderungen der Ladungsträger und periodischen Änderungen der elektrischen oder magnetischen Feldstärke. Den einfachsten Typ von Schwingungsvorgängen im Plasma stellen die sogenannten LANGMUIRschen Elektronenschwingungen dar, deren Entstehungsmechanismus in Abb. 70 dargestellt ist. Im Inneren

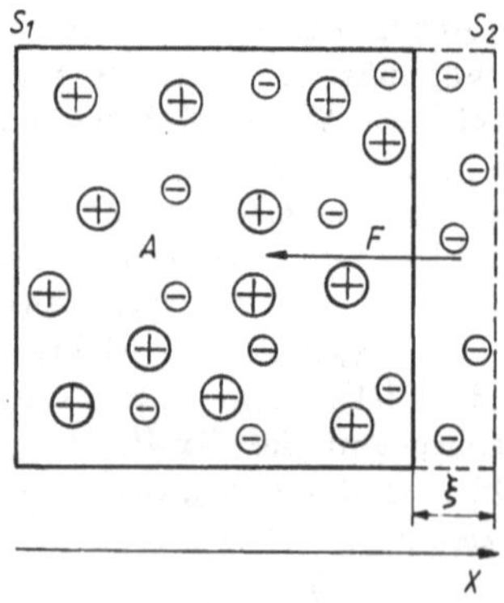

Abb. 70. Entstehung von LANGMUIR-Schwingungen im Plasma

1) Dieses elektrische Feld wird häufig als HALL-Feld bezeichnet.

des Volumens A haben sich die Elektronen um einen kleinen Betrag in x-Richtung verschoben. Die Ursache für diese Verschiebung ist für uns zunächst unerheblich; sie kann einen völlig zufälligen Charakter besitzen. Durch die Bewegung der Elektronen nach rechts entstehen auf den Oberflächen S_1 und S_2, die das Volumen A begrenzen, elektrische Ladungen. Diese Ladungen erzeugen ein elektrisches Feld in einer solchen Richtung, daß die von ihm ausgehende Kraft F die Elektronen in ihre Ausgangsstellung zurückzuziehen bestrebt ist. Diese rücktreibende Kraft kann man mit der Kraft vergleichen, die auf ein aus seiner Gleichgewichtslage ausgelenktes Pendel wirkt. In beiden Fällen ist die rücktreibende Kraft der Auslenkung proportional. Unter dem Einfluß dieser Kraft entwickeln sich periodische Schwingungen, bei denen die Auslenkung sinusförmig von der Zeit abhängt. Die Frequenz der Schwingungen, d. h. ihre Anzahl je Sekunde, ergibt sich nach der folgenden Formel:

$$\nu_0 = \frac{1}{2\pi}\sqrt{\frac{f}{m}}, \tag{7.20}$$

wobei f die Elastizitätskonstante, d. h. das Verhältnis der Kraft zur Auslenkung, und m die Masse des schwingenden Körpers sind. Diese Formel ist für beliebige Prozesse gültig, die unter der Einwirkung rücktreibender Kräfte ablaufen. Insbesondere gilt für den Fall der betrachteten Elektronenschwingungen im Plasma[1])

$$F = eE = 4\pi n e^2 \xi. \tag{7.21}$$

Folglich wird

$$f = 4\pi n e^2 \quad \text{und} \quad \nu_0 = \frac{\omega_0}{2\pi} = \sqrt{\frac{n e^2}{\pi m_e}} = 9 \cdot 10^3 \sqrt{n_e}. \tag{7.22}$$

Es sei daran erinnert, daß wir dieser Größe schon früher in einem etwas anderen Zusammenhang begegnet sind. Nach Gleichung (5.11) bedeutet sie nämlich die kritische Frequenz für elektromagnetische Wellen, d. h. die kleinste Frequenz, bei der die Wellen von außen in das Plasma eindringen können.

Die Schwingungen der Ionen im Plasma haben einen etwas komplizierteren Charakter. Wegen der großen Masse der Ionen verlaufen diese Schwingungen langsam, und die Elektronen folgen wegen ihrer großen Beweglichkeit den Ionen nach. Dabei kompensieren sie vollständig die elektrischen Felder, die

[1]) Die elektrische Feldstärke innerhalb eines Volumens A ist gleich $4\pi q$, wenn q der Ladungsüberschuß auf einem Quadratzentimeter der Grenzflächen S_1 oder S_2 ist. Die um die Distanz ξ verschobenen Elektronen erzeugen einen Ladungsüberschuß $q = ne\xi$.

bei diesen Schwingungen entstehen. Wir wollen hier nicht den Mechanismus der Ionenschwingungen untersuchen. Es soll hier nur erwähnt werden, daß ihre Ausbreitung im Plasma der Schallausbreitung in einem neutralen Gas analog ist. Dieser *Ionenschall* breitet sich mit einer Geschwindigkeit von der Größenordnung der thermischen Ionengeschwindigkeit aus, wenn im Plasma thermisches Gleichgewicht zwischen den Ionen und Elektronen herrscht, d. h., wenn $T_e \approx T_i$. Wenn T_e viel größer als T_i ist, wird die Geschwindigkeit der Schallausbreitung ungefähr $\sqrt{kT_e/m_i}$, d. h., die Schallwelle läuft mit der gleichen Geschwindigkeit, die die Ionen hätten, wenn ihre Temperatur der Elektronentemperatur gleich wäre. Die theoretische Untersuchung zeigt, daß sich die Schallwellen insbesondere im zuletzt betrachteten Fall frei ausbreiten können, d. h. wenn die Ionen eine wesentlich niedrigere Temperatur als die Elektronen besitzen. Wenn die Schallgeschwindigkeit von der Größenordnung der thermischen Ionengeschwindigkeit ist, wie dies im Falle $T_i \approx T_e$ gilt, werden die Schallwellen im Plasma sehr schnell verschluckt, d. h., ihre Energie wird vom Plasma absorbiert und geht in Wärme über. Unter solchen Bedingungen kann sich der Schall im Plasma nur über sehr kurze Entfernungen fortpflanzen.

Die LANGMUIRschen Elektronenschwingungen und der Ionenschall sind periodische Massenbewegungen in Ausbreitungsrichtung. Mit ihnen ist die Entstehung elektrischer Längsfelder verknüpft. In einem Plasma können sich aber auch gewöhnliche elektromagnetische Wellen ausbreiten. Elektromagnetische Wellen einfachster Art sind periodische Vorgänge, bei denen ein elektrisches und ein magnetisches Feld miteinander untrennbar verbunden sind. Breitet sich die Welle im Vakuum aus, so ist ihre Geschwindigkeit immer ein und dieselbe und besitzt den Wert c. Sowohl das elektrische als auch das magnetische Feld der Welle steht senkrecht zu ihrer Ausbreitungsrichtung, d. h., die Welle besteht aus transversalen Schwingungen der beiden Komponenten des elektromagnetischen Feldes (Abb. 71). In der Materie breitet sich

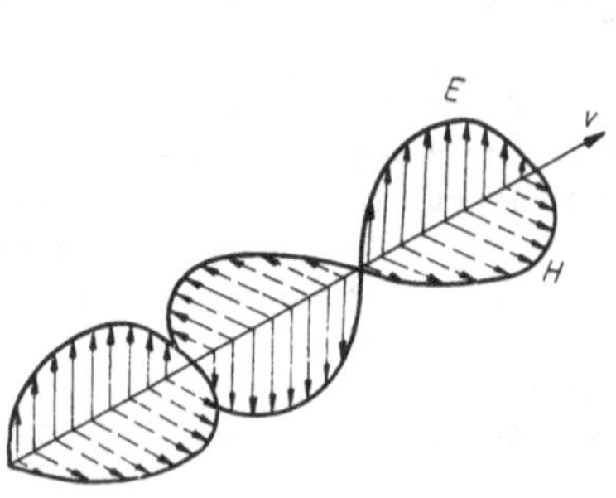

Abb. 71. Schwingungen des elektrischen und des magnetischen Feldes in einer elektromagnetischen Welle

eine elektromagnetische Welle mit der Geschwindigkeit $c/\sqrt{\varepsilon}$ aus, wobei ε die Dielektrizitätskonstante ist. In einem Plasma ohne Magnetfeld ist die Dielektrizitätskonstante kleiner als Eins; die Ausbreitungsgeschwindigkeit der elektromagnetischen Welle übersteigt deshalb die Lichtgeschwindigkeit im Vakuum. Die Welle kann nicht in das Plasma eindringen und sich in ihm ausbreiten, wenn die Schwingungsfrequenz kleiner als ν_0 wird, weil in diesem Fall die Dielektrizitätskonstante negativ und die Ausbreitungsgeschwindigkeit der Wellen imaginär werden.

Besonderes Interesse verdient das Problem der elektromagnetischen Wellenausbreitung im Plasma im Magnetfeld. Wir haben es hier mit einer äußerst komplizierten Erscheinung zu tun, für die eine gründliche Untersuchung im Rahmen dieses Buches außerordentlich schwierig und außerdem kaum zweckmäßig ist. Wir wollen uns deshalb auf eine allgemeine Beschreibung einiger wichtiger Sonderfälle beschränken. Allgemein kann festgestellt werden, daß das magnetische Feld keinen wesentlichen Einfluß auf die Ausbreitung der elektromagnetischen Wellen durch das Plasma erlangen kann, wenn die Schwingungsfrequenz in der Welle die Umlaufsfrequenz der Elektronen im LARMOR-Kreis um ein Vielfaches übersteigt. Die Schwingungen der Elektronen verlaufen dann so schnell, daß das Magnetfeld keine Wirkungen auf sie ausüben kann. Die Dielektrizitätskonstante des Plasmas hat deshalb in diesem Fall denselben Wert wie bei $H = 0$.

Der entgegengesetzte Grenzfall liegt dann vor, wenn die Schwingungsfrequenz sehr klein ist. Wenn sie wesentlich kleiner als die LARMOR-Frequenz der Ionen im Plasma ist, nimmt die Ausbreitung elektromagnetischer Wellen im Plasma sehr eigenartige Formen an. Die Gesetzmäßigkeiten für die Ausbreitung niederfrequenter Wellen im Plasma lassen sich sehr einfach beschreiben, wenn die Ausbreitungsrichtung der Wellen mit der Richtung des konstanten Magnetfeldes $\boldsymbol{H}_0$ zusammenfällt. In diesem Fall stehen das elektrische und das magnetische Wechselfeld der Welle senkrecht auf $\boldsymbol{H}_0$ (Abb. 72). Wir

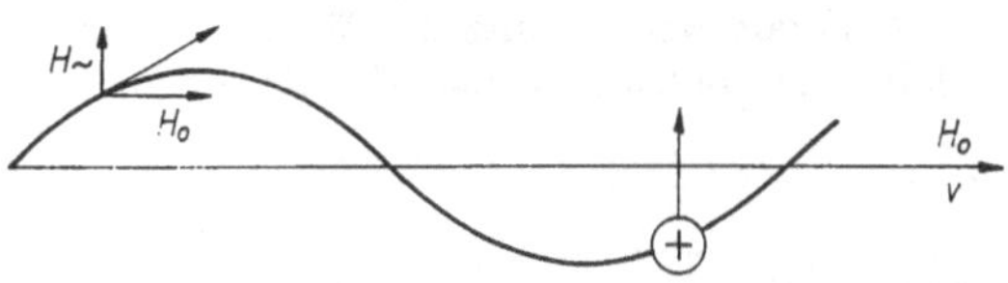

Abb. 72. Gekrümmter Verlauf einer magnetischen Kraftlinie (Kurve) als Ergebnis der Überlagerung des magnetischen Wechselfeldes $\boldsymbol{H}_\sim$ einer elektromagnetischen Welle und des konstanten Magnetfeldes $\boldsymbol{H}_0$

wenden nun unsere Aufmerksamkeit der geometrischen Form des Magnetfeldes zu. Die Feldstärke an jedem Punkt des Raumes ergibt sich aus der Vektorsumme von $\boldsymbol{H}_0$ und dem Wechselfeld der Welle. Infolge dieser Verlagerung haben die Kraftlinien eine wellenförmige Struktur. Weil sie in der Materie eingefroren sind, muß bei ihrer Deformation das Plasma ebenfalls in Bewegung geraten und an den Schwingungen teilnehmen. Die Energie des elektromagnetischen Feldes geht beim Eindringen in das Plasma in erheblichem Maße in kinetische Energie der Teilchenschwingungen über. Die Ausbreitungsgeschwindigkeit der Wellen in einem dichten Plasma muß daher bedeutend geringer als die Vakuumlichtgeschwindigkeit sein. Die Verhältnisse sind hier bis zu einem gewissen Grade der Ausbreitung elastischer Wellen längs eines Drahtes analog. Wenn auf einem beliebigen Teilstück des Drahtes die Dichte des Materials (Masse je Längeneinheit) zunimmt, verringert sich die Geschwindigkeit der Welle entsprechend. Bei der Ausbreitung magnetischer Wellen längs eines konstanten Magnetfeldes im Plasma verhalten sich die Kraftlinien wie elastische Fäden, auf die Schwingungen übertragen werden. Diese Linien sind mit dem Plasma „belastet", und die Geschwindigkeit der Wellen verringert sich. Die Veränderung der Wellengeschwindigkeit im Plasma läßt sich auch an Hand einer etwas formaleren Betrachtung überblicken, bei der wir uns das in Abschnitt 7.2. über die Dielektrizitätskonstante im Plasma mit Magnetfeld Gesagte vergegenwärtigen.

In einem dichten Plasma ist in Anwesenheit eines Magnetfeldes die Dielektrizitätskonstante gemäß Gleichung (7.12) durch $4\pi\varrho c^2/H^2$ gegeben. Die Ausbreitungsgeschwindigkeit der Wellen längs des Magnetfeldes folgt aus der Gleichung

$$u = c/\sqrt{\varepsilon} = H/\sqrt{4\pi\varrho}. \tag{7.23}$$

Diese transversalen elektromagnetischen Wellen, die sich längs der Kraftlinien ausbreiten wie auf einem elastischen Faden, werden zu Ehren eines schwedischen Astrophysikers, der ihr Auftreten voraussagte, als ALFVÉNsche Wellen bezeichnet.

Auch die Eigenschaften der Schallwellen ändern sich im Plasma mit Magnetfeld in starkem Maße. Bei einer Schallwelle verlaufen die Schwingungen der Materie in der Ausbreitungsrichtung der Welle. Das im Plasma eingefrorene Magnetfeld hat einen beträchtlichen Einfluß auf die Schallschwin-

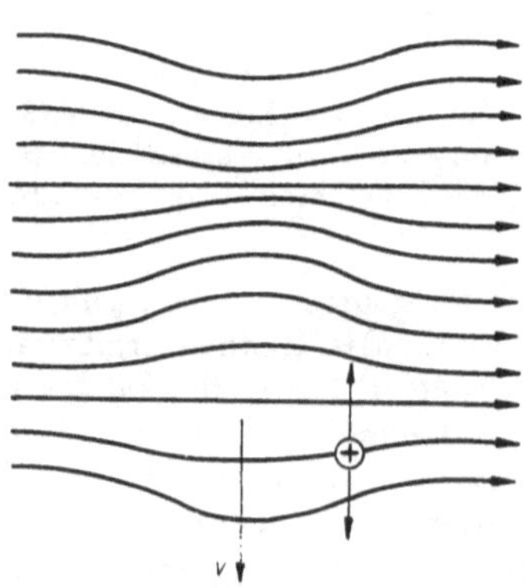

Abb. 73. Ausbreitung einer Schallwelle in einem Plasma im Magnetfeld. Die Welle ist mit einer Auslenkung der Kraftlinien verknüpft

gungen, wenn die Welle senkrecht zu den Kraftlinien verläuft, im Gegensatz zu den elektromagnetischen Wellen mit ihren transversalen Schwingungen. Die Ausbreitung einer Schallwelle im Plasma mit Magnetfeld ist in Abb. 73 schematisch dargestellt. Sie ist mit periodisch sich ändernden Krümmungen der Kraftlinien verbunden. Die Ausbreitungsgeschwindigkeit einer solchen Welle in einem Plasma mit nicht zu hoher Temperatur ist ebenfalls durch Gleichung (7.23) gegeben; d. h., sie fällt mit der Geschwindigkeit der ALFVÉN-schen Wellen zusammen.

Man kann Schallwellen, die senkrecht zu den Kraftlinien des Magnetfeldes gerichtet sind, im Plasma beispielsweise dadurch anregen, daß man die Feldstärke dieses Feldes in der Nähe der Berandung des Plasmas schnellen periodischen Veränderungen unterwirft.

Wir haben als Beispiel für das Auftreten von Wellen und Schwingungen im Plasma einige sehr einfache Fälle ausgewählt. Es existiert eine Vielzahl von Schwingungs- und Wellenvorgängen im Plasma, die in ihrer Gesamtheit sehr verwickelte Erscheinungen darstellen, von deren Darstellung wir jedoch in diesem Buche Abstand nehmen müssen.

8. Die Perspektiven technischer Anwendungen

8.1. Kontrollierte thermonukleare Reaktionen

Gegenwärtig entwickelt sich die Plasmaphysik hauptsächlich in solchen Richtungen, die in der Perspektive außerordentlich wichtige und interessante technische Anwendungen erwarten lassen. Unter diesen Anwendungen steht ihrer prinzipiellen Bedeutung wegen an erster Stelle die Erschließung riesiger Energiereserven. Diese Reserven ruhen in den Kernen der leichten Elemente, die in der Natur weit verbreitet sind. Obwohl die Lösung dieser außerordentlich schwierigen Aufgabe noch in ferner Zukunft liegt, wird dem gestellten Ziel eine große Bedeutung zugemessen. Die Lösungswege sind so eng mit den wichtigsten Entwicklungsrichtungen der Plasmaphysik verbunden, daß die Fortschritte auf diesem Teilgebiet der Physik zur Zeit kaum von den Problemen bei der Ausnutzung der Energie der leichten Elemente zu trennen sind. Im folgenden wird ein kurzer Abriß über die Entwicklung und den gegenwärtigen Stand dieses Problemkreises gegeben.

Im Gegensatz zu den Kernen der schweren Elemente wie Uran und Thorium, deren Energie durch Spaltungsprozesse — d. h. durch Zerlegung in leichtere Teilstücke durch Neutronenbeschuß — freigesetzt werden kann, können die Kerne leichter Elemente nur bei Fusionsreaktionen Energie abgeben — d. h. bei solchen Prozessen, bei denen sich zwei Kerne auf eine außerordentlich kleine Distanz nähern und zu einem neuen schwereren Kern verschmelzen. Das einfachste Beispiel für eine Fusionsreaktion stellt die Verschmelzung von Deuteriumkernen unter Bildung von Helium oder Tritium dar[1]). Diese Kernreaktion ist in der folgenden Form darstellbar:

$$\mathrm{H}^2 + \mathrm{H}^2 \begin{cases} \to \mathrm{He}^3 + n^1 \\ \to \mathrm{H}^3 \;\; + \mathrm{H}^1 \end{cases} . \tag{8.1}$$

Die Symbole, die in diese Gleichung eingehen, besitzen die folgende Bedeutung: n^1 bedeutet Neutron; H^1, H^2, H^3 sind die Kerne der drei aufeinanderfolgenden Isotope des gewöhnlichen Wasserstoffes: Wasserstoff, Deuterium und Tritium, und He^3 ist der Kern des Heliumatoms mit der relativen Massenzahl 3.

[1]) Wir erinnern daran, daß Deuterium ein Waserstoffisotop mit der relativen Massenzahl 2 und Tritium ein Wasserstoffisotop mit der relativen Massenzahl 3 ist.

Der Kern des H^2 heißt auch Deuteron und der des H^3 Triton. Die beiden Pfeile bedeuten, daß bei dem Zusammenstoß zweier Deuteronen entweder ein Heliumkern und ein Neutron oder ein Tritiumkern und ein Proton entstehen können. Im ersten Fall werden bei jedem Elementarakt der Kernfusion ungefähr 3,3 MeV (Millionen Elektronenvolt) und beim zweiten etwa 4 MeV freigesetzt. Bezogen auf die gleiche Masse, entspricht die bei diesen Prozessen gebildete Energie ungefähr der Energie, die bei den Spaltungsreaktionen in Uranreaktoren frei wird.

Die Bedingungen, die für den Ablauf einer Fusionsreaktion und einer Spaltungsreaktion erfüllt sein müssen, sind jedoch völlig voneinander verschieden. Spaltungsreaktionen sind in einem Medium möglich, dessen Atome ruhen, weil die Atomkerne in diesem Falle eine passive Rolle spielen: sie sind lediglich Zielscheiben für den Neutronenbeschuß. Im Gegensatz dazu können Fusionsreaktionen nur in einem Stoff ablaufen, dessen Atomkerne sich mit großen Geschwindigkeiten bewegen. Der Elementarprozeß der Fusion kann nur dann stattfinden, wenn sich die wechselwirkenden Teilchen auf sehr geringe Distanzen nähern (auf größenordnungsmäßig 10^{-13} cm) und dabei ihre gegenseitige elektrostatische Abstoßung überwinden. Dies ist jedoch nur möglich, wenn ihre relativen Geschwindigkeiten sehr groß sind. Eine große Relativgeschwindigkeit der Teilchen eines Mediums bedeutet, daß das Medium eine sehr hohe Temperatur besitzen muß. Demnach stellt für die Auslösung einer intensiven Fusionsreaktion die starke Aufheizung des Mediums eine unerläßliche Bedingung dar, woraus sich die Bezeichnung thermonukleare Reaktionen erklärt.

Eine Rechnung ergibt für die Fusionsreaktion in Deuterium nach der Formel (8.1) eine merkliche Intensität erst für Temperaturen der Größenordnung einiger Millionen Grad. Damit jedoch die freiwerdende Kernenergie für technische Anwendungen interessant wird, muß man die Temperatur des Deuteriums auf einige hundert Millionen Grad hinauftreiben. In diesem Temperaturbereich kann das Deuterium nicht mehr im neutralen Zustand existieren, sondern wandelt sich in ein hochionisiertes Plasma um, das aus schnellen Deuteronen und schnellen Elektronen besteht. Offensichtlich besteht die Hauptschwierigkeit darin, dieses Hochtemperaturplasma von den Wänden der Apparatur zu isolieren, in der es entsteht. Ohne diese Isolation könnte man das Plasma wegen seiner ausgezeichneten Wärmeleitfähigkeit nicht einmal auf einige hunderttausend Grad aufheizen, weil es unmittelbar die gesamte eingespeiste Energie an die Wände abgeben würde. Es ist also eine außerordentlich wirksame Wärmeisolation erforderlich, durch die ein Kontakt des Plasmas mit den verschiedenen Materialien seiner Umgebung verhindert werden kann. Dies bedeutet, daß das Plasma völlig von einem Vakuum umgeben sein muß. Wie kann man aber das Plasma daran hindern, die Grenzschicht zu durchdringen, oder mit anderen Worten gesagt, wie kann man die Ausbreitung des Plasmas in das Vakuum vermeiden? Offensichtlich kann dies nur unter Verwendung magnetischer Felder erreicht werden, deren Kraftlinien das Plasma einschließen. In diesem Zusammenhang ist Gleichung (7.2) von Bedeutung, in der im wesentlichen der Gedanke der thermischen Isolation des Plasmas durch ein Magnetfeld seinen Ausdruck findet. In bezug auf das Problem der kontrollierten thermonuklearen Fusion ist dieser Gedanke in der UdSSR zum ersten Male 1950 von A. D. SACHAROV und I. E. TAMM ausgesprochen worden. Unabhängig davon beschritten etwa zur gleichen Zeit englische und amerikanische Physiker genau den gleichen Weg, wobei wegen der damaligen strengen Geheimhaltung niemand wußte, was auf diesem Gebiet in anderen Ländern geschah. Der Gedanke, der magnetischen Wärmeisolation führte in der UdSSR schnell zur Entwicklung experimenteller Anlagen.

Im ersten Stadium der experimentellen Untersuchung wurde diese Idee durch Ausnutzung des Pinch-Effektes in die Praxis umgesetzt. Wie schon im vorigen Abschnitt beschrieben wurde, bildet sich beim Durchgang eines starken Stromes durch ein Plasma infolge der Verdichtung durch elektrodynamische Kräfte eine Plasmasäule, die nicht mehr mit den Wänden des Entladungsrohres in Verbindung steht. Bei diesem Vorgang erfüllt der elektrische Strom drei Aufgaben: 1. Im Anfangsstadium erzeugt er ein Plasma durch Ionisationsprozesse. 2. Durch elektrodynamische Kräfte wird das Plasma verdichtet. 3. Auf Kosten der JOULEschen Wärme wird das Plasma auf hohe Temperaturen erhitzt. Das in Abschnitt 7.3. besprochene einfache Beispiel zeigt, daß man unter verhältnismäßig einfachen und leicht realisierbaren Anfangsbedingungen ein Deuteriumplasma größenordnungsmäßig auf viele Millionen Grad aufheizen und mit der Anregung einer recht intensiven thermonuklearen Reaktion rechnen könnte. Die Experimente ergaben jedoch sehr schnell, daß die anfänglichen optimistischen Berechnungen wesentlicher Korrekturen bedurften. Es stellte sich heraus, daß der stromführende Plasmafaden eine außerordentlich instabile und empfindliche Struktur besitzt. Verschiebungen während des millionsten Teiles einer Sekunde infolge einer Instabilität des Plasmas verändern die geometrische Form des Fadens vollständig und können das erhitzte Plasma mit den Wänden des Entladungsrohres in Berührung bringen. Die hohe Temperatur, die im Anfangsstadium des Vorganges bei der schnellen Verdichtung des Plasmas durch elektrodynamische Kräfte entsteht, bleibt also nur während eines winzigen Zeitraumes erhalten.

Bei den Versuchen, die in der UdSSR in diesem frühen Forschungsstadium auf dem Gebiet der kontrollierten thermonuklearen Reaktionen durchgeführt wurden, betrug die maximale Stromstärke im Plasma während des Impulses $10^5 \cdots 10^6$ A bei einer Stromanstiegszeit von Null bis zum Maximalwert von $5 \cdots 10\,\mu$s. Der Anfangsdruck des Deuteriums (mit dem die grundlegenden Untersuchungen durchgeführt wurden) lag gewöhnlich bei einem Hundertstel bis zu einem Zehntel Torr. Unter diesen Anfangsbedingungen verläuft der Vorgang folgendermaßen: Zu Beginn zieht sich das Plasma schnell in Richtung auf die Achse des Entladungskanals zusammen. Im letzten Stadium der Verschiebung erreicht die Temperatur des Plasmafadens sehr hohe Werte: größenordnungsmäßig eine Million oder sogar einige Millionen Grad. Daran schließen sich schnelle radiale Schwingungen des Plasmafadens an: er dehnt sich aus, verdichtet sich und dehnt sich wieder aus. In diesem Stadium beginnt sich immer stärker die Instabilität des Fadens bemerkbar zu machen, wobei eine intensive Wechselwirkung des Plasmas mit den Wänden einsetzt. Diese Wechselwirkung führt zu einer Verunreinigung des Deuteriums und zu einer schnellen Abkühlung. All dies ereignet sich im Verlauf einiger Mikrosekunden. Wenn der Strom seinen Maximalwert erreicht hat, ist die Temperatur des Plasmas schon bedeutend niedriger geworden im Vergleich zu dem Wert, den sie zur Zeit der ersten starken Verdichtung hatte. Die aufeinanderfolgenden Stadien bei der Entstehung des Fadens sind auf Abb. 74 zu sehen. Jede Aufnahme repräsentiert eine Zeitdauer von etwa 0,5 μs, und die Zeit zwischen zwei Aufnahmen ist ungefähr von gleicher Dauer.

Natürlich kann man unter solchen Verhältnissen nicht mit intensiven thermonuklearen Reaktionen rechnen. Der bei den Versuchen beobachtete kurze Neutronenausstoß während einer Dauer von etwa 0,1 Mikrosekunden ist im Grunde nicht die Folge einer thermonuklearen Reaktion, sondern wird von einer Gruppe sehr schneller Deuteronen erzeugt. Diese Deuteronen sind von elektrischen Feldern beschleunigt worden, die durch die starken Instabilitäten im Plasma entstehen. Obwohl diese neue Erscheinung für sich allein schon für die Plasmaphysik sehr interessant und überraschend ist, führt sie doch nicht zur Lösung des gestellten Problems, weil sie nur einen geringen Bruchteil der gesamten Teilchenzahl berührt und lediglich ein sehr kurzzeitiges Aufflackern der Kernreaktion auslöst.

Die Ergebnisse dieser Versuche führten uns direkt zu der entscheidenden Frage, von deren Lösung die Perspektiven für die Erzeugung gesteuerter thermonuklearer Reaktionen abhängt. Es ist zu untersuchen, unter welchen Bedingungen das erhitzte Plasma, das von magnetischen Kräften im Gleichgewicht gehalten wird, seine Stabilität bewahrt. Die Bearbeitung dieses Problems bestimmt gegenwärtig die wichtigsten Entwicklungsrichtungen in

Abb. 74. Fotografische Aufnahme von sieben aufeinanderfolgenden Phasen eines Fadens in einer Pinch-Entladung. Die Aufnahmen folgen aufeinander im Abstand von $5 \cdot 10^{-7}$ s

der Plasmaphysik. Ungeachtet der Vielzahl theoretischer Berechnungen und der verschiedensten Experimente ist seine Lösung immer noch offen. Wir können bis jetzt noch nicht mit völliger Sicherheit sagen, daß es möglich ist, ein dichtes heißes Plasma, das völlig von den Wänden isoliert und durch magnetische Kräfte im Vakuum gehaltert ist, hinreichend lange im Gleichgewicht zu halten. Das Wort „hinreichend" ist hier in dem Sinne gebraucht worden, daß für jedes Deuteron während der Existenzzeit des erhitzten Plasmas eine ausreichende Chance besteht, in eine Kernreaktion einzutreten. Zur Zeit ist die Erforschung von Methoden zur Erzeugung und Aufrechterhaltung eines Hochtemperaturplasmas untrennbar mit Stabilitätsuntersuchungen an verschiedenen Plasmakonfigurationen verbunden. Wenn wir uns mit den verschiedenen Wegen zur Erzeugung der thermonuklearen Fusion bekanntmachen, müssen wir das Stabilitätsproblem wenigstens in den Grundzügen berühren.

Wir wollen mit der Untersuchung der Stabilität eines Plasmafadens beginnen, durch den ein Strom fließt. Um die grundlegenden physikalischen Eigenschaften der Prozesse herausstellen zu können, vereinfachen wir die Aufgabe durch die Annahme, daß das Plasma eine ideale Leitfähigkeit besitzt. In diesem Fall fließt der Strom wegen des Skin-Effektes durch eine dünne Oberflächenschicht des Plasmas. Auf den Abbildungen 75 und 76 sind zwei

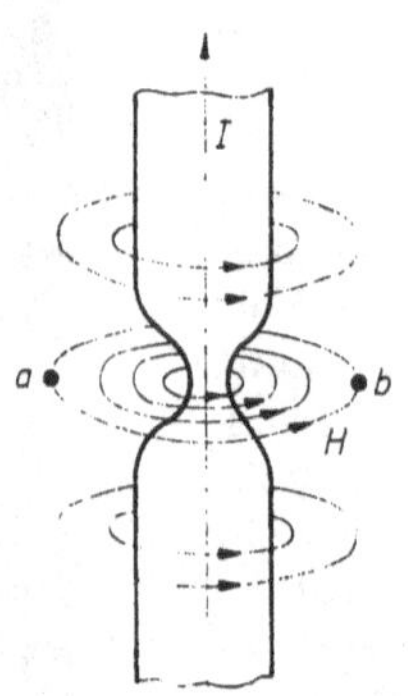

Abb. 75. Örtliche Einschnürung eines Plasmafadens

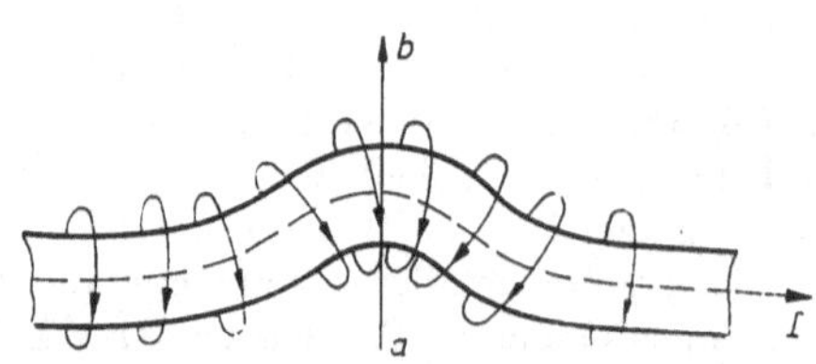

Abb. 76. Verbiegung eines Plasmafadens

einfache Typen der Deformation dargestellt, die in einer zylindrischen Plasmasäule infolge zufälliger Fluktuationen auftreten können.

Im ersten Falle gehen wir von einer örtlichen Verringerung des Radius des Plasmazylinders aus. Weil die magnetische Feldstärke an der Oberfläche des Plasmas bei gegebener Stromstärke dem Radius des Zylinders umgekehrt proportional ist, muß in der Ebene *ab* das Feld größer werden im Vergleich zu dem Wert, den es an der nicht deformierten Oberfläche besitzt. Der magnetische Druck $H^2/8\pi$, der das Plasma in dem deformierten Gebiet verdichtet, vergrößert sich also gegenüber den Nachbarbereichen. Der Plasmadruck ist überall der gleiche (weil das Plasma ungehindert aus einem Teilstück der Säule in ein anderes fließen kann). Im Gebiet der Einschnürung ist also das Gleichgewicht zwischen dem elektrodynamischen Druck und dem Plasmadruck gestört. Eine geringfügige anfängliche Deformierung vergrößert sich also rasch und führt zu einer Instabilität des Plasmas gegenüber örtlichen Änderungen im Durchmesser des Plasmafadens. Der Plasmafaden kann also infolge einer kleinen Einschnürung sehr schnell die in Abb. 75 gezeigte Gestalt annehmen.

Bei Deformationen in Form von Krümmungen (s. Abb. 76) hat die magnetische Feldstärke auf den gegenüberliegenden Seiten des gekrümmten Teilstückes unterschiedliche Werte. Auf der äußeren (ausgebuchteten) Seite wird er kleiner, und an der inneren (hohlen) Seite vergrößert er sich. Dabei entsteht eine Differenz des magnetischen Druckes, deren Richtung durch den Pfeil *ab* gegeben ist. Sie führt zu einer raschen Vergrößerung der anfangs vorhandenen Deformation. Der Plasmafaden ist demzufolge also auch instabil gegenüber Krümmungen.

Diese Art Instabilität gefährdet die Thermoisolation des Plasmas in erheblicher Weise, weil sie zwangsläufig zur Berührung des Fadens mit der Wand führen muß. Beide Arten der Instabilität sind keine spezifischen Eigenschaften von Plasmafäden. Sie sind in gleichem Maße für einen beliebigen gestreckten Stromleiter charakteristisch, der nicht starr ist, d. h., der einer Formänderung keinen Widerstand entgegensetzt.

Es ist selbstverständlich, daß nach Möglichkeiten zur Stabilisierung gesucht wird, seit die Instabilität von Plasmaleitern bekannt ist. Man kann versuchen, zusätzliche Magnetfelder äußerer Herkunft, die nichts mit dem Feld des Plasmastromes zu tun haben, zur Stabilisierung zu verwenden. Wir wollen annehmen, daß auf der Oberfläche der Entladungsröhre die Windungen von Spulen angeordnet sind, die im Inneren der Röhre ein starkes Magnetfeld mit parallelen Kraftlinien in Richtung des Plasmastromes erzeugen (s. Abb. 58). Wie schon im vorigen Kapitel erläutert wurde, kann man den Kraftlinien des Magnetfeldes Eigenschaften zuschreiben, wie sie für elastische Gummifäden charakteristisch sind. Sie sind daher bestrebt, sich in Längsrichtung zu verkürzen und sich seitlich auszudehnen. Diese beiden Eigenschaften können bei einer Deformation des Plasmazylinders eine stabilisierende Wirkung ausüben. Bei der Bildung einer örtlichen Verengung (Abb. 77) drängen sich die Kraftlinien im Inneren des Plasmaleiters zusammen, und der magnetische Druck im Plasma nimmt zu. Außerhalb verringert sich die Kraftliniendichte und damit auch der magnetische Druck, der von dem Zusatzfeld herrührt. So kommt als Ergebnis der Deformation an der Grenze des Plasmas eine Differenz der magnetischen Drücke zustande, die bei hinreichend großer Feldstärke des Längsfeldes zur Wiederherstellung der ursprünglichen Form des Plasmaleiters führt.

Bei einer Krümmung (s. Abb. 78) müssen sich die Kraftlinien des Längsfeldes strecken. Damit erhöht sich ihre Spannung, und es entsteht eine Kraft F, die die Krümmung rückgängig zu machen sucht. Zur Unterstützung des

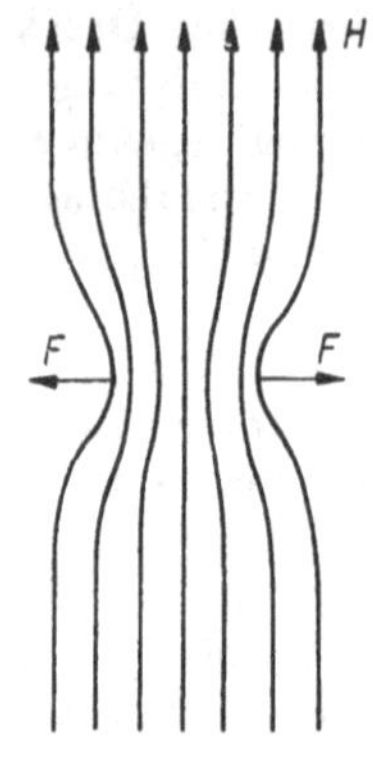

Abb. 77. Kompression der magnetischen Kraftlinien eines längsgerichteten Magnetfeldes bei örtlicher Einschnürung einer stromführenden Plasmasäule

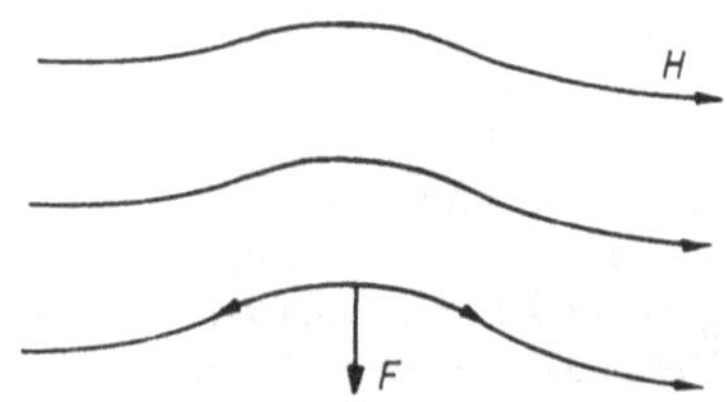

Abb. 78. Dehnung der magnetischen Kraftlinien bei einer Krümmung der stromführenden Plasmasäule

längsgerichteten Feldes bei der Verhütung von Instabilitäten kann man zusätzlich eine leitende metallische Hülle verwenden. Wie wir schon früher gesehen haben, entsteht bei der Annäherung des Plasmaleiters an eine Metalloberfläche ein Spiegelstrom, der den Plasmastrom abstößt. Dieser Effekt kompensiert die Abweichung des Plasmafadens der Achse des Entladungsgefäßes, wenn das Gefäß aus Metall besteht oder in eine leitende metallische Hülle eingeschlossen ist. Auf der Ausnutzung dieser Möglichkeiten zur Aufrechterhaltung der Stabilität beruht die Konstruktion der Anlagen, an denen zur Zeit der Aufheizvorgang durch einen im Plasma fließenden Strom untersucht wird. Eine solche Anlage ist schematisch in Abb. 79 dargestellt. Das Entladungsgefäß besitzt eine toroidale Form. Es umschlingt einen eisernen Transformatorkern. In dem Gas, das den Entladungsraum ausfüllt, wird ein Strom induziert. Die durch die Entladung entstehende Plasmawindung spielt die Rolle der Sekundärwicklung des Transformators. Zur Stabilisierung der Plasmawindung dient ein magnetisches Längsfeld, das von einer Spule erzeugt wird, die das Entladungsgefäß umgibt. Das Gefäß wird gewöhnlich doppelwandig ausgeführt. Das Plasma befindet sich im Inneren einer dünnen gewellten Hülle aus rostfreiem Stahl, deren Dicke 0,2 ··· 0,3 mm beträgt. Dieses dünne Innengefäß wird Liner genannt und ist in einem dicken Kupfergehäuse angeordnet, wobei der Zwischenraum zwischen dem Liner und dem äußeren Gehäuse mit besonderen Pumpen auf Hochvakuum evakuiert wird. Diese Experimente können unter ausgezeichneten Vakuumbedingungen durch-

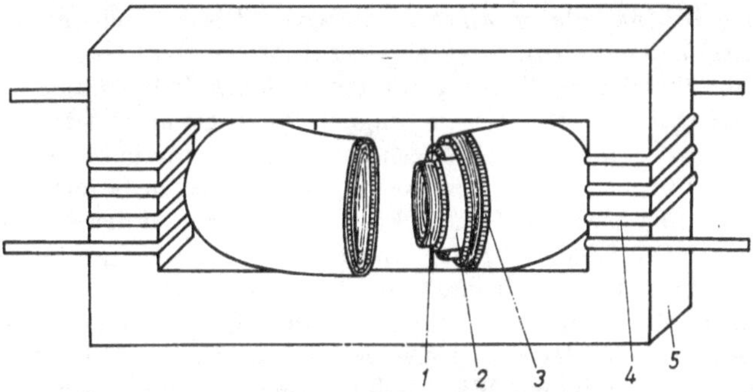

Abb. 79. Schematische Darstellung eines toroidalen Entladungsgefäßes mit longitudinalem Magnetfeld
1: Inneres Entladungsgefäß oder Liner; 2: äußeres Kupfergehäuse; 3: Wicklung, die das längsgerichtete Magnetfeld erzeugt; 4: Primärwicklung des Transformators (die Sekundärwicklung bildet die Plasmawindung); 5: Eisenkern

geführt werden, weil der Liner, in dem der Plasmafaden erzeugt wird, jederzeit durch Erhitzen auf hohe Temperatur (indem man einen Strom hindurchschickt) entgast werden kann.

Die Versuchsanlagen von diesem Typ sind in der UdSSR entwickelt und erprobt worden. Sie bilden zur Zeit unter der Bezeichnung „Tokamak" eine Gattung für sich. Die größte von ihnen ist für Plasmaströme von $1{,}5 \cdot 10^5$ bis $2{,}5 \cdot 10^5$ A und Stabilisierungsfelder in Längsrichtung bis $4 \cdot 10^4$ Oe ausgelegt. Die Existenzdauer der Plasmawindung, die im „Tokamak" bei einem Entladungsimpuls erzeugt wird, beträgt $5 \cdot 10^{-3} \cdots 6 \cdot 10^{-2}$ Sekunden. Bis jetzt sind in Anlagen dieses Typs Plasmen auf Temperaturen von einigen Hunderttausend bis 5 ··· 6 Millionen Grad bei Konzentration von $4 \cdots 5 \cdot 10^{13}\,\mathrm{cm}^{-3}$ aufgeheizt worden. Es ist einleuchtend, daß die Plasmatemperatur mit zunehmender Stromstärke im Plasma ansteigt. Bei einer Temperatur der Ionenkomponente über 3 Millionen Grad kann in einem Deuteriumplasma Neutronenstrahlung thermonuklearer Herkunft beobachtet werden. Die Dauer dieser Strahlung ist in der gleichen „Tokamak"-Anlage unter optimalen Verhältnissen größer als 30 Millisekunden.

Bis jetzt ist noch schwer zu sagen, wie die weiteren Perspektiven der Arbeiten in dieser Richtung aussehen und auf welche Temperatur ein Plasma durch Stromfluß aufgeheizt werden kann. Auch das Problem der Stabilität der

Plasmawindung ist noch nicht gelöst. Obwohl alle Versuche ergaben, daß in den Anlagen der „Tokamak"-Gattung bei hinreichend starken Längsfeldern die Plasmawindungen keine äußeren Anzeichen ernstzunehmender Instabilität zeigen, bedeutet dies noch keineswegs einen Zustand absoluter Stabilität. Außer schnellen und kräftigen Deformationen kann auch eine äußerlich kaum erkennbare Form der Instabilität auftreten, die sich als allmähliches Auseinanderfließen der Plasmawindung auswirkt. Diese Erscheinung ist auf die sogenannte anomale Diffusion zurückzuführen: Das Plasma breitet sich wesentlich schneller in Richtungen quer zu den Feldlinien aus, als nach den klassischen Diffusionsgesetzen im Magnetfeld zu erwarten wäre.

Die theoretischen Untersuchungen der letzten Jahre haben eine Reihe von Prozessen erforscht, die als Ursache für die anomale Diffusion in Frage kommen. Im Grunde beruhen all diese Prozesse auf ein und demselben physikalischen Vorgang, auf der Anfachung von Plasmaschwingungen der verschiedensten Art durch Energieübertragung von den gerichteten Ladungsträgerströmungen. Die gerichtete Bewegung einer Plasmakomponente in bezug auf die andere (d. h. der Elektronen relativ zu den Ionen) ist nichts anderes als ein elektrischer Strom. Wie wir im vorigen Kapitel gesehen haben, entstehen solche Ströme in Plasmen, die von einem Magnetfeld durchdrungen sind (sie entstehen sogar, wenn äußere Spannungsquellen fehlen). Die Erregung von Schwingungen im Plasma durch einen gerichteten Teilchenstrom ist in gewissem Sinne der Wellenbildung im Meer durch den Wind verwandt. Es besteht jedoch der wesentliche Unterschied, daß der gewöhnliche Wind eine Wellenbewegung an der Oberfläche des Meeres hervorruft, während der elektrische *Wind* im Plasma räumliche Wellen anfacht.

Wir wollen daran erinnern, daß ein durch das Plasma fließender gerichteter Teilchenstrom nur solche Plasmawellen erregen kann, deren Ausbreitungsgeschwindigkeit der Geschwindigkeit dieses Teilchenstromes nahekommt. Bei der Entstehung von Schwingungen und Wellen im Plasma treten elektrische Felder auf, die auch Komponenten senkrecht zu $\boldsymbol{H}$ besitzen können. Die Anwesenheit dieser Komponenten bewirkt eine Driftbewegung quer zu den Kraftlinien des Magnetfeldes. Diese Driftbewegung stellt gerade die anomale Diffusion dar.

Jetzt muß noch eine endgültige Antwort auf die Frage gegeben werden, ob die ungewöhnlich hohe Diffusionsgeschwindigkeit ein unvermeidlicher Nachteil der ringförmigen Plasmafäden in den hier diskutierten Anlagen ist. Es ist nicht ausgeschlossen, daß bei einem sehr großen Verhältnis der Feldstärke des längsgerichteten Feldes zu der des Plasmastromes alle auftretenden Instabilitätserscheinungen einschließlich der anomalen Diffusion unterdrückt werden. Wenn sich diese optimistische Annahme als richtig erweist, eröffnen sich die Möglichkeiten, ein Plasma mit Hilfe eines Stromes bis auf zehn Millionen Grad aufzuheizen. Bei dieser Temperatur werden in einer Plasmawindung mit einer Teilchenkonzentration von $10^{13} \cdots 10^{14}$ cm^{-3} recht intensive thermonukleare Reaktionen ausgelöst.

Zur thermischen Isolierung eines Hochtemperaturplasmas muß nicht notwendigerweise der Pinch-Effekt ausgenutzt werden, bei dem der Strom durch die Plasmawindung die wichtigste Rolle spielt. Das Plasma kann auch durch ein von äußeren Quellen erzeugtes Magnetfeld vor dem Kontakt mit den Wänden des Gefäßes bewahrt werden. Systeme dieser Art, bei denen äußere Magnetfelder die Aufgabe der Thermoisolation erfüllen, heißen magnetische Fallen. Sehr einfache Ausführungsbeispiele solcher Fallen sind in den Abbildungen 16 und 80 dargestellt. Auf dem ersten dieser Bilder ist ein System

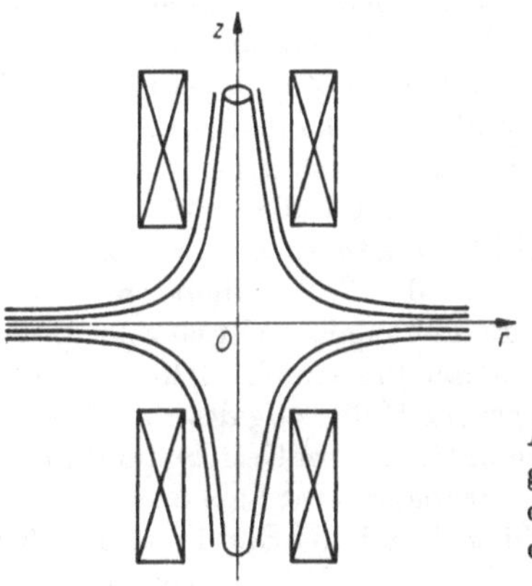

Abb. 80. Schema einer Falle mit entgegengesetzt gerichteten Magnetfeldern (die Rechtecke stellen die Spulen dar, die das Magnetfeld erzeugen)

aus zwei magnetischen Spiegeln dargestellt, das schon im Abschnitt 2 besprochen wurde. Hier wächst das magnetische Feld nach beiden Seiten längs der Achse, und die Teilchen, deren Geschwindigkeitsrichtungen mit der Richtung der Kraftlinien einen hinreichend großen Winkel bilden, werden zurückgeworfen und können durch die Grenzen des magnetischen Systems wegen der hohen Feldstärken nicht entweichen. Eine in der Falle eingeschlossene Plasmawolke wird einen gewissen Bereich in ihrem mittleren Teil ausfüllen und etwa die Form einer Spindel oder eines Zeppelins annehmen.

Es soll noch erwähnt werden, daß in einer Falle des betrachteten Typs auch im Zustand der völligen Stabilität das Plasma nur dann längere Zeit festgehalten werden kann, wenn seine Temperatur sehr hoch oder seine Dichte sehr gering ist. Es genügt ein einziger Stoß, damit die Geschwindigkeitsrichtung eines Teilchens sich ändert und es das Gebiet der dichtliegenden Kraftlinien durchdringen kann. Es muß also gefordert werden, daß Zusammenstöße zwischen den Ladungsträgern selten vorkommen. Dies ist nur bei hoher Temperatur oder sehr niedriger Konzentration erfüllt.

Das zweite magnetische System unterscheidet sich dadurch von dem ersten, daß bei ihm die magnetischen Felder der beiden Spulen entgegengesetzte Richtung haben. Die Kraftlinien in dem Raum zwischen ihnen verlaufen deshalb zur Seite wie die Haare zweier gegeneinander gedrückter Rasierpinsel. Die Feldstärke an einem bestimmten Punkt 0 auf der Achse ist gleich Null. In der Nähe des Punktes 0 wächst die Feldstärke sowohl in Achsenrichtung als auch senkrecht dazu linear an (d. h. proportional zu dem Abstand von 0). In einem solchen magnetischen System, das man als Falle mit entgegengesetzt gerichteten Feldern bezeichnen kann, nimmt das Plasma ein Volumen von der Form eines Brummkreisels ein. In diesem System können ebenfalls Teilchen mit nicht zu kleinem Neigungswinkel der Geschwindigkeit zu den Kraftlinien festgehalten werden.

Weil in den magnetischen Fallen das äußere Feld lediglich die Aufgabe der thermischen Isolation erfüllt, muß das Plasma durch einen gesonderten Mechanismus aufgeheizt werden. Zu diesem Zweck wurde eine Reihe von Verfahren vorgeschlagen und erprobt. Man kann beispielsweise ein Hochtemperaturplasma erzeugen, indem man durch einen speziellen Generator eine Ladungsträgerwolke herstellt und in die Falle einführt. Man kann auch eine Plasmawolke durch einen elektrodynamischen Injektor auf hohe Geschwindigkeiten beschleunigen und in die Falle hineinschießen. Allerdings steht bis jetzt an erster Stelle der Bemühungen nicht so sehr die Suche nach Methoden zur Beschickung der Falle mit Plasma als vielmehr die Erkundung von Bedingungen, unter denen die stabile Halterung des aufgeheizten Plasmas in der Falle möglich ist. Wir wollen unter diesem Gesichtspunkt die einfachen Systeme untersuchen, die wir schon kennengelernt haben.

Die schwersten Befürchtungen hinsichtlich der Stabilität bestehen bei dem ersten dieser Systeme, der Falle mit gewöhnlichen magnetischen Spiegeln. Dieses System hat einen offensichtlichen Nachteil: die magnetische Feldstärke fällt in radialer Richtung von der Achse her ab. Das Plasma besitzt diamagnetische Eigenschaften und ist wie jeder diamagnetische Stoff bestrebt, sich in Richtung des schwächer werdenden Feldes zu bewegen. Wenn also irgendwo an der Oberfläche der Plasmawolke, die sich im mittleren Teil der Falle befindet, ein kleiner Auswuchs oder Höcker entsteht, wird dieser in radialer Richtung wachsen. So entwickeln sich beliebige zufällige Deformationen zu Auswüchsen, die sich immer weiter entfernen, bis nach sehr kurzer Zeit die zunächst begrenzte Plasmawolke über das gesamte Volumen der Falle verteilt ist und sich durch den Kontakt mit den Wänden des Gefäßes abkühlt. Zu dem gleichen Resultat gelangt man, indem man die Änderung des Verhältnisses zwischen dem Plasmadruck und dem Druck des Magnetfeldes bei Verformungen der Plasmaoberfläche untersucht. Der Einfachheit halber wollen wir annehmen, daß das Plasma in dem von ihm erfüllten Volumen das Magnetfeld vollständig verdrängt hat. An der Grenze zwischen dem Plasma und dem Feld wird dann der Druck $p = H^2/8\,\pi$. Wenn sich ein kleines Oberflächenstück des Plasmas nach außen verschiebt, so gelangt es in ein Gebiet mit geringer Feldstärke, und das Gleichgewicht der Kräfte ist gestört: der Plasmadruck kann nun nicht mehr durch elektrodynamische Kräfte kompensiert werden. Die Deformation wird sich also ständig vergrößern. Diese qualitativen Überlegungen stehen mit ausführlichen theoretischen Berechnungen im Einklang und sind durch zahlreiche Experimente bestätigt worden. Ungeachtet der vielen Versuche, Plasmen in Spiegelfallen stabil zu halten, und einer Reihe verfrühter Erfolgsmeldungen über solche Experimente ist es in Wirklichkeit noch niemand gelungen, ein reines Wasserstoffplasma mit hoher Ionentemperatur in einem solchen magnetischen System länger als einige zehn Mikrosekunden zu stabilisieren.

Fallen mit einander entgegengerichteten Feldern zeigen diesen Mangel nicht, weil für sie das Anwachsen der magnetischen Feldstärke von einem zentralen Bereich aus, in dem das Plasma lokalisiert werden soll, nach allen Richtungen hin charakteristisch ist. Eine in einem solchen magnetischen System festgehaltene Plasmawolke ist also in bezug auf Verformungen der Oberfläche stabil. Die Theorie sagt indessen für solche Systeme einen Nachteil anderer Art voraus — das Ausströmen des Plasmas in Richtung der spitzen Kanten des ausgefüllten Volumens (d. h. durch den Rand der Symmetriefläche der Plasmawolke). Dieser Nachteil der Fallen mit entgegengerichteten Feldern ist unmittelbar darauf zurückzuführen, daß in ihrem Inneren Gebiete existieren, in denen die Feldstärke auf Null zurückgeht. Für ein durch dieses Gebiet hindurchfliegendes Teilchen ist die Konstanz des Verhältnisses $W_{\perp}/H$ nicht mehr gewährleistet. Beim Eindringen in ein Gebiet verschwindenden Feldes geht der Zusammenhang zwischen den Richtungen der Teilchengeschwindigkeit und der Kraftlinien verloren. Das Verbot für Teilchen mit großen Winkeln zwischen ihrer Geschwindigkeit und dem Vektor $\boldsymbol{H}$, aus der Falle zu entweichen, verliert also seine Wirkung. Für ein durch dieses Gebiet fliegendes Teilchen besteht eine beträchtliche Wahrscheinlichkeit, den Winkel zwischen seiner Bahnkurve und den Kraftlinien zu verändern und danach unter einem kleinen Winkel zur Richtung von $\boldsymbol{H}$ (indem es sich in der Nähe einer Symmetrieebene des magnetischen Systems bewegt) das Plasma zu verlassen. Diese theoretische Ableitung ist bis jetzt noch nicht experimentell bestätigt, aber es ist kaum anzunehmen, daß dieses vorausgesagte Ausströmen des Plasmas völlig ausbleibt.

Die besten Aussichten für die Gewährleistung einer wirksamen Wärmeisolation von Hochtemperaturplasmen scheinen Fallen mit kombinierten magnetischen Feldern zu besitzen, die die Vorteile der in den Abbildungen 16 und 80 gezeigten Systeme vereinigen und ihre typischen Nachteile vermeiden. In solchen magnetischen Systemen darf die Feldstärke an keinem von Plasma erfüllten Ort auf Null zurückgehen; außerdem muß der Betrag von H außerhalb der Grenzen der Plasmawolke zunehmen. Eine der Möglichkeiten für ein magnetisches System, das diesen Forderungen genügt, ist in Abb. 81 schematisch dargestellt. Das Magnetfeld wird von zwei Spulen und sechs geradlinigen Stromleitern erzeugt, die symmetrisch bezüglich der Spulenachsen angeordnet sind. Wenn die Leiter fehlen würden, wäre das System eine gewöhnliche Spiegelfalle, in der die magnetische Feldstärke in Achsenrichtung nach beiden Seiten wächst und in radialer Richtung kleiner wird. Durch die Leiter mit ihren abwechselnden Stromrichtungen entsteht in der Ebene senkrecht zur Achse ein Feld, dessen Feldstärke mit zunehmender Entfernung von der Achse wächst. Speziell in dem System mit den sechs Leitern wächst der Betrag von H in der Nähe der Achse proportional zu r^2. In einer magnetischen Falle dieses

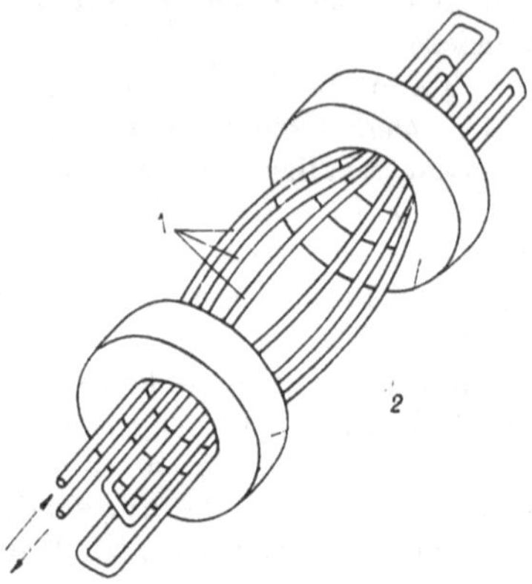

Abb. 81. Schema einer Falle mit kombinierten Magnetfeldern
1: Stromführende Längsleiter;
2: Spulen für das magnetische Hauptfeld

Typs ist zum ersten Mal der stabile Einschluß eines Hochtemperaturplasmas für eine Zeitspanne von der Größenordnung einer Zehntelsekunde gelungen.

Eine solche Dauer erscheint auf den ersten Blick gering, wenn man sie mit den üblichen Zeitmaßstäben mißt. Bei der Gegenüberstellung mit den Zeiten, die für den Ablauf der Elementarprozesse im Plasma charakteristisch sind, erscheint sie außerordentlich eindrucksvoll. In einer Zehntelsekunde hat jedes schnelle Elektron, das sich in der erhitzten Plasmawolke befindet, den plasmaerfüllten Raum hunderttausendmal durchquert, wobei es jedes Mal an der Oberfläche dieses Gebietes zurückgeworfen wurde. Der von dem Elektron dabei zurückgelegte Weg beträgt Hunderte von Kilometern. Dies bedeutet, daß durch die Überwindung der gefährlichsten Instabilitätstypen die Teilchen zuverlässig eingeschlossen werden können. Dieses Ergebnis, das M. S. Joffé in der Abteilung für Plasmaforschung des Instituts für Atomenergie gelungen ist, ist das hervorragendste Ereignis bei der Erforschung der gesteuerten thermonuklearen Reaktionen in den letzten Jahren. Es ist natürlich verfrüht zu sagen, daß der Weg zur praktischen Verwirklichung thermonuklearer Generatoren durch diese erfolgreichen Versuche freigeworden ist. Zur Zeit kann man Plasmen mit Konzentrationen bis 10^{11} cm^{-3} im Magnetfeld stabil haltern; aber es ist noch nicht bekannt, ob man in Fallen dieses Typs dichte Plasmen für längere Zeit haltern kann. Wir haben jedoch das Gefühl, eines der Haupthindernisse überwunden zu haben; und es besteht die Hoffnung, daß uns einige Jahrzehnte intensiver und zielstrebiger wissenschaftlicher Forschung und technischer Entwicklungsarbeit dahin führen, daß die thermonukleare

Fusion zu einer der bedeutendsten neuen Energiequellen für die menschlichen Bedürfnisse wird.

Es soll betont werden, daß die Forschung auf dem Gebiet der kontrollierten thermonuklearen Fusion der allgemeinen Plasmaphysik einen gewaltigen Auftrieb gegeben hat. Dieses Gebiet, das früher irgendwo auf dem Hinterhof der Physik dahinvegetierte, hat in den letzten 15 Jahren einen Aufschwung genommen, der als Wiedergeburt bezeichnet werden kann. Die gründlichste Bearbeitung erfuhren die Wechselwirkungsprozesse des Plasmas mit einem Magnetfeld und insbesondere die verschiedenen Arten von Wellen und Schwingungen im magnetisierten Plasma. Durch die Anregung von Wellen und Schwingungen wird eine Vielzahl der verschiedensten Instabilitäten ausgelöst, die die Existenzdauer der Teilchen und die Erhaltung der Wärmeenergie im erhitzten Plasma verkürzen. Man könnte sagen, daß viele der Wellen-Melodien des Plasmas unsere Bemühungen um eine ideale Wärmeisolation mit einem Trauermarsch begleiten. Die Schwingungserscheinungen im Plasma müssen also sorgfältig untersucht werden, weil nur auf der Grundlage solcher Unternehmungen gangbare Wege zur Behebung der Instabilitäten gefunden werden können. Mit der experimentellen Erprobung der verschiedenen Verfahren zur Aufheizung und Halterung des Plasmas wurden gleichzeitig viele interessante physikalische Erscheinungen untersucht.

Es war schon früher die Rede davon, daß bei den ersten Versuchen mit leistungsstarken Impulsentladungen sehr kurzer Dauer die Entstehung schneller Ladungsträger beobachtet wurde. Später wurde eine ähnliche Erscheinung bei einer Reihe von Experimenten festgestellt, bei denen andere Methoden zur Aufheizung des Plasmas angewandt wurden. Diese schnellen Teilchen, die nicht aus thermonuklearen Reaktionen herrührten, wurden zunächst gewöhnlich als lästige Erscheinung betrachtet, die die Untersuchung der Plasmaaufheizung stört (nachdem sich die Experimentalphysiker davon überzeugen mußten, daß die Energie der schnellen Teilchen nichts mit der mittleren thermischen Energie der Elektronen und Ionen zu tun hat). Es stellte sich jedoch heraus, daß es bei der Mehrzahl der Versuche mit heißen Plasmen oft schwieriger ist, die schnellen Teilchen loszuwerden, als sie zu erzeugen. Es ist offensichtlich, daß wir es hier mit einer noch nicht näher bekannten charakteristischen Eigenschaft von Plasmaprozessen zu tun haben. Nichtstationäre Plasmen, in denen infolge der Schwingungen und Wellen nicht nur statistische Mikrofelder, sondern auch periodische elektrische Felder auftreten, erweisen sich als eigentümliche Beschleuniger, die Strömungen schneller Ionen und Elektronen erzeugen. Die Bedingungen, unter denen die schnellen Teilchen entstehen, können sehr unterschiedlich sein. Solche Bedingungen treten in Impulsentladungen unter Laborbedingungen, bei den Eruptionen auf der Sonnenoberfläche und bei der Entstehung und dem Zerfall von Sternatmosphären auf.

8.2. *Magnetohydrodynamische Energieumwandlung*

Wir werden uns kurz mit den anderen möglichen Anwendungen der Plasmaphysik in der zukünftigen Technik beschäftigen und unter ihnen diejenigen auswählen, die wegen ihrer bedeutsamen Perspektive einen großen wissenschaftlichen Forschungsaufwand rechtfertigen. Die erste dieser Anwendungen besteht in der Erforschung von Verfahren zur direkten Umwandlung der thermischen Energie eines Gases in elektrische Energie ohne mechanische Zwischenstufen.

Die Grundvorstellung, auf der die Verwendung von Plasmaprozessen zur nichtmechanischen Energieumwandlung beruht, ist sehr einfach. Sie besteht darin, daß ein ionisierter Gasstrahl, bei dem ein bedeutender Teil der ursprünglichen Gesamtenergie in kinetische Energie einer gerichteten Bewegung umgewandelt ist, quer zu den Kraftlinien durch ein Magnetfeld strömt (Abb. 82)

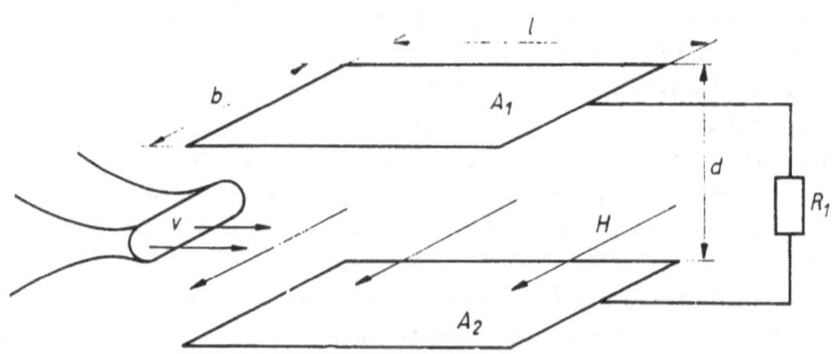

Abb. 82. Schematische Darstellung eines magnetohydrodynamischen Generators (links: Einströmdüse)

Beim Durchqueren der Kraftlinien wird in dem Plasmastrahl eine elektromotorische Kraft induziert. Die Feldstärke E des induzierten elektrischen Feldes beträgt $\frac{1}{c} \cdot vH$, wobei v die Geschwindigkeit der Plasmaströmung sein soll. Unter der Wirkung des induzierten elektrischen Feldes entsteht in dem Plasma ein elektrischer Strom, der senkrecht zu $\boldsymbol{v}$ und $\boldsymbol{H}$ gerichtet ist. Der Stromkreis wird durch einen äußeren Lastwiderstand über die Elektroden A_1 und A_2 geschlossen, die mit dem Plasma in Kontakt stehen. Eine Anlage, die nach diesem Prinzip aufgebaut ist, wird als magnetohydrodynamischer Generator (MHD-Generator) bezeichnet. Die elektrische Energie, die in den äußeren Stromkreis geliefert wird, ist der kinetischen Energie des Plasmastrahls entzogen worden. Die Plasmaströmung wird durch die Wechselwirkung zwischen dem Strom im Plasma und dem Magnetfeld verzögert. Die auf 1 cm³ des strömenden Plasmas wirkende Kraft ist gleich $1/c \cdot jH$. Bei der Verschiebung dieser Volumeneinheit längs eines Weges l wird die Arbeit $\frac{1}{c} \cdot jHl$ verrichtet, und um den gleichen Betrag verringert sich die kinetische Energie in der Volumeneinheit des Plasmas.

Die Arbeit der elektrodynamischen Kräfte ist die Quelle für die Energie, die in den äußeren Stromkreis geliefert wird. Wir wollen den Gesamtwiderstand des äußeren Kreises mit R_1 und den inneren Widerstand des Elektrodenzwischenraumes mit R_2 bezeichnen. Die Stromstärke im MHD-Generator beträgt dann nach dem OHMschen Gesetz

$$I = \frac{U}{R_1 + R_2}. \tag{8.2}$$

Wenn alle Größen im gewöhnlichen praktischen Maßsystem angegeben werden, so gilt $U = 10^{-8}$ vHd Volt, wobei d die vertikale Höhe der Plasmaströmung und v die mittlere Geschwindigkeit der Strömung ist (zur Vereinfachung soll angenommen werden, daß sich die Geschwindigkeit des Plasmas beim Durchlaufen der Elektroden nicht zu sehr verringert).

Die im äußeren Stromkreis verbrauchte Leistung beträgt

$$N = I^2 R_1 = \frac{U^2 R_1}{(R_1 + R_2)^2}. \tag{8.3}$$

Der Innenwiderstand des Generators hängt von der Leitfähigkeit des Plasmas und den geometrischen Abmessungen der Anordnung in folgender Weise ab:

$$R_2 = \frac{1}{\eta} \cdot \frac{d}{bl}. \tag{8.4}$$

In diesem Ausdruck ist b die horizontale Breite der Plasmaströmung und l die Länge der Elektroden, d. h. die Länge, auf der das Plasma abgebremst wird.

Es soll vorausgesetzt werden, daß das Magnetfeld über die gesamte Fläche $b \cdot l$ homogen ist. Unter den beschriebenen Verhältnissen, die die geometrischen Abmessungen des Generators und die Eigenschaften des Plasmastrahles festlegen, wird die maximal mögliche Leistung in den äußeren Stromkreis geliefert, wenn $R_1 = R_2$ ist[1]). In diesem speziellen Fall gilt

$$N = \frac{\eta v^2 H^2 \Omega}{4c^2}. \tag{8.5}$$

Hier ist $\Omega = dbl$ und bezeichnet das Arbeitsvolumen, in dem die Umwandlung der kinetischen Energie des Strahls in elektrische Energie erfolgt. Die umgewandelte Leistung je Volumeneinheit ist zu $\eta v^2 H^2$ proportional. Um

[1]) Dies entspricht jedoch nicht dem maximalen Wirkungsgrad.

diese Leistung so groß wie möglich zu machen, müssen die Leitfähigkeit und die Geschwindigkeit des Plasmastrahls vergrößert werden. Es muß betont werden, daß die Gleichung (8.5) unter stark vereinfachenden Annahmen über die physikalischen Prozesse abgeleitet wurde. Sie kann daher nur für sehr grobe Abschätzungen der elektrischen Leistung verwendet werden und ist keinesfalls als exaktes Resultat der Theorie des MHD-Generators zu betrachten.

Um eine allgemeine Vorstellung über die qualitativen Eigenschaften eines MHD-Generators zu vermitteln, wollen wir größenordnungsmäßige Angaben über die Spannung, den Strom und die Leistung mitteilen. Wenn $v = 1 \cdot 10^5$ cm/s, $H = 2 \cdot 10^4$ Oe und $d = 100$ cm sind, beträgt die elektromotorische Kraft $U = 2000$ V. Nehmen wir an, daß der spezifische Widerstand des Plasmas ungefähr 1 Ohm · cm und die Größen $b = 10$ cm und $l = 100$ cm betragen. Wir finden dann aus Gleichung (8.5), daß die an den äußeren Lastwiderstand abgegebene Leistung ungefähr 10000 kW beträgt, wenn der Innenwiderstand dem äußeren Widerstand gleich ist.

Wir richten jetzt unsere Aufmerksamkeit auf die Bewegung des Plasmastrahls im Magnetfeld, weil gerade auf diesem Prozeß das Prinzip der magnetohydrodynamischen Energieumwandlung beruht. Es ist jedoch offensichtlich, daß sich das Prinzip des MHD-Generators nicht auf diesen Prozeß beschränkt, bei dem die gerichtete kinetische Energie der Plasmaströmung in elektrische Energie umgewandelt wird. Die Ausgangsform der Energie ist die thermische Energie des Gases, die es entweder im Verlauf eines Verbrennungsprozesses oder durch Erwärmung eines Stoffes durch Kernenergie (im Atomreaktor) erlangt. Zu Beginn muß also die Energie der ungeordneten thermischen Bewegung in eine Energie der gerichteten Strömung umgewandelt werden. Zu diesem Zweck läßt man das auf hohe Temperatur erhitzte Gas durch eine spezielle gasdynamische Düse in das Vakuum ausströmen (s. Abb. 82). Bei diesem Ausströmen wird keine Arbeit gegen äußere Kräfte geleistet, und die thermische Energie des Gases wandelt sich einfach in die kinetische Energie der gerichteten Strömung um. Die Temperatur T_1 in dem Wärmereservoir (im Inneren des Atomreaktors oder im Verbrennungsraum) fällt demzufolge an der Austrittsöffnung der Düse auf T_2 ab.

Wir wollen uns eine Gasmenge mit der Masse 1 g auswählen und die Umwandlungen seiner Energie verfolgen. Zu Beginn beträgt die Energie in dieser Gasmenge $c_T T_1$, wobei c_T die spezifische Wärme ist. Nach der Ausbreitung wird die thermische Energie $c_T T_2$. Die Differenz dieser Größen stellt die kinetische Energie der gerichteten Bewegung dar, die für ein Gramm zahlenmäßig $v^2/2$ gleich ist. Die Geschwindigkeit der aus der Düse austretenden Strömung ist demzufolge durch die Gleichung

$$v = \sqrt{2 c_T (T_1 - T_2)}$$

gegeben. Es genügt allerdings nicht, einfach eine gerichtete Strömung eines schnell bewegenden Gases zu erzeugen. Es ist auch erforderlich, daß der Gasstrahl einen hinreichend hohen Ionisationsgrad besitzt, weil nur dann eine hohe elektrische Leitfähigkeit erreicht werden kann.

Die Erzeugung eines gut leitenden ionisierten Strahles ist eine der wichtigsten Aufgaben im gegenwärtigen Stadium der MDH-Forschung. Prinzipiell wäre die Aufgabe leicht zu lösen, wenn nicht technische Grenzen für die Erhöhung der Anfangstemperatur des Gases bestehen würden. Man kann natürlich bei hinreichend hoher Temperatur T_1 einen bedeutenden Teil der thermischen Anfangsenergie in kinetische umwandeln und dabei eine genügend hohe Endtemperatur T_2 gewährleisten, so daß das Gas thermisch ionisiert ist und eine gute Leitfähigkeit besitzt. Es ist jedoch zur Zeit noch schwierig, rechnerisch brauchbare Bedingungen zu ermitteln. Ein MHD-Generator mit einer Anfangsgastemperatur wesentlich über 2000 ··· 3500°K ist technisch nicht mehr realisierbar. Die Gastemperatur am Eingang des magnetischen Reaktionsraumes kann deshalb nicht viel höher als 3000°K sein. Bei dieser Temperatur ist Luft im Gemisch mit den Verbrennungsprodukten mineralischer Brennstoffe nur schwach ionisiert und besitzt keine hinreichend hohe Leitfähigkeit. Man kann lediglich darauf hoffen, daß die Leitfähigkeit sich erhöhen wird, wenn man dem Gasstrahl gewisse Stoffe mit niedrigen Ionisationspotentialen (einige Alkalimetalle) beifügt. Augenscheinlich werden die Verhältnisse günstiger, wenn als Energiequelle ein Atomreaktor verwendet wird, weil man dann als Träger der thermischen Energie ein beliebiges Gasgemisch verwenden kann, wenn es nur nicht starker radioaktiver Strahlung ausgesetzt ist.

Man kann insbesondere als Grundgas Helium wählen, dem zur Erhöhung der elektrischen Leitfähigkeit beispielsweise eine geringe Menge Cäsium beigemischt wird (das Ionisationspotential des Cäsium beträgt ungefähr 3,9 V, bei Helium dagegen 24,6 V). Es ist jedoch auch bei der Anwendung von Zusätzen zur Erhöhung des Ionisationsgrades schwierig, einen Plasmastrahl mit einem spezifischen Widerstand von weniger als einigen Ohm cm zu erzeugen, weil die Elektronentemperatur des Plasmas sehr niedrig ist.

Der in den Reaktionsraum zur magnetischen Energieumwandlung eintretende Plasmastrahl muß eine sehr hohe Dichte besitzen, um einen hohen Energiestrom übertragen zu können. Um über die Dichte des Plasmas eine Vorstellung zu vermitteln, geben wir zu bedenken, daß in dem oben betrachteten Zahlenbeispiel der in den magnetischen Reaktionsraum eintretende Energiestrom größer als 10^4 kW sein muß. Die Energiestromdichte muß also höher als 10 kW/cm^2 sein. Die Energiestromdichte ist gleich dem Produkt aus der Energie je cm^3 und der Bewegungsgeschwindigkeit des Plasmas. Es muß also $^1/_2 \cdot \varrho v^3 > 10^{11}$ erg/(s cm^2) sein (alle Größen sind in cgs-Einheiten einzusetzen). Bei einer Geschwindigkeit $v = 10^5$ cm/s muß die Dichte $2 \cdot 10^{-4}$ g/cm^3 übersteigen. Bei Luft entspricht diese Dichte einer Atom- und Ionenkonzentration von etwa $4 \cdot 10^{18}$ cm^{-3}. Zum Vergleich führen wir an, daß diese Konzentration bei Normaltemperatur einem Druck von etwa 100 Torr entspricht. Bei solchen Dichten ist der Austausch der thermischen Energien zwischen den Elektronen, Ionen und neutralen Atomen im Plasma des

MHD-Generators sehr intensiv. Dies bedeutet, daß die Elektronentemperatur nicht sehr hoch sein kann.

Die Größe T_e kann aus der Bilanz für die Energie, die durch das induzierte elektrische Feld auf die Elektronen übertragen wird, und für die bei den Stößen mit den Neutralatomen verlorene Energie berechnet werden. Bei dieser Bilanz spielen die Eigenschaften des verwendeten Gases eine entscheidende Rolle. In einem atomaren Gas mit hohem Ionisationspotential wird eine große Anzahl elastischer Stöße zwischen den Elektronen und den Atomen stattfinden. Bei jedem solchen Stoß überträgt ein Elektron nur einen sehr kleinen Teil seiner kinetischen Energie auf das Atom, und die gesamte Wärmeübertragung von der Elektronenkomponente auf die Atome ist deshalb relativ unbedeutend. Die Anregungsprozesse der Atome können in diesem Fall das energetische Gleichgewicht nicht beeinträchtigen, denn ein großer Teil der Energie, die den Elektronen durch unelastische Stöße verlorengeht und zur Anregung dient, wird letzten Endes wegen der starken Absorption der entstehenden Strahlung im Gas selbst zurückgewonnen. Man kann also annehmen, daß in einem Strahl eines ionisierten atomaren Gases die Elektronentemperatur T_e bedeutend höher als T_i und T_0 sein wird, d. h., das Plasma ist weit vom thermischen Gleichgewicht entfernt.

Wir gehen vom energetischen Gleichgewicht aus und werden das Verhältnis zwischen T_e und der Temperatur der schweren Teilchen abschätzen (unter der Annahme, daß $T_i = T_0$ gilt). Die den Elektronen in der Zeiteinheit übertragene Energie ist gleich der Leistung, die durch den inneren Widerstand des Generators umgesetzt wird. Unter der früher berechneten Bedingung $R_1 = R_2$ wird diese Leistung

$$N = \frac{\eta v^2 H^2 \Omega}{4 c^2}.$$

Der relative Anteil kinetischer Energie, den ein Elektron auf ein Atom oder Ion beim Stoß überträgt, ist im Mittel $2\, m_e/m_a$ (hier ist m_a die Masse eines Atoms). In der Zeiteinheit verlieren alle Elektronen im Volumen Ω die Energie

$$\sim \Omega n_e \frac{3}{2} k T_e \cdot \frac{2 m_e}{m_a} \cdot \frac{1}{\tau}.$$

Die Größe τ bezeichnet die mittlere Zeit zwischen zwei Stößen (s. Gleichung (5.6)). Wir setzen die Aufheizung der Abkühlung gleich und erhalten für die thermische Energie der Elektronen den Ausdruck

$$\frac{3}{2} k T_e \approx \frac{\eta \tau}{m_e n_e} \cdot \frac{1}{8} \cdot \frac{m_a v^2 H^2}{c^2}$$

$$= \frac{1}{2} m_a v^2 \frac{\tau^2}{4} \frac{e^2 H^2}{m_e^2 c^2} = \frac{1}{2} m_a v^2 \left(\frac{\omega_e \tau}{2}\right)^2.$$

Hier ist für η die Beziehung (5.5) eingesetzt worden. Die Größe ω_e ist die LARMOR-Frequenz des Elektronenumlaufs im Magnetfeld ($\omega_e = eH/m_e c$). Wir halten fest: die Untersuchung des Gleichgewichtes beruht auf der Annahme, daß die Energie der Elektronen die der Ionen um ein Vielfaches übersteigt.

Wir sehen jetzt, daß dies nur dann gültig ist, wenn $\omega_e \tau \gg 2$ gilt, weil nur unter dieser Bedingung die thermische Energie der Elektronen die Energie der gerichteten Energie für die schweren Teilchen $^1/_2\ m_a v^2$ und damit auch ihre thermische Energie wesentlich überschreitet (d. h. T_e ist um ein Vielfaches höher als T_i und T_0).

Ein nichtthermisches Plasma mit einer großen Differenz zwischen Elektronen- und Ionentemperatur mit relativ kleinem spezifischen Widerstand des Gasstrahls (größenordnungsmäßig 1 Ohm cm oder weniger) kann man möglicherweise im MHD-Generator mit einem Atomreaktor erzeugen. Auf Abb. 83 ist eine schematische Skizze einer Ausführungsform eines derartigen Generators zu sehen, der sich in seiner Funktionsweise etwas von der früher beschriebenen Anordnung unterscheidet. Bei dieser Variante fließt der aus einer zentralen Düse austretende Gasstrom in radialer Richtung in den

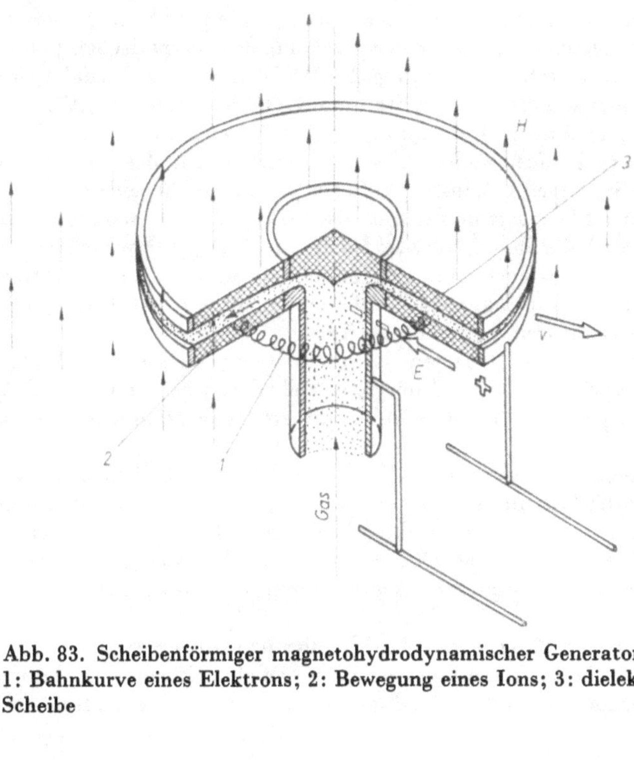

Abb. 83. Scheibenförmiger magnetohydrodynamischer Generator
1: Bahnkurve eines Elektrons; 2: Bewegung eines Ions; 3: dielektrische Scheibe

Zwischenraum zwischen zwei Scheiben hinein. Das Gas ist teilweise ionisiert. Die Neutralteilchen ziehen die schweren Ionen mit, die Elektronen dagegen werden von dem Magnetfeld festgehalten. Durch die Ladungstrennung entsteht ein radiales elektrisches Feld E, das der Richtung der Gasströmung entgegengesetzt ist. In diesem Feld driften die Elektronen im wesentlichen quer zu der Strömung (in der Richtung $\boldsymbol{E} \times \boldsymbol{H}$), werden aufgeheizt und erhalten die Ionisation aufrecht, während im äußeren Kreis der Ionenstrom fließt. Diese Variante des magnetohydrodynamischen Wandlers wird als scheibenförmiger HALL-Generator bezeichnet. In dem Strahl eines molekularen Gases, das beispielsweise aus einem Gemisch von Luft mit Verbrennungsprodukten besteht, wird sich die Elektronentemperatur wegen der starken unelastischen Wechselwirkung der Elektronen mit den Molekülen kaum von der Temperatur der Neutralgaskomponente unterscheiden. Die Leitfähigkeit eines solchen Strahles ist daher sehr klein.

Infolge der schlechten Leitfähigkeit kann sich die Plasmaströmung bis zu Geschwindigkeiten von der Größenordnung 10^5 cm/s ziemlich frei quer zu den magnetischen Kraftlinien bewegen, ohne sie mit sich fortzuziehen (die häufigen Stöße führen zur Verschiebung der Teilchen relativ zu den Kraftlinien). Mit anderen Worten gesagt: unter diesen Verhältnissen können die Kraftlinien im Plasma nicht eingefroren werden, d. h. die Plasmaströmung führt nicht zu einer wesentlichen Verzerrung des magnetischen Feldes.

Die experimentelle Erforschung des MHD-Generators befindet sich zur Zeit noch in einem ziemlich frühen Stadium. Es fehlen noch wesentliche Ausgangsdaten, von denen die Berechnung großer Modelle dieser Wandler abhängt. Insbesondere ist fast nichts über die Leitfähigkeit des Plasmas unter den Arbeitsbedingungen bekannt; ähnliches gilt für die Wechselwirkungsprozesse zwischen der Plasmaströmung und den Elektroden. Dessenungeachtet scheint es sicher, daß die magnetohydrodyamische Energieumwandlung unter Verwendung von Plasmaströmungen ihren Platz in der Technik einnehmen und möglicherweise auf manchen Gebieten der Energiewirtschaft die üblichen Turbinengeneratoren verdrängen wird.

Diese Voraussagen beruhen darauf, daß der Wirkungsgrad bei der Umwandlung von thermischer Energie in elektrische bei einem MHD-Generator (zumindest prinzipiell) bedeutend höher ist als in Dampf- und Gasturbinenanlagen.

Es ist noch ein wesentlicher Unterschied hervorzuheben, der zwischen der magnetohydrodynamischen Energieumwandlung und der thermonuklearen Fusion besteht. Dieser Unterschied liegt darin, daß das Untersuchungsobjekt in dem einen Fall ein gewöhnliches Plasma bei niedriger Temperatur und im anderen ein Plasma mit Temperaturen astronomischer Größenordnung ist.

Der magnetohydrodynamische Wandler ist vom Prinzip her eine umkehrbare Anlage: Er kann die kinetische Energie eines Plasmas in elektrische umwandeln, oder umgekehrt ein Plasma durch elektrodynamische Kräfte auf

Kosten einer äußeren Energiequelle beschleunigen. Im zweiten Fall stellt er einen Beschleuniger oder Plasmainjektor dar, der im Prinzip als Plasma-Rückstoßtriebwerk verwendet werden kann[1]).

8.3. *Plasmatriebwerke*

Auch das Plasmatriebwerk gehört zu den möglichen Anwendungen der Plasmaphysik in der Technik der Zukunft. Von solchen Injektoren war schon in einem der früheren Kapitel die Rede. Es ist nun angebracht, noch einmal zu diesem populären Objekt vielfältiger literarischer Betätigung zurückzukommen.

Ein mögliches Anwendungsgebiet der Plasmabeschleuniger ist offensichtlich die kosmische Raumfahrttechnik. Damit zukünftige Raumschiffe nicht mehr ballistische Objekte sind, die zu Beginn auf ein Ziel gerichtet und anschließend den Gesetzen der Trägheit und der Schwerkraft überlassen werden, sondern die erforderliche Eigenbeweglichkeit erlangen und zu einem selbständigen Transportmittel werden, müssen diese Schiffe mit Energiequellen und Rückstoßtriebwerken ausgestattet werden, mit deren Hilfe komplizierte Bewegungen im Raum durchgeführt werden können. Wenn die Bahnkurve des Fluges die ständige Benutzung der Antriebsaggregate erfordert, spitzt sich die Frage nach den Brennstoffvorräten der Rückstoßtriebwerke zu.

Die Schubkraft, die von einem Triebwerk erzeugt wird, ist dem Betrag nach gleich $m_1 \cdot v$, wobei m_1 die Masse, die von dem Rückstoßstrahl je Sekunde ausgestoßen wird, und v die Geschwindigkeit des Strahles ist. Bei vorgegebener Schubkraft ist die erforderliche Masse umgekehrt der Geschwindigkeit proportional. Bei gewöhnlichen Rückstoßtriebwerken, die chemische Treibstoffe verwenden, ist die Strahlgeschwindigkeit größenordnungsmäßig 10^5 cm/s. Bei einer Schubkraft von nicht mehr als 10 kp entspricht einer Geschwindigkeit von 10^5 cm/s ein Treibstoffbedarf von 8,5 t je Tag. Unter diesen Bedingungen hat das Raumschiff äußerst begrenzte Manövriermöglichkeiten auf langen Strecken. Der Übergang zum Plasmainjektor mit einer Strahlgeschwindigkeit von etwa 10^7 cm/s verringert den Brennstoffbedarf um den Faktor 10^2. Dabei erhöht sich jedoch der Energiebedarf erheblich, weil die zur Beschleunigung des Gasstromes erforderliche Leistung $m_1 v^2/2$ beträgt und deshalb für eine vorgegebene Schubkraft proportional zu v wächst. Daraus folgt, daß die Verwendung von Plasmainjektoren zur Steuerung von Raumschiffen mit der Entwicklung leistungsstarker Energiequellen für kosmische Flüge verknüpft ist. Was die Konstruktion und die Arbeits-

[1]) Das hier Gesagte bedeutet natürlich nur eine Gemeinsamkeit der physikalischen Prinzipien und durchaus nicht die Gleichheit der Konstruktion eines MHD-Generators und eines Plasmatriebwerkes. In ihrem konstruktiven Aufbau sind diese Anlagen völlig voneinander verschieden.

prinzipien des Plasma-Rückstoßtriebwerkes betrifft, so liegt hier ein sehr weites Betätigungsfeld für die technische Phantasie vor uns. Als einfachstes Modell für ein solches Triebwerk kann der koaxiale Plasmainjektor dienen, der auf Abb. 69 dargestellt ist.

Wir wollen damit die kurze Behandlung einiger der möglichen Anwendungen der Plasmaphysik in der Technik der näheren und ferneren Zukunft abschließen. Sicherlich werden in Zukunft immer wieder neue und wahrscheinlich nicht weniger verlockende und aussichtsreiche Möglichkeiten zur Nutzung jenes riesigen Komplexes verschiedenartiger und interessanter Eigenschaften, die dem Plasma innewohnen, erschlossen.

9. Sachverzeichnis

FSC
www.fsc.org
MIX
Papier | Fördert
gute Waldnutzung
FSC® C083411

Zeitfracht Medien GmbH
Ferdinand-Jühlke-Straße 7
99095 Erfurt, Deutschland
produktsicherheit@kolibri360.de